计算机网络实用技术人才培养丛书
工作过程系统化课程系列教材
全国职业教育计算机技能大赛推荐教材

# 企业网络构建与安全管理项目教程
# 上册

主　编　张选波
副主编　张国清　佘运祥
参　编　唐继勇　施吉鸣　宋晓峰
　　　　韩新洲　郑东营

机械工业出版社

本书是以工程项目为主体,以职业实践为主线的模块化课程,是针对职业类院校进行课堂教学、综合实训和技能竞赛复习的系列丛书。全书由构建小型企业网络、构建单核心企业网络、构建双核心企业网络和构建无线智能企业网络4个真实的网络工程项目组成。每个项目从"网络场景"切入,介绍网络工程项目的应用场景,了解"用户需求",并进行用户网络的"需求分析",通过这个过程让学生了解实际的计算机网络应用场景和环境。在项目开始前,需要通过"知识准备"学习相关的计算机网络知识,然后根据"实施流程"进行项目实施。项目实施完成后,需要通过"项目测试"、"项目验收"检验项目实施的情况。在"项目验收"时,需要学生提交"项目实施报告"、"项目测试报告"和"项目验收报告"等相关资料。在最后的"项目总结"中,需要学生总结项目实施过程中存在的问题及解决问题的方法和思路。本书配套的电子教学资源包,读者可以教师身份登录机械工业出版社网站 www.cmpedu.com 或联系编辑咨询(010-88379194)。

本书可作为本科类院校、职业类院校的教材,也可作为网络工程项目建设的技术人员的参考用书。

## 图书在版编目(CIP)数据

企业网络构建与安全管理项目教程. 上册 / 张选波主编. —北京:机械工业出版社,2011.11(2025.2 重印)

(计算机网络实用技术人才培养丛书)

工作过程系统化课程系列教材 全国职业教育计算机技能大赛推荐教材

ISBN 978-7-111-35917-3

Ⅰ. ①企… Ⅱ. ①张… Ⅲ. ①企业—计算机网络—教材 Ⅳ. ① TP393.18

中国版本图书馆 CIP 数据核字(2011)第 195506 号

机械工业出版社(北京市百万庄大街 22 号 邮政编码 100037)

策划编辑:梁 伟　　责任编辑:梁 伟 牟桂玲

封面设计:鞠 杨　　责任校对:赵 蕊

责任印制:单爱军

北京虎彩文化传播有限公司印刷

2025 年 2 月第 1 版第 8 次印刷

184mm×260mm・16.25 印张・389 千字

标准书号:ISBN 978-7-111-35917-3

定价:52.00 元

电话服务　　　　　　　　　　网络服务

客服电话:010-88361066　　机 工 官 网:www.cmpbook.com

　　　　　010-88379833　　机 工 官 博:weibo.com/cmp1952

　　　　　010-68326294　　金 书 网:www.golden-book.com

封底无防伪标均为盗版　　　　机工教育服务网:www.cmpedu.com

近些年来，职业教育工作坚持"以服务为宗旨，以就业为导向"的办学方针，面向社会、面向市场办学，转变传统的以课堂和学校为中心的职业教育方式，大力推行工学结合、校企合作、顶岗实习的人才培养模式，注重学生的职业技能培养，职业教育办学质量和效益不断提高。

全国职业院校技能大赛是对近年来职业教育深化改革、加快发展所取得的成果的一次大检阅，是我国教育工作的一项重大制度设计与创新。本书贴近技能大赛的主旨，按照项目式教学的方式，以企业网络构建与安全管理项目为主线，通过"教"、"学"、"做"、"考"4种方式进行讲解，在边教边学、边做边考核的过程中，使学生深入理解计算机网络的基本知识，并将所学知识综合应用于实际场景，真正提高学生的专业技能和职业技能，增强学生的就业竞争能力。

《企业网络构建与安全管理项目教程》书分为上、下两册，本书是上册，其内容包括构建小型企业网络、构建单核心企业网络、构建双核心企业网络、构建无线智能企业网络4个计算机网络项目，详细介绍了构建企业网所涉及的操作系统、交换、路由、安全等方面的知识，以及将企业网接入到互联网的相关技术，包括Windows、Linux、VLAN、STP/RSTP、RIP、OSPF、PPP、ACL、WLAN、网络出口设计等。通过4个项目将所有的网络知识进行综合应用，并通过需求分析描述网络知识的应用场景，有益于读者的学习和理解。

### 本书目标

本书的目标是帮助读者掌握网络基础知识、网络建设相关技术，以及网络设备和服务器的配置调试方法，进行技术上的原始积累，以便在实际工作中恰当地运用这些技术，解决实际网络中遇到的各种问题。本书是通过项目的方式介绍理论知识和技术原理，让读者轻松理解计算机网络技术在网络场景中的实际应用，并通过能力考核来检验专业技能和职业技能的提升。

### 读者对象

本书可作为本科类院校、职业教育类院校的教材，也可作为希望学习更多企业网络构建知识的技术人员的参考用书。

### 阅读方法

本书共分4个项目，每个项目都是以项目需求分析开始，然后进行拓扑构建、网络设备配置、服务器搭建、网络运营测试，最后通过能力考核，检验对所学知识的理解程度及实际应用能力。

### 本书特点

本书具有以下鲜明特点：

- 基于典型工作任务。
- 基于行业应用。
- 突出工程特点。
- 依托技能竞赛。
- 着力综合运用。
- 突出案例分析。

### 本书结构

本书由 4 个项目组成，具体内容如下：

#### 项目 1  构建小型企业网络

主要介绍小型企业网络的构建思路，并根据小型企业网络的建设需求进行网络的规划设计与实施。本项目是计算机网络建设项目的初级篇，学习的计算机网络知识也是从计算机网络基础开始，逐级加深，循序渐进。本项目是使用 Windows Server 2003 单一的操作系统构建服务器应用系统。

#### 项目 2  构建单核心企业网络

主要介绍单核心企业网络的构建思路，并根据中小型企业网络的建设需求进行网络的规划设计与实施，是当代中小型企业网络建设的模型。本项目是在上一项目的基础之上进行知识及应用层面的加深，包括一些中小型企业在网络构建中经常使用的计算机网络技术。本项目是使用 Windows Server 2003 和 Linux 两种操作系统构建服务器应用系统。

#### 项目 3  构建双核心企业网络

主要介绍双核心企业网络的构建思路，并根据中型企业网络的建设需求进行网络的规划设计与实施，是当代中型企业网络建设的模型。本项目是在单核心企业网络的基础之上进行知识及应用层面的加深，着重阐述基于网络架构的冗余和高可用的应用技术。本项目也是使用 Windows Server 2003 和 Linux 两种操作系统相结合构建服务器应用系统，但基于上一项目难度稍有增加。

#### 项目 4  构建无线智能企业网络

主要介绍有线企业网络与无线企业网络融合构建无线智能网络的应用技术，是前 3 个项目知识及应用层面的综合和拓展。本项目也是使用 Windows Server 2003 和 Linux 两种操作系统相结合构建服务器应用系统，但融合性更强，综合性更为复杂。

### 本书约定

为了方便读者阅读，本书中使用的命令语法规范与产品命令参考手册中的命令语法相同。

- 竖线"|"：表示分隔符，用于分开可选择的选项。
- 星号"*"：表示可以同时选择多个选项。
- 方括号"[ ]"：表示可选项。
- 大括号"{ }"：表示必选项。
- **粗体字**：表示按照显示的文字输入的命令和关键字。在配置的示例和输出中，粗体字表示需要用户手工输入的命令（如 **show** 命令）。
- *斜体字*：表示需要用户输入的具体值。

# 前言

**本书使用的图标**

本书中使用的图标示例如下所示。

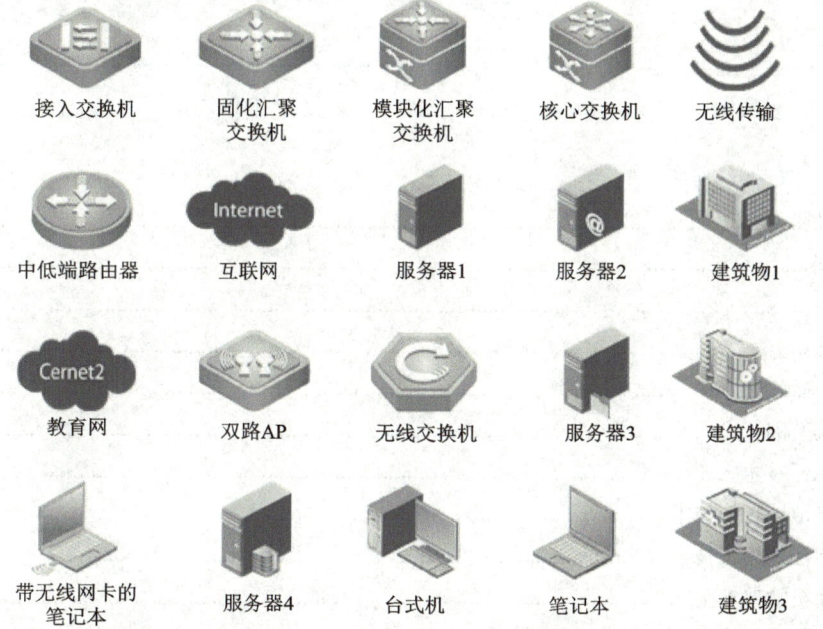

本书由张选波主编，并负责全书统稿。张国清、佘运祥任副主编，参与编写的人员还有：唐继勇、施吉鸣、宋晓峰、韩新洲、郑东营。

编 者

# 目录

前言
**项目 1　构建小型企业网络** .................................................. 1
　1.1　网络场景 .................................................. 1
　1.2　用户需求 .................................................. 1
　1.3　需求分析 .................................................. 2
　1.4　培养目标 .................................................. 3
　1.5　知识准备 .................................................. 3
　　1.5.1　交换基础 .................................................. 3
　　1.5.2　VLAN 技术 .................................................. 8
　　1.5.3　网络地址转换技术 .................................................. 15
　　1.5.4　访问控制列表技术 .................................................. 20
　　1.5.5　交换机端口安全 .................................................. 29
　　1.5.6　端口聚合技术 .................................................. 31
　　1.5.7　路由技术 .................................................. 34
　　1.5.8　Windows Server 2003 服务安装与配置 .................................................. 41
　1.6　项目实施 .................................................. 49
　　1.6.1　实施流程 .................................................. 49
　　1.6.2　实施设备 .................................................. 49
　　1.6.3　项目任务一：完成企业网络底层架构的构建 .................................................. 50
　　1.6.4　项目任务二：安装与配置活动目录服务器 .................................................. 55
　　1.6.5　项目任务三：安装与配置 DNS 服务器 .................................................. 61
　　1.6.6　项目任务四：安装与配置 Web 服务器 .................................................. 65
　1.7　项目测试 .................................................. 67
　　1.7.1　项目任务五：企业网络底层架构测试 .................................................. 67
　　1.7.2　项目任务六：应用服务器测试 .................................................. 71
　1.8　项目验收 .................................................. 72
　1.9　项目总结 .................................................. 72
　1.10　项目练习 .................................................. 73
　1.11　项目报告 .................................................. 74
**项目 2　构建单核心企业网络** .................................................. 75
　2.1　网络场景 .................................................. 75
　2.2　用户需求 .................................................. 76
　2.3　需求分析 .................................................. 76

# 目录

| | | |
|---|---|---|
| 2.4 | 培养目标 | 78 |
| 2.5 | 知识准备 | 78 |
| | 2.5.1 生成树协议 | 78 |
| | 2.5.2 路由信息协议 | 88 |
| | 2.5.3 Linux 操作系统 | 99 |
| 2.6 | 项目实施 | 106 |
| | 2.6.1 实施流程 | 106 |
| | 2.6.2 实施设备 | 107 |
| | 2.6.3 项目任务一：完成企业网络底层架构的构建 | 107 |
| | 2.6.4 项目任务二：安装与配置活动目录服务器 | 113 |
| | 2.6.5 项目任务三：安装与配置 DNS 服务器 | 116 |
| | 2.6.6 项目任务四：安装与配置 Web 服务器 | 122 |
| | 2.6.7 项目任务五：安装与配置 FTP 服务器 | 123 |
| 2.7 | 项目测试 | 129 |
| | 2.7.1 项目任务六：企业网络底层架构测试 | 129 |
| | 2.7.2 项目任务七：应用服务器测试 | 130 |
| 2.8 | 项目验收 | 133 |
| 2.9 | 项目总结 | 133 |
| 2.10 | 项目练习 | 133 |
| 2.11 | 项目报告 | 135 |

## 项目 3　构建双核心企业网络 ............136

| | | |
|---|---|---|
| 3.1 | 网络场景 | 136 |
| 3.2 | 用户需求 | 137 |
| 3.3 | 需求分析 | 137 |
| 3.4 | 培养目标 | 139 |
| 3.5 | 知识准备 | 139 |
| | 3.5.1 多生树协议 | 139 |
| | 3.5.2 虚拟路由器冗余协议 | 146 |
| | 3.5.3 OSPF 概念 | 155 |
| 3.6 | 项目实施 | 165 |
| | 3.6.1 实施流程 | 165 |
| | 3.6.2 实施设备 | 166 |
| | 3.6.3 项目任务一：完成企业网络底层架构的构建 | 167 |
| | 3.6.4 项目任务二：安装与配置活动目录服务器 | 175 |
| | 3.6.5 项目任务三：安装与配置 DNS 服务器 | 176 |
| | 3.6.6 项目任务四：安装与配置证书服务器 | 180 |
| | 3.6.7 项目任务五：安装与配置 Web 服务器 | 184 |
| | 3.6.8 项目任务六：安装与配置 DHCP 服务器 | 187 |

## 3.7 项目测试 .................................................................. 192
### 3.7.1 项目任务七：企业网络底层架构测试 ........................ 192
### 3.7.2 项目任务八：应用服务器测试 ........................ 192
## 3.8 项目验收 .................................................................. 194
## 3.9 项目总结 .................................................................. 194
## 3.10 项目练习 .................................................................. 194
## 3.11 项目报告 .................................................................. 196

# 项目 4　构建无线智能企业网络 .................................................................. 197
## 4.1 网络场景 .................................................................. 197
## 4.2 用户需求 .................................................................. 198
## 4.3 需求分析 .................................................................. 198
## 4.4 培养目标 .................................................................. 199
## 4.5 知识准备 .................................................................. 200
### 4.5.1 点到点协议 .................................................................. 200
### 4.5.2 WLAN 技术 .................................................................. 209
### 4.5.3 路由重分发 .................................................................. 217
## 4.6 项目实施 .................................................................. 227
### 4.6.1 实施流程 .................................................................. 227
### 4.6.2 实施设备 .................................................................. 227
### 4.6.3 项目任务一：完成企业网络底层架构的构建 ........................ 228
### 4.6.4 项目任务二：安装与配置活动目录服务器 ........................ 236
### 4.6.5 项目任务三：安装与配置 Web 服务器 ........................ 237
### 4.6.6 项目任务四：安装与配置 DHCP 服务器 ........................ 238
### 4.6.7 项目任务五：安装与配置 MAIL 服务器 ........................ 241
## 4.7 项目测试 .................................................................. 244
### 4.7.1 项目任务六：企业网络底层架构测试 ........................ 244
### 4.7.2 项目任务七：应用服务器测试 ........................ 244
## 4.8 项目验收 .................................................................. 247
## 4.9 项目总结 .................................................................. 247
## 4.10 项目练习 .................................................................. 247
## 4.11 项目报告 .................................................................. 249

# 参考文献 .................................................................. 250

# 构建小型企业网络

## 1.1 网络场景

新江科技股份公司是北京市的一家只有 60 名员工的小型科技公司,主要提供互联网服务业务。根据公司业务的需求,需要员工通过互联网为客户提供咨询服务。

公司需要构建一个小型的企业网,网络的出口设备采用的是锐捷路由器 RSR20-04。公司向网络服务提供商申请了 2Mbit/s 链路作为访问互联网的链路,其核心采用的网络设备是锐捷三层交换机 RG-S3760E,其接入层网络设备为锐捷二层交换机 RG-S2328G。

为了保障内部网络的安全,需要对内部员工的登录身份进行验证,并对其行为进行审核,所以其部署 Windows 域环境,需要使用内部域名服务器为内部用户解析域名。详细的网络拓扑结构如图 1-1 所示。

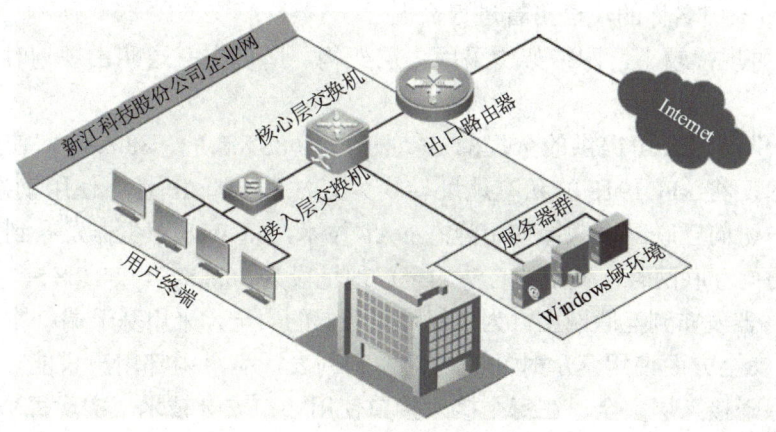

图 1-1 小型企业网设计图

## 1.2 用户需求

根据公司业务的需求,该公司具体有如下需求:
1)要求按照层次型网络结构进行网络设计和网络实施。

2）公司内部有市场部和服务部两个行政部门，根据部门业务的不同进行区划。
3）内部用户需要使用运营商提供的地址段访问互联网。
4）内部用户只能在上班的时间才能访问互联网。
5）为了保障网络安全，每个交换接口只允许接入一台主机。
6）内部用户登录时，需要进行统一身份验证。
7）公司需要将业务服务内容以门户网站的方式发布到互联网，实现宣传作用。
8）构建一个安全、畅通的企业网络。

## 1.3 需求分析

1）由于公司的网络规模较小，所以采用二层的网络架构，将核心层与汇聚层合为一层，即保障业务数据流的畅通，又可以实现层次型网络架构。

根据公司用户数量和业务需求，公司的核心交换机采用 RG-S3760E 三层交换机，接入层交换机采用 RG-S2328G 二层交换机，出口路由器采用 RSR20-04。

为了保障网络流量畅通，在接入交换机上行至三层核心交换的链路，采用链路聚合技术，实现链路带宽的增加和负载均衡。

2）公司内部有市场部和服务部两个行政部门，采用 VLAN 技术，将两个行政部门的用户主机划分到不同的 VLAN 中，即可以实现统一管理，又可以保障网络的安全性。

创建 VLAN 11、VLAN 12 和 VLAN 13，将市场部的用户主机划分到 VLAN 11，服务部的用户主机划分到 VLAN 12，服务器群中的服务器主机划分到 VLAN 13。为了便于网络管理，每个 VLAN 按照部门名称的汉语拼音进行命名。

3）由于公司规模较小，网络架构采用二层架构，所以在三层路由规划时，全网采用静态路由。

4）服务提供商为公司提供的全局的 IP 地址段为 88.8.8.1～88.8.8.5，使用网络地址转换（NAT）技术，将 RFC1918 的私有地址转换为合法的全局 IP 址；使用动态端口 NAT 技术实现内部用户访问互联网资源；使用静态 NAT 技术，将 Web 服务器发布到互联网。

内部用户访问互联网时，使用的合法的全局地址段为 88.8.8.2～88.8.8.5，并使用 88.8.8.1 地址将 Web 服务器发布到互联网上。为了保障服务器的安全，采用基于端口的 NAT 技术。

5）在网络安全方面使用基于时间的访问控制列表，满足内部用户只能在上班的时间访问互联网；为保障接入层安全，在每个接入接口使用端口安全技术，实现每个交换机接口只允许接入一台主机。

公司的上班时间为每周的星期一至星期五的 9:00～17:00，使用端口安全技术限制主机的连接数为 1，如果有违规的用户则关闭交换机接口。

6）在网络中部署 Windows 域环境，其申请的合法域名为 xinjiangkeji.com.cn，在服务器群安装 Windows Server 2003 操作系统，并将所有的客户机加入到域环境中，使用活动目录对内部用户进行身份验证。

公司共有 60 名员工，其中市场部的员工为 28 名，包括一个市场部经理，而公司的总经理主抓市场部工作；而服务部有 32 名员工，包括服务部的正、副两个经理。

根据公司行政架构创建相应的组,创建的组的名称采用其部门名称的汉语拼音;创建用户账户名称采用员工姓名的汉语拼音字母 + 部门名称汉语拼音的首字母。为保障用户账户的安全,创建用户账户时,需要用户登录时重新修改密码,将所有用户加入至相应的组中。

7)搭建 Web 服务器,创建公司的门户网站,网站需要支持 ASP.net。为保障 Web 服务器的安全性,只允许用户使用域名来访问 Web 站点。

为保障活动目录的安全性,DNS 服务不能安装在活动目录服务器上,因此,需要在另外一台服务器上安装 DNS 服务。DNS 服务器不但解析内网中的服务器域名,也要为内部用户解析互联网域名,所以需要配置 DNS 转发器。

## 1.4 培养目标

### 学习目标

1. 掌握计算机网络基础知识。
2. 掌握交换机工作及 VLAN 技术的原理与应用。
3. 掌握网络地址转换技术的原理及应用。
4. 掌握基于时间的访问控制列表技术原理及应用。
5. 掌握 Windows Server 2003 操作系统的安装与配置方法。
6. 掌握活动目录服务、Web 服务的安装与配置方法。
7. 掌握 IP 路由选路及静态路由配置方法。
8. 掌握 IP 地址子网规划方法。
9. 学习层次型网络结构的规划与设计方法。

### 能力目标

1. 考查文档编写能力。
2. 考查项目报告呈现能力。
3. 考查项目管理能力。
4. 考查岗位职能能力。

## 1.5 知识准备

### 1.5.1 交换基础

#### 1.5.1.1 交换机工作原理

交换机和网桥根据第 2 层 MAC 地址,通过一种确定性的方法在接口之间转发帧。帧的封装中必不可少的信息是：

1）源和目的 MAC 地址。

2）高层协议标识。

3）错误检测信息。

第 2 层交换机通过源 MAC 地址获悉与特定接口相连设备的地址，并根据目的 MAC 地址来决定如何处理这个帧，它的 3 项主要功能如下：

1）地址学习。

2）转发/过滤决策。

3）消除环路。

具体来说就是：以太网交换机通过查看收到的每个帧的 MAC 地址，学习每个接口连接的设备 MAC 地址，地址到接口的映射被存储在被称为 MAC 地址表的数据库中。

收到帧后，以太网交换机通过查找 MAC 地址表来确定通过哪个接口可以到达目的地。如果在 MAC 地址表中找到了目标地址，则只将帧转发到相应的接口；如果没有找到，则将帧转发到除入站接口外的所有接口。

当为实现冗余而在网络中有多条路径时，以太网交换机必须防止帧不断地在多条路径之间传输。在第 2 层链路上，相同源端和目的端的多条路径被称为环路。环路将导致帧不断地传输，直到耗尽所有带宽，最终导致网络崩溃。由于可能出现环路，因此必须避免出现多条活动路径。生成树协议（STP，Spanning Tree Protocol）可用于避免环路，同时允许存在多条备用路径，供链路出现故障时使用。

STP 将在后面的章节中详细讨论，下面着重看一下"地址学习"和"转发/过滤决策"这两个功能是如何实现的。

**1. 地址学习**

交换机通过以太网帧的源地址来确定设备的位置。交换机维护一个 MAC 地址表，用于记录与其相连的设备的位置。交换机根据这个表来决定是否需要将分组转发到其他网段。图 1-2 所示为一个初始的 MAC 地址表。初始化之前，交换机不知道主机连接的是哪个接口。MAC 地址表为空，交换机收到帧后，将接收到的数据帧从除了接收接口之外的所有接口发送出去，这被称为泛洪。然后，主机 A 要给主机 C 发送数据帧，这个帧的源地址是主机 A 的 MAC 地址 00-D0-F8-00-11-11，目的地址则是主机 C 的 MAC 地址 00-D0-F8-00-33-33。由于此时的 MAC 地址表是空的，所以交换机的处理方法是把帧从 E1、E2、E3 这 3 个接口广播出去。

同时，在这个过程中，交换机也获得了这个帧的源地址，在 MAC 地址表中增加一个条目，将这个 MAC 地址和接收接口对应起来。至此，交换机就知道主机 A 位于接口 E0 了，如图 1-3 所示。

网段上的其余的主机收到这个帧之后，只有真正的目的端主机 C 会响应这个帧，其余的主机则是丢弃这个帧。返回的响应帧到达交换机后，它的目的 MAC 地址为主机 A 的 MAC 地址。由于这个地址已经存在于 MAC 地址表中，交换机就可以把它按照表中对应的接口 E0 转发出去。同时，交换机在 MAC 地址表中再添加一条新的记录，将响应帧的源 MAC 地址（主机 C 的 MAC 地址）和接口（E2）对应起来。

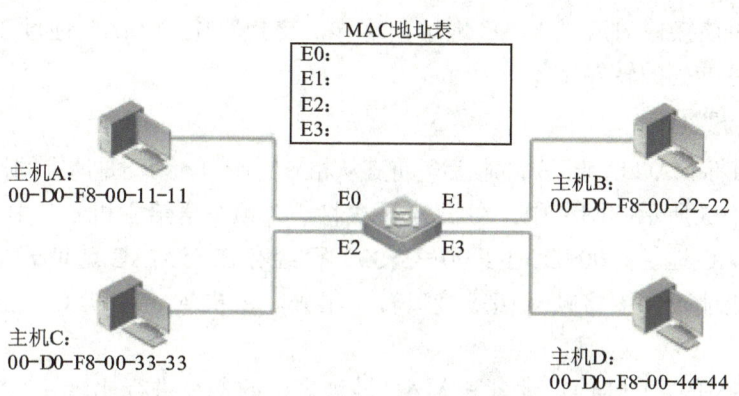

图 1-2　初始的 MAC 地址表

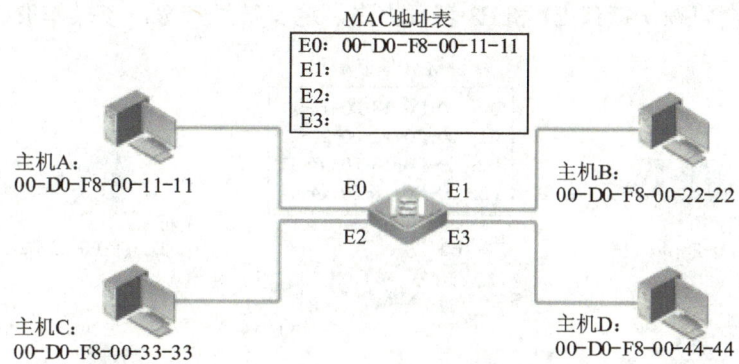

图 1-3　在 MAC 地址表中添加地址

随着网络中的主机不断发送帧,这个学习的过程也将不断地进行下去,最终,交换机得到了一张完整的 MAC 地址表,如图 1-4 所示。表中的条目将被用于作出转发和过滤决策。

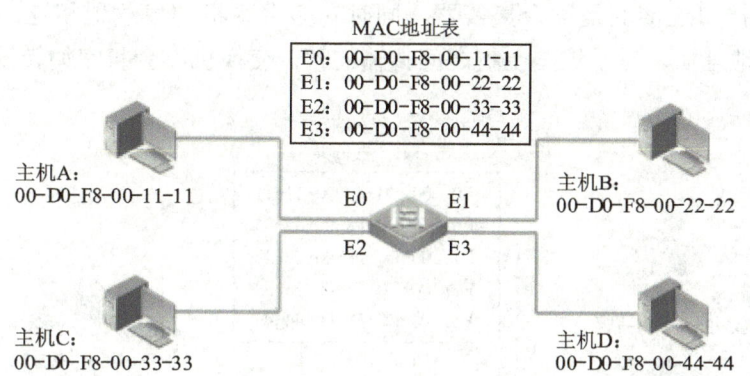

图 1-4　完整的 MAC 地址表

需要注意的是,MAC 地址表中的条目是有生命周期的,如果在一定的时间内(锐捷交换机的 MAC 地址老化时间为 300 s)交换机没有从该接口接收到一个相同源地址的帧(用于刷新 MAC 地址表中的记录),交换机会认为该主机已经不再连接到这个接口上,于是这个条目将从 MAC 地址表中被移除。

相应的,如果从该接口收到的帧的源地址发生了改变,交换机也会用新的源地址去改写 MAC 地址表中该接口对应的 MAC 地址。这样，交换机中的 MAC 地址表就一直能够保持最新，以提供更准确的转发依据。

2．转发／过滤决策

交换机收到目标 MAC 地址已知的帧后，将其从相应的接口，而不是所有的接口，转发出去。

例如，在图 1-5 所示的网络中，主机 A 再次将一个帧发送给主机 C。由于目标 MAC 地址（主机 C 的 MAC 地址：00-D0-F8-00-33-33）已经存在于 MAC 地址表中，交换机可以通过查找 MAC 地址表直接将帧从相应接口转发出去。主机 A 向主机 C 发送帧的过程可以描述如下：

1）交换机将帧的目的 MAC 地址和 MAC 地址表中的条目进行比较。

2）发现可以通过接口 E2 到达该目的主机，于是将帧从该接口转发出去。

3）交换机不会将帧从接口 E1 和 E3 转发出去，这节省了带宽，该操作被称为帧过滤。

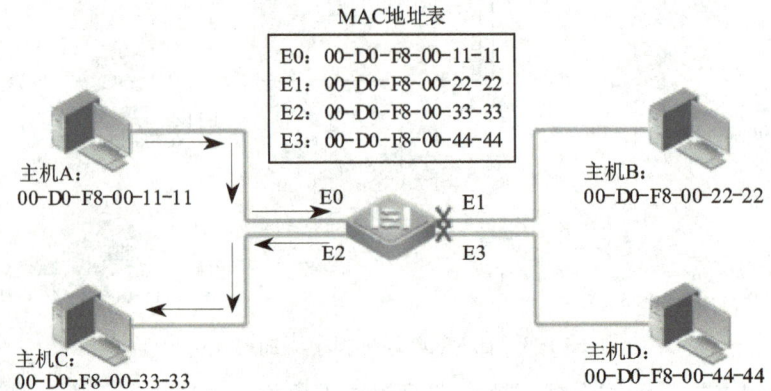

图 1-5　交换机的转发／过滤决策

如果交换机接口连接的是一台集线器，同时有多台主机与集线器相连，则当交换机学习到这些主机的地址后，对于这些主机之间传输的帧，交换机不会将它们转发到其他接口，如图 1-6 所示。

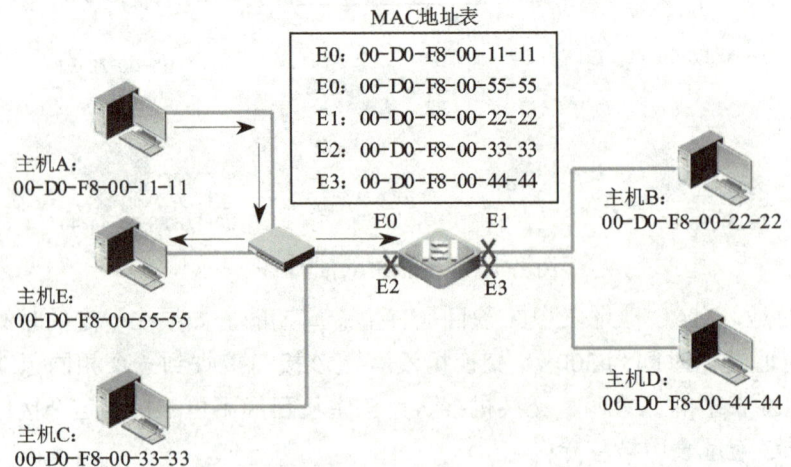

图 1-6　交换机接口连接多台主机

项目 1　构建小型企业网络

在以太网中,广播地址为 FF-FF-FF-FF-FF-FF,目的地址为 FF-FF-FF-FF-FF-FF 的帧是发送给所有设备的。而组播地址则以 01 开头,代表多台主机。广播地址和组播地址只能用于目标地址,对于目标为这两种地址的帧,交换机的处理方式相同,即将其从除了接收接口之外的所有接口转发出去。

#### 1.5.1.2　帧转发方式

交换机收到帧后,必须根据 MAC 地址表中的信息将帧从合适的接口转发出去。交换机在接口之间传递帧的方式被称为转发模式或交换模式,主要的转发模式有 3 种。

1) 直通转发。
2) 存储转发。
3) 无碎片直通转发。

直通转发(Cut Through)也被称为快速转发,是指交换机收到帧头(通常只检查 14 个字节)后立刻查看目的 MAC 地址并进行转发。这可以极大地降低从入站接口到出站接口的延时,交换速度较快。快速转发时的延时是固定的,与帧长无关。这种方式的缺点是,冲突产生的碎片和出错的(校验不正确的)帧也将被转发。交换机的直通转发如图 1-7 所示。

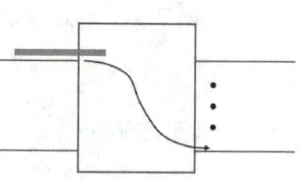

图 1-7　交换机的直通转发

另外,如果要连到高速网络上,如交换机同时提供快速以太网(100Base-TX)和千兆以太网(1000Base-TX)连接时,就不能简单地将输入、输出接口"接通",因为输入、输出接口的速度有差异,而且当交换机的接口增加时,交换矩阵将变得越来越复杂,实现起来比较困难。

存储转发(Store and Forward)时,交换机在收到完整的帧之后,读取目的和源 MAC 地址,执行循环冗余校验,与帧尾部的 4 字节校验码进行对比,如果结果不正确,则帧将被丢弃。这种方式保证了被转发的帧都是正确有效的,但这种方式增加了转发延时。帧穿过交换机的延时将随着帧长而异。交换机的存储转发如图 1-8 所示。

存储转发是计算机网络领域中使用得最为广泛的技术之一。虽然它在处理数据包时延时时间比较长,但它可对进入交换机的数据包进行错误检测,并且能支持不同速度的输入、输出接口间的数据交换。

支持不同速度接口的交换机必须使用存储转发方式,否则就不能保证高速接口和低速接口间的正确通信。例如,当需要把数据从 10 Mbit/s 接口传送到 100 Mbit/s 接口时,就必须缓存来自低速接口的数据包,然后再以 100 Mbit/s 的速度进行发送。

无碎片直通转发(Fragment Free Cut Through)也被称为分段过滤,这种转发方式介于前两种方式之间,交换机读取前 64 个字节后开始转发。冲突通常在前 64 个字节内发生,通过读取前 64 个字节,交换机能够过滤掉由冲突产生的帧碎片。不过,校验不正确的帧依然会被转发。交换机的无碎片直通转发如图 1-9 所示。

无碎片直通转发方式的数据处理速度比存储转发方式快,但比直通转发方式慢。由于能够避免部分残帧的转发,此方式被广泛应用于低档交换机中。

7

无碎片直通转发方式使用了一种特殊的缓存。这种缓存采用先进先出（First In First Out，FIFO）的方式工作，即帧从一端进入，然后再以同样的顺序从另一端离开。当帧被接收时，它被保存在 FIFO 缓存中。如果帧以小于 512 位的长度结束，那么 FIFO 缓存中的内容（碎片）就会被丢弃。因此，不存在直通转发交换机存在的碎片转发问题，能够在较大程度上提高网络的工作效率。

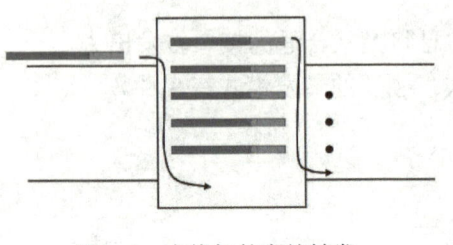

图 1-8　交换机的存储转发

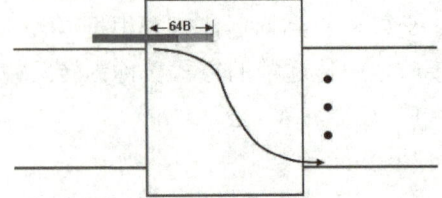

图 1-9　交换机的无碎片直通转发

### 1.5.2　VLAN 技术

#### 1.5.2.1　VLAN 标准

以前，尽管各个厂商都声称他们的交换机实现了 VLAN，但各个厂商实现的方法都不同，所以彼此是无法互连的。而现在，VLAN 的标准是 IEEE 提出的 802.1q 标准，只要支持相同的开放标准，就能保证网络的互连互通。

此外，如果一个 VLAN 的成员分布于不同的交换机上，它们之间互通时，如果只能在每个 VLAN 内连接一条链路，必然会造成交换机接口的极大消耗，每台交换机上可以连接主机的接口数量随着 VLAN 数量的增加会大大减少，如图 1-10 所示。802.1q 的出现，很好地解决了这个问题。

IEEE 802.1q 标准定义了基于接口的 VLAN 模型，这是使用得最多的一种方式。

IEEE 802.1q 标准为标识带有 VLAN 成员信息的以太帧建立了一种标准方法。IEEE 802.1q 标准定义了 VLAN 网桥操作，从而允许在桥接局域网结构中实现定义、运行以及管理 VLAN 拓扑结构等操作。802.1q 标准主要用来解决如何将大型网络划分为多个小网络，如此广播和组播流量就不会占据更多带宽的问题。此外，802.1q 标准还提供更高的网络段间安全性。

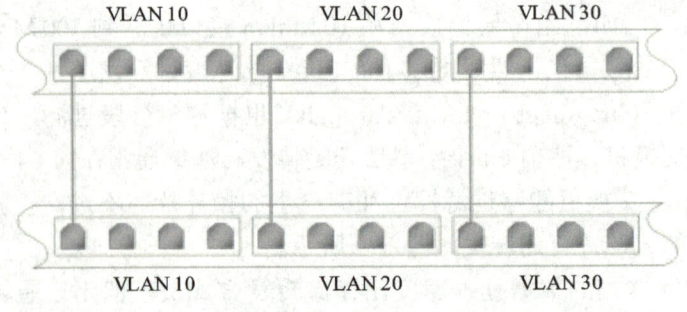

图 1-10　跨越多台交换机的 VLAN 间的通信问题

IEEE 802.1q 完成以上各种功能的关键在于标签。支持 802.1q 标准的交换接口可被配置传输标签帧或无标签帧。一个包含 VLAN 信息的标签字段可以插入到以太帧中。如果接口连接的是支持 802.1q 标准的设备（如另一个交换机），那么这些标签帧可以在交换机之间传送 VLAN 成员信息，这样 VLAN 就可以跨越多台交换机了。如图 1-11 所示，VLAN 10、VLAN 20、VLAN 30 内主机所发出的帧会打上不同的标签，然后在同一条链路里面传输，这就解决了不同交换机上的相同 VLAN 内主机之间互相通信的问题。

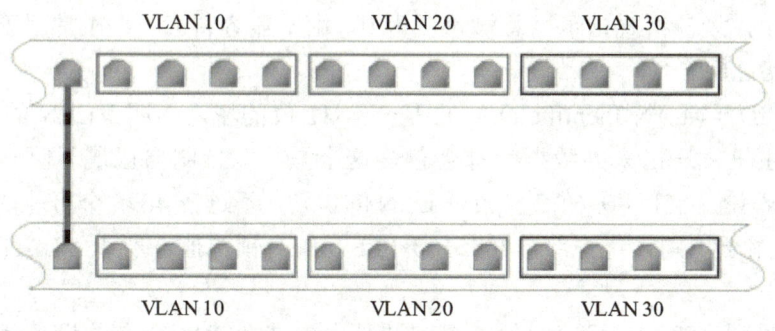

图 1-11　使用 VLAN 标签

　　但是，对于不支持 802.1q 标准的设备相连的接口，则必须确保它们用于传输无标签帧，这一点非常重要。很多 PC 和打印机的 NIC 并不支持 802.1q 标准，一旦它们收到一个标签帧，它们会因为读不懂标签而丢弃该帧。

　　需要注意的是，在 IEEE 802.1q 标准中，用于标签帧的最大合法以太网帧大小已由 1518B 增加到 1522B，这样就会使网卡和旧式交换机由于帧的"尺寸过大"而丢弃标签帧。另外，添加了标签后，原来以太网帧的校验和（FCS 值）需要重新计算。这样做是必需的，因为以太网帧的长度增加了。

　　如图 1-12 所示，每一个支持 802.1q 标准的主机，在发送数据包时，都在原来的以太网帧头中的源地址后增加了一个 4B 的 802.1q 帧头，之后接原来以太网的长度或类型域。

　　这个 4B 的 802.1q 标签头包含了 2B 的标签协议标识（Tag Protocol Identifier，TP ID）和 2B 的标签控制信息（Tag Control Information，TCI）。TP ID 是 IEEE 定义的新类型，表明这是一个加了 802.1q 标签的文本。图 1-13 显示了 802.1q 标签头的详细内容。

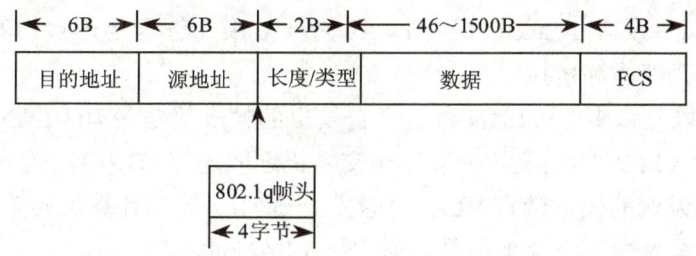

图 1-12　带有 802.1q 标签头的以太网帧

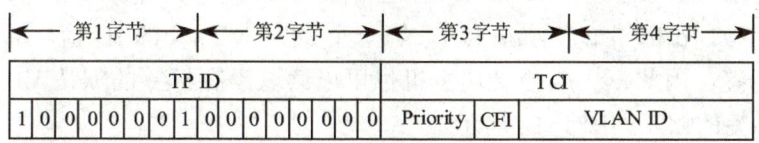

图 1-13　802.1q 帧头格式

在该帧头中，TP ID 表示标签协议标识字段，值为固定的 0x8100，说明该帧具有 802.1q 标签；TCI 表示标签控制信息字段，包括用户优先级（User Priority）、规范格式指示器（Canonical Format Indicator，CFI）和 VLAN ID。

1）Priority：这 3 位指明帧的优先级。一共有 8 种优先级，主要用于当交换机发生拥塞时，优先发送哪个数据包。

2）CFI：这一位主要用于总线型的以太网与 FDDI、令牌环网交换数据时的帧格式。在以太网交换机中，规范格式指示器总被设置为 0。由于兼容特性，CFI 常用于以太网类网络和令牌环类网络之间。

3）VLAN ID（VLAN Identified）：这是一个 12 位的域，指明 VLAN 的 ID，每个支持 802.1q 协议的主机发送出来的数据包都会包含这个域，以指明自己属于哪一个 VLAN。该字段为 12 位，理论上支持 4096（$2^{12}$）个 VLAN 的识别。不过在 4096 个可能的 VLAN ID 中，VLAN ID = 0 用于识别帧优先级，4095（0xFFF）作为预留值，所以 VLAN 配置的最大可能值为 4094。

前面已经提到，802.1q 标签中的 4 个字节是由支持 802.1q 标准的设备新增加的，由于目前我们使用的计算机网卡多数并不支持 802.1q 标准，所以计算机发送出去的数据包的以太网帧头一般不包含这 4 个字节，同时也无法识别这 4 个字节。

对于交换机来说，如果它所连接的以太网段的所有主机都能识别和发送这种带 802.1q 标签头的数据包（具有 VLAN 信息的 Tag），那么就把这种接口称为 Tag Aware 接口；相反，如果该交换机接口所连接的以太网段中只要有一台主机不支持这种以太网帧头，那么交换机的这个接口就不能发送带有 Tag 标签的帧，则将其称为 UnTagged 接口。从目前的情况可以看出，交换机的接口如果连接了另一台交换机，则有一个 Tag Aware 接口；如果连接的是普通计算机，则属于后一种。

#### 1.5.2.2　交换机的接口和默认 VLAN

交换机上的二层接口称为 Switch Port，由设备上的单个物理接口构成，只有二层交换功能。该接口可以是一个 Access 接口（UnTagged 接口），即接入接口；也可以是一个 Trunk 接口（Tag Aware 接口），即干道接口。可以通过 Switch Port 接口配置命令，把一个接口配置为一个 Access 接口或者 Trunk 接口。Switch Port 被用于管理物理接口和与之相关的第 2 层协议，并且不处理路由和桥接。

Trunk 接口可以允许多个 VLAN 通过，它发出的帧一般是带有 VLAN 标签的，所以可以接收和发送多个 VLAN 的报文，一般用于交换机之间连接的接口。而 Access 接口只能属于一个 VLAN，它发送的帧不带有 VLAN 标签，一般用于连接计算机的接口。

那么，在目前的情况下，交换机是如何支持 VLAN 的呢？

首先需要介绍一个概念：默认 VLAN，也被称为 Native VLAN（自然 VLAN）。

一个 IEEE 802.1q 标准的 Trunk 接口有一个默认 VLAN 的 ID 值。802.1q 不为默认 VLAN 的帧打标签。因此，一般的终端主机也可以读取没有标签的默认 VLAN 的帧，但是不能读取打了标签的帧，如图 1-14 所示。

Access 接口只属于一个 VLAN，所以它的默认 VLAN 就是它所在的 VLAN，不用设置；Trunk 接口属于多个 VLAN，所以需要设置默认 VLAN ID。默认情况下，Trunk 接口的默认 VLAN 为 VLAN 1。Trunk 接口将传输所有 VLAN 的帧。为了减轻设备的负载，减少对带宽的浪费，可通过设置 VLAN 许可列表来限制 Trunk 接口传输哪些 VLAN 的帧。

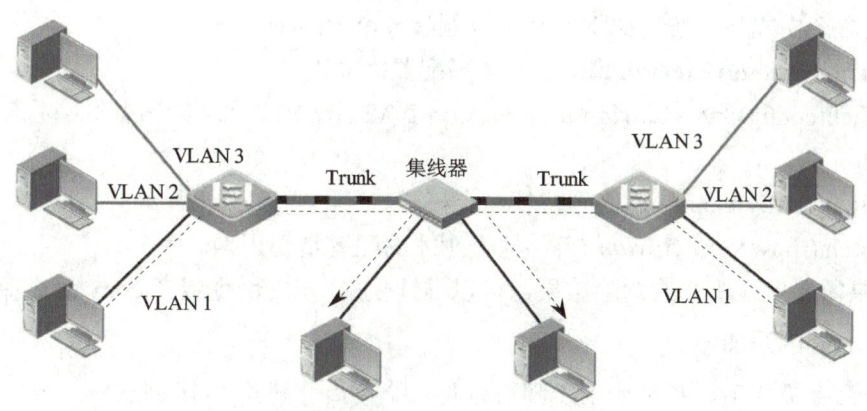

图 1-14 默认 VLAN 中的帧不会被打标签

如果设置了接口的默认 VLAN ID，当接口接收到不带 VLAN 标签的报文后，则将报文转发到属于默认 VLAN 的接口；当接口发送带有 VLAN Tag 的报文时，如果该报文的 VLAN ID 与接口默认的 VLAN ID 相同，则系统将去掉报文的 VLAN Tag，然后再发送该报文。

### 1.5.2.3　VLAN 和 Trunk 的配置

在交换机上，可以添加、删除、修改 VLAN 2～VLAN 4094。VLAN 1 是由交换机自动创建的，并且不能被删除。可以使用接口配置模式将接口配置成 Trunk 接口或 Access 接口。如果是 Access 接口，可以将它加入或者移出一个 VLAN。

**1．添加或者修改 VLAN**

在特权命令模式下，通过如下步骤，可以创建或者修改一个 VLAN。

1）Switch#**configure terminal**：进入全局配置模式。

2）Switch(config)#**vlan**vlan-id：输入一个 VLAN ID。如果输入的是一个新的 VLAN ID，则交换机会创建该 VLAN；如果输入的是已经存在的 VLAN ID，则修改相应的 VLAN。可以配置的 VLAN ID 的范围是 1～4094，其中，VLAN 1 默认存在且不能被删除。

该命令运行后即可进入 VLAN 的配置模式，提示符是"Switch（config-vlan）#"。在这个模式下，可以继续使用命令 **vlan**vlan-id 添加 VLAN。

3）Switch(config-vlan)#**name**vlan-name（可选）：为 VLAN 取一个名字。如果没有进行这一步，则交换机会自动为它起一个名字 VLAN xxxx，其中 xxxx 是用 0 开头的 4 位 VLAN ID 号。例如，VLAN 0004 就是 VLAN 4 的默认名字。如果想把 VLAN 的名字改回默认，输入"no name"即可。

4）Switch(config-vlan)#end：返回到特权命令模式。

5）Switch#show vlan {id*vlan-id*}：检查刚才的配置是否正确。如果需要保存 VLAN 配置，可以继续使用 write 命令或者 copy 命令保存配置。

### 2．删除 VLAN

在特权命令模式下，使用如下步骤可以删除一个 VLAN。

1）Switch#**configure terminal**：进入全局配置模式。

2）Switch(config)#**no vlan***vlan-id*：输入一个 VLAN ID，并将其删除。注意：VLAN 1 不能被删除。

3）Switch(config)#exit：返回到特权命令模式。

4）Switch#**show vlan** {id*vlan-id*}：检查刚才的配置是否正确。

5）如果需要保存刚才的删除结果，可以继续使用 write 命令或者 copy 命令保存配置。

### 3．向 VLAN 内添加接口

在特权命令模式下，利用如下步骤可以将一个接口分配给一个 VLAN。

1）Switch#**configure terminal**：进入全局配置模式。

2）Switch(config)# **interface***interface-id*：输入想要加入 VLAN 的接口编号。运行该命令即可进入接口配置模式。

如果有大量接口要加入同一个 VLAN，可以使用这个命令来批量设置接口。

Switch(config)#**interface range** {*port-range*}

其中，port-range 指定若干接口范围段，每个接口范围段包括一定范围的接口。每个接口范围段使用逗号（,）隔开，范围段内的连续接口用由半字线（-）连接的起止编号表示。

可以使用该命令同时配置多个接口，配置方法和配置单个接口完全相同。当进入 interface range 配置模式时，此时所进行的设置将应用于所选范围内的所有接口。

同一条命令中的所有接口范围段中的接口必须属于相同类型。

3）Switch(config-if)# **switchport mode** access：定义该接口的 VLAN 成员类型（二层 Access 接口）。

4）Switch(config-if)# **switchport access***vlan**vlan-id*：将这个接口分配给一个 VLAN。

5）Switch(config-vlan)#end：返回到特权命令模式。

6）Switch#**show vlan** {id*vlan-id*}：检查刚才的配置是否正确。

也可以使用下面的命令直接查看接口的完整信息，以检查配置是否正确。

Switch#**show interfaces***interface-id* **switchport**

7）如果需要保存刚才的删除结果，可以继续使用 write 命令或者 copy 命令保存配置。

### 4．配置 VLAN Trunk 接口

交换机上的接口默认工作在第 2 层模式，一个二层接口的默认模式是 Access 接口。

在特权命令模式下，利用如下步骤可以将一个接口配置成一个 Trunk 接口。

1）Switch#**configure terminal**：进入全局配置模式。
2）Switch(config)# **interface**_interface-id_：输入想要配成 Trunk 接口的 interface id。
3）Switch(config-if)#**switchport mode trunk**：定义该接口的类型为二层 Trunk 接口。
4）Switch(config-if)#**switchport trunk native vlan**_vlan-id_（可选）：为这个接口指定一个默认 VLAN。如果不指定，默认 VLAN 是 VLAN 1。

Trunk 链路两端的 Trunk 接口的默认 VLAN 一定要保持一致，否则可能造成 Trunk 链路不能正常通信。

5）Switch(config-vlan)#end：返回到特权命令模式。
6）Switch#**show vlan** {**id**_vlan-id_}：检查刚才的配置是否正确。配置成 Trunk 的接口会出现在所有的 VLAN 之中。

也可以使用下面的命令直接查看接口的完整信息，以检查配置是否正确。
Switch#**show interfaces**_interface-id_ **switchport**

或者，使用下面的命令显示这个接口的 Trunk 设置。
Switch#**show interfaces**_interface-id_ **trunk**

7）如果需要保存刚才的 Trunk 配置结果，可以继续使用 write 命令或者 copy 命令保存配置。

如果想把一个 Trunk 接口的所有 Trunk 相关属性都复位成默认值，可以使用 no switchport trunk 接口配置命令。

**5．定义 Trunk 接口的许可 VLAN 列表**

一个 Trunk 接口默认可以传输本交换机支持的所有 VLAN（1～4094）的流量。但是，也可以通过设置 Trunk 接口的许可 VLAN 列表来限制某些 VLAN 的流量不能通过这个 Trunk 接口。

在特权命令模式下，利用如下步骤可以修改一个 Trunk 接口的许可 VLAN 列表。

1）Switch#**configure terminal**：进入全局配置模式。
2）Switch(config)# **Interface**_interface-id_：输入想要修改许可 VLAN 列表的 Trunk 接口的编号。
3）Switch(config-if)#**switchport mode trunk**（可选）定义该接口的类型为二层 Trunk 接口。
如果该接口已经是一个 Trunk 接口，则该步骤可省略。
4）Switch(config-if)#**switchport trunk allowed vlan { all | [add| remove | except]}** _vlan-list_：配置这个 Trunk 接口的许可 VLAN 列表。

其中，参数 vlan-list 可以是一个 VLAN 的 ID，也可以是一系列 VLAN 的 ID，以较小的 VLAN ID 开头，以较大的 VLAN ID 结尾，中间用半字线（-）连接；all 的含义是许可列表包含所有支持的 VLAN；add 表示将指定的 VLAN 列表加入许可 VLAN 列表；remove 表示将指定的 VLAN 列表从许可 VLAN 列表中删除；except 表示将除列出的 VLAN 列表外的所有 VLAN 加入许可 VLAN 列表中。

不能将 VLAN 1 从许可 VLAN 列表中移出。

5）Switch(config-vlan)#end：返回到特权命令模式。

6）Switch#show vlan {id*vlan-id*}：检查刚才的配置是否正确。

也可以使用下面的命令直接查看接口的完整信息，以检查配置是否正确。

Switch#show interfaces*interface-id* switchport

或者，使用下面的命令显示这个接口的 Trunk 设置。

Switch#show interfaces*interface-id* trunk

7）如果需要保存刚才的删除结果，可以继续使用 write 命令或者 copy 命令保存配置。

### 1.5.2.4　利用三层交换机实现 VLAN 间的通信

三层交换机，本质上就是带有路由功能的二层交换机，可以将它简单地看成是一台路由器和一台二层交换机的叠加。三层交换机是将二层交换机和路由器两者的优势有机而智能地结合起来，它可在各个层次提供线速转发性能。在一台三层交换机内，分别设置了交换机模块和路由器模块；而内置的路由模块与交换模块类似，也使用 ASIC 硬件处理路由。因此，与传统的路由器相比，三层交换机可以实现高速路由，并且路由与交换模块是汇聚链接的，由于是内部连接，可以确保相当大的带宽。

我们可以利用三层交换机的路由功能来实现 VLAN 之间的通信，如图 1-15 所示。

在图 1-15 所示的拓扑结构中，在交换机上分别划分 VLAN 10 和 VLAN 20，VLAN 10 的工作站 IP 地址为 192.168.1.10，VLAN 20 的工作站 IP 地址为 192.168.2.10。那么不同的 VLAN 间如何利用路由器来实现 VLAN 间的互访呢？具体的实现方法是：在三层交换机上创建各个 VLAN 的虚拟接口（Switch Virtual Interface，SVI），并设置 IP 地址就可以了。SVI 是交换虚拟接口，可以用来实现三层交换的功能。创建 SVI 为一个网关接口，就相当于是对应各个 VLAN 的虚拟的子接口，可用于三层设备中跨 VLAN 之间的路由。

例如，VLAN 10 的虚拟接口的 IP 地址为 192.168.1.1，VLAN 20 的虚拟接口的 IP 地址为 192.168.2.1，然后将所有 VLAN 连接的工作站主机的网关指向该 SVI 的 IP 地址即可。

由于在三层交换机上 IP 路由功能是默认开启的，因此在特权命令模式下，通过如下步骤便可以配置 SVI 接口，

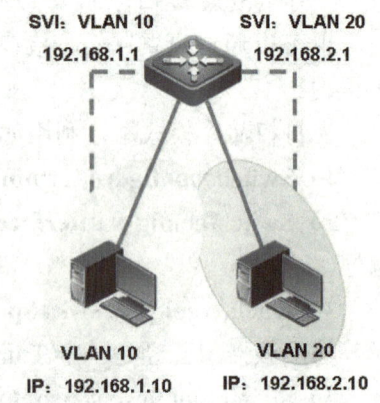

图 1-15　利用三层交换机实现 VLAN 之间的通信

项目 1　构建小型企业网络

实现 VLAN 间的路由。

1）Switch#**configure terminal**：进入全局配置模式。

2）Switch(config)#**interface vlan** *vlan-id*：进入 SVI 接口配置模式。

3）Switch(config-if)#**ip address***ip-address mask*：给 VLAN 的 SVI 接口配置 IP 地址。这些 IP 地址将作为各个 VLAN 内主机的网关，并且这些 SVI 接口所在的网段也会作为直连路由出现在三层交换机的路由表中。

4）Switch(config-if)#end：返回到特权命令模式。

5）Switch#**show running-config**：检查刚才的配置是否正确。

6）Switch#**show ip route**：检查配置的 SVI 接口所在的网段是否已经出现在路由表中。

只有当 VLAN 内有激活的接口时，即有主机连入该 VLAN 时，该 VLAN 的 SVI 接口所在的网段才会出现在路由表中。

7）如果需要保存刚才的配置结果，可以继续使用 write 命令或者 copy 命令保存配置。

### 1.5.3　网络地址转换技术

#### 1.5.3.1　NAT 的工作过程

静态网络地址转换（NAT）的工作原理如图 1-16 所示。静态 NAT 转换条目需要预先手工进行创建，即将一个内部本地地址和一个内部全局地址唯一地进行绑定。

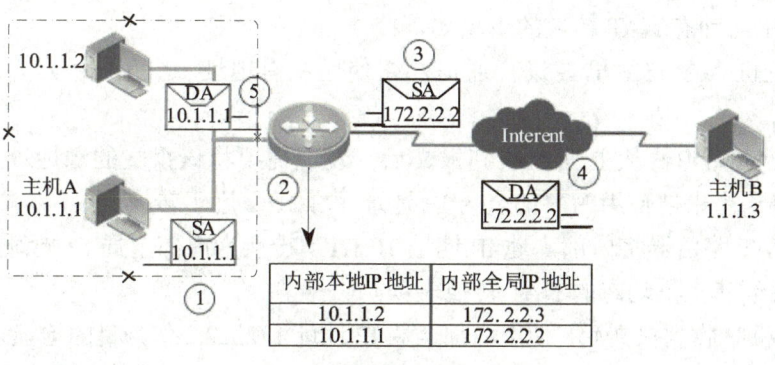

图 1-16　静态 NAT 转换

在图 1-16 中，静态 NAT 转换的步骤如下：

**步骤 1**　主机 A 要与主机 B 进行通信，它使用私有地址 10.1.1.1 作为源地址向主机 B 发送报文。

**步骤 2**　NAT 路由器从主机 A 收到报文后检查 NAT 表，发现需要将该报文的源地址进行转换。

**步骤 3**　NAT 路由器根据 NAT 转换表将内部本地 IP 地址 10.1.1.1 转换为内部全局 IP

15

地址 172.2.2.2，然后转发报文。注意，虽然网络中内部全局地址通常是合法的公网地址，但是 NAT 并不强制要求全局地址为哪种类型的地址。

步骤 4　主机 B 收到报文后，使用内部全局 IP 地址 172.2.2.2 作为目的地址来应答主机 A。

步骤 5　NAT 路由器收到主机 B 发回的报文后，再根据 NAT 转换表将该内部全局 IP 地址 172.2.2.2 转换回内部本地 IP 地址 10.1.1.1，并将报文转发给主机 A，后者收到报文后继续会话。

动态 NAT 的工作原理如图 1-17 所示。动态地址转换也是将内部本地 IP 地址与内部全局 IP 地址一对一地转换，但是动态地址转换是从内部全局 IP 地址池中动态地选择一个未被使用的地址对内部本地 IP 地址进行转换。动态地址转换条目是动态创建的，无需预先手工进行创建。

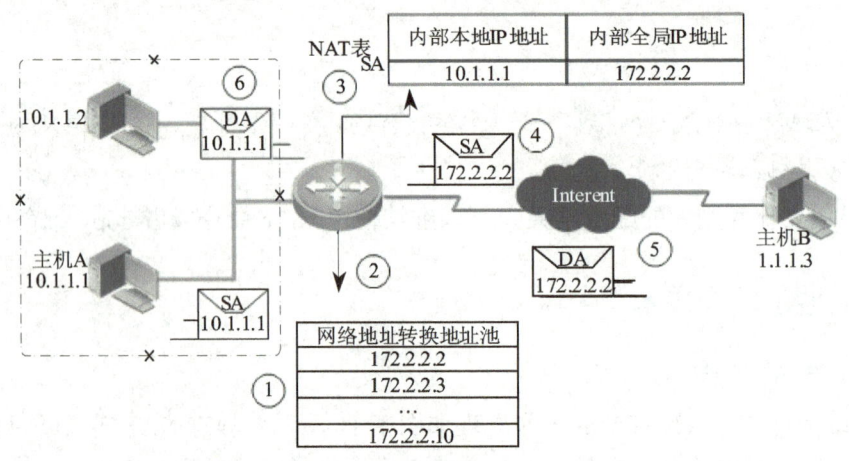

图 1-17　动态 NAT 转换

在图 1-17 中，动态 NAT 转换的步骤如下：

步骤 1　主机 A 要与主机 B 进行通信，它使用私有地址 10.1.1.1 作为源地址向主机 B 发送报文。

步骤 2　NAT 路由器从主机 A 收到报文后，发现需要将该报文的源地址进行转换，并从地址池中选择一个未被使用的内部全局 IP 地址 172.2.2.2 用于转换。

步骤 3　NAT 路由器将内部本地 IP 地址 10.1.1.1 转换为内部全局 IP 地址 172.2.2.2，然后转发报文，并创建一条动态的 NAT 转换表项。

步骤 4　主机 B 收到报文后，使用内部全局 IP 地址 172.2.2.2 作为目的地址来应答主机 A。

步骤 5　NAT 路由器收到主机 B 发回的报文后，再根据 NAT 转换表将该内部全局 IP 地址 172.2.2.2 转换回内部本地 IP 地址 10.1.1.1，并将报文转发给主机 A，后者收到报文后继续会话。

#### 1.5.3.2　配置 NAT

**1．配置静态内部源地址转换**

配置基本的静态 NAT 转换的步骤如下：

步骤 1　在路由器上配置 IP 路由选择和 IP 地址。

步骤 2　至少指定一个内部接口和一个外部接口，方法是：进入接口配置模式下，执

行命令 **ip nat** { **inside** | **outside** }，其参数见表 1-1。这里指定内部接口和外部接口的目的是让路由器知道哪个是内部网络，哪个是外部网络，以便进行相应的地址转换。

步骤 3　使用全局命令 **ip nat inside source static** *local-ip* { **interface** *interface* | *global-ip* } 配置静态转换条目，其参数说明见表 1-2。要删除静态转换条目，可使用该命令的 **no** 格式。

表 1-1　ip nat {inside|outside} 命令的参数

| 参　数 | 说　明 |
|---|---|
| inside | 指定接口为 NAT 内部接口 |
| outside | 指定接口为 NAT 外部接口 |

表 1-2　ip nat inside source static 命令的参数

| 参　数 | 说　明 |
|---|---|
| local-ip | 分配给内部网络中的主机的本地 IP 地址 |
| global-ip | 外部主机看到的内部主机的全局唯一的 IP 地址 |
| interface | 路由器本地接口。如果指定该参数，路由器将使用该接口的地址进行转换 |

### 2．配置静态端口地址转换

配置静态端口地址转换（PAT）的步骤如下：

步骤 1　在路由器上配置 IP 路由选择和 IP 地址。

步骤 2　至少指定一个内部接口和一个外部接口，方法是：进入接口配置模式下，执行命令 **ip nat** { **inside** | **outside** }。

步骤 3　使用全局命令 **ip nat inside source static** { **tcp** | **udp** } *local-ip local-port* { **interface** *interface* | *global-ip* } *global-port* 指定静态 PAT 条目，其参数说明见表 1-3。

表 1-3　ip nat inside source static {tcp|udp} 命令的参数

| 参　数 | 说　明 |
|---|---|
| local-ip | 分配给内部网络中的主机的本地 IP 地址 |
| local-port | 本地 TCP/UDP 端口号，取值范围为 1～65535 |
| global-ip | 外部主机看到的内部主机的全局唯一的 IP 地址 |
| global-port | 全局 TCP/UDP 端口号，取值范围为 1～65535 |
| interface | 路由器本地接口。如果指定该参数，路由器将使用该接口的地址进行转换 |

### 3．配置动态 NAT

配置动态 NAT 转换的步骤如下：

步骤 1　在路由器上配置 IP 路由选择和 IP 地址。

步骤 2　至少指定一个内部接口和一个外部接口，方法是：进入接口配置模式下，执行命令 **ip nat** { **inside** | **outside** }。仅当报文从内部接口转发到外部接口时，才转换其源地址。

步骤 3　使用命令 **access-list** *access-list-number* { **permit** | **deny** } 定义 IP 访问控制列表，以明确哪些报文将被进行 NAT 转换。这里可以使用标准访问控制列表或扩展访问控制列表。

步骤 4　使用命令 **ip nat pool** *pool-name start-ip end-ip* { **netmask** *netmask* | **prefix-length** *prefix-length* } 定义一个地址池，用于转换地址，其参数说明见表 1-4。

步骤 5　使用命令 **ip nat inside source list** *access-list-number* { **interface** *interface* | **pool** *pool-name* } 将符合访问控制列表条件的内部本地 IP 地址转换到地址池中的内部全局 IP 地址，其参数说明见表 1-5。

配置动态外部源地址转换的步骤与配置动态 NAT 转换的步骤类似，只是步骤 5 使用的是命令 **ip nat outside source list** *access-list-number* **pool***pool-name*。该命令将符合访问控制列表条件的外部全局地址映射到地址池中的外部本地地址。

表 1-4　ip nat pool 命令的参数

| 参　　数 | 说　　明 |
| --- | --- |
| *pool-name* | 地址池的名称 |
| *start-ip* | 全局地址池包含的地址范围中的第一个 IP 地址 |
| *end-ip* | 全局地址池包含的地址范围中的最后一个 IP 地址 |
| *netmask* | 地址池中的地址所属网络的子网掩码。子网掩码指出地址中的哪些位属于网络和子网部分，哪些位属于主机部分 |
| *prefix-length* | 一个数字，指出了地址池中的地址所属网络的子网掩码中有多少值为 1 |

表 1-5　ip nat inside source list 命令的参数

| 参　　数 | 说　　明 |
| --- | --- |
| *access-list-number* | 引用的访问控制列表的编号 |
| *pool-name* | 引用的地址池的名称 |
| *interface* | 路由器本地接口。如果指定该参数，路由器将使用该接口的地址进行转换 |

### 1.5.3.3　配置 NAPT

**1. NAPT 的工作过程**

NAPT 是动态 NAT 的一种实现形式，NAPT 利用不同的端口号将多个内部 IP 地址转换为一个外部 IP 地址，NAPT 也称为 PAT 或端口级复用 NAT。NAPT 的工作原理如图 1-18 所示。

在图 1-18 中，NAPT 转换的步骤如下：

**步骤 1**　主机 A 要与主机 D 进行通信，它使用私有地址 10.1.1.1 作为源地址向主机 D 发送报文，报文的源端口号为 1027，目的端口号为 25。

**步骤 2**　NAT 路由器从主机 A 收到报文后，发现需要将该报文的源地址进行转换，并使用外部接口的全局 IP 地址将报文的源地址转换为 172.2.2.2，同时将源端口转换为 1280，并创建动态转换表项。

**步骤 3**　主机 B 要与主机 C 进行通信，它使用私有地址 10.1.1.2 作为源地址向主机 C 发送报文，报文的源端口号为 1600，目的端口号为 25。

**步骤 4**　NAT 路由器从主机 B 收到报文后，发现需要将该报文的源地址进行转换，并使用外部接口的全局地址将报文的源地址转换为 172.2.2.2，同时将源端口转换为与之前不同的一个端口号 1339，并创建动态转换表项。

从以上的步骤可以看出，在 NAPT 转换中，NAT 路由器同时将报文的源地址和源端口进行转换，并使用不同的源端口来唯一地标识一个内部主机。这种方式可以节省公有 IP 地址，对于中小型网络来说，只需要申请一个公有 IP 地址即可。NAPT 也是目前最为常用的转换方式。

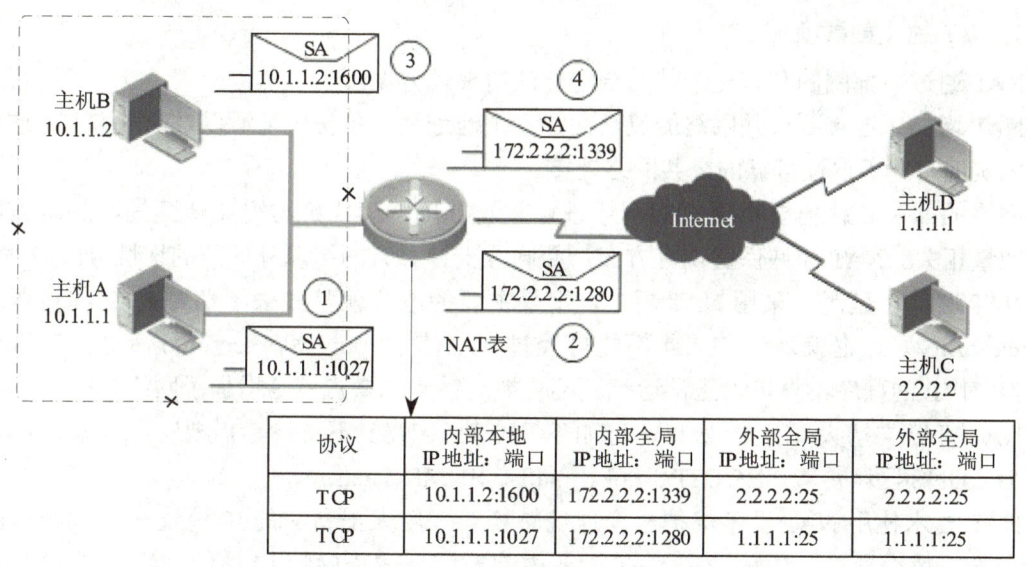

图 1-18　NAPT 工作过程

## 2. 配置 NAPT

配置 NAPT（PAT）的步骤如下：

**步骤 1**　在路由器上配置 IP 路由选择和 IP 地址。

**步骤 2**　至少指定一个内部接口和一个外部接口，方法是：进入接口配置模式下，执行命令 **ip nat** {**inside** | **outside**}。仅当报文从内部接口转发到外部接口时，才转换其源地址。

**步骤 3**　使用命令 **access-list** *access-list-number* {**permit** | **deny**} 定义 IP 访问控制列表，以明确哪些报文将被进行 NAT 转换。这里可以使用标准访问控制列表或扩展访问控制列表。

**步骤 4**　使用命令 **ip nat pool** *pool-name start-ip end-ip* {**netmask** *netmask* | **prefix-length** *prefix-length*} 定义一个地址池，用于转换地址。

**步骤 5**　使用命令 **ip nat inside source list** *access-list-number* {**interface** *interface* | **pool** *pool-name*} **overload** 将符合访问控制列表条件的内部本地 IP 地址转换到地址池中的内部全局 IP 地址。在配置 NAPT 转换中，必须使用 **overload** 关键字，这样路由器才会将源端口也进行转换，已达到地址超载的目的。如果不指定 **overload**，路由器将执行动态 NAT 转换。

## 3. 验证和诊断 NAT 转换

验证和诊断 NAT 转换的内容包括：

1）使用 **show** 命令查看 NAT 运行的状态。
2）使用 **debug** 命令对 NAT 的转换操作进行调试。
3）使用 **clear** 命令清楚特定的或所有的 NAT 转换条目。

验证和诊断 NAT 的命令及其说明见表 1-6。

表 1-6　验证和诊断 NAT 的命令

| 命　令 | 说　明 |
|---|---|
| show ip nat translations [ *access-list-number*\| icmp \| tcp \| udp ][ verbose ] | 显示活动的转换条目 |
| show ip nat statistics | 显示转换的统计信息 |
| debug ip nat [ address \| event \| rule-match ] | 对转换操作进行调试 |
| clear ip nat translation * | 清除所有的转换条目 |
| clear ip nat statistics | 清除 NAT 统计信息 |

#### 4．NAT 的注意事项

NAT 通过内部网的私有化来节约合法的注册寻址方案。

NAT 增加了连接到公共网络的灵活性，多个地址池、备份地址池以及负载共享/均衡地址池的实现有助于保证可靠的公共网络连接。

网络的非私有化需要对现有的网络进行重新寻址，其代价与需要转变为新寻址方案的主机数量相关。NAT 允许保留现有方案，并同时支持私有网络以外的新的地址分配方案。

NAT 增加了延时。采用 NAT 后，一个最主要的改变就是失去了端对端 IP 的可跟踪性（Traceability）。也就是说，从此不能再经过 NAT 使用 ping 和 traceroute 命令；其次就是一些 IP 对 IP 的程序不再可以正常运行。不易被观察到的缺点就是增加了网络延时。

NAT 可以支持大部分 IP 协议，但如下几个协议 NAT 不支持，需要特别注意：路由选择更新、DNS 区域传输、BOOTP、talk、ntalk、SNMP、netshow。

NAT 技术使用 NAT 设备维护一个地址转换表，用来把私有的 IP 地址映射到合法的 IP 地址上去。每个数据包的地址在 NAT 设备中都被翻译成正确的 IP 地址，解决了 IP 地址衰竭的问题，但同时带来了安全隐患和路由更新的问题。NAT 技术只是 IPv4 向 IPv6 过渡时期的临时解决方案，NAT 技术带来的问题是业内的普遍问题，这些问题必将随着 IPv6 的发展与普及最终被解决。

### 1.5.4 访问控制列表技术

#### 1.5.4.1 访问控制列表工作原理及规则

访问控制列表（ACL）语句有两个组件：一个是条件，另一个是操作。条件用于区配数据包内容。当为条件找到匹配时，则会采取一个操作：允许或拒绝。

（1）条件

条件基本上一个组规则，定义了要在数据包内容中查找什么来确定数据包是否匹配。每条 ACL 语句中只可以列出一个条件，但是，可以将 ACL 语句组合在一起，形成一个列表或策略。ACL 语句使用编号或名称来分组。

（2）操作

当 ACL 语句条件与比较的数据包内容匹配时，可以采取允许或拒绝操作。当 ACL 语句中找到一个匹配时，则不会再处理其他语句。而且，在每个 ACL 语句最后都有一条看不见的语句，称为"隐式的拒绝"语句。这条语句的目的是丢弃数据包。如果一个数据包和列表中的每条语句都不匹配，则该数据包被丢弃。

图 1-19 显示了一个将 ACL 应用到接口上的入站方向的例子。当设备接口收到数据包时，首先确定 ACL 是否被应用到了该接口。如果没有，则正常地路由该数据包；如果有，则处理 ACL，从第一条语句开始，将条件和数据包内容相比较。如果没有匹配，则处理列表中的下一条语句；如果匹配，则执行允许或拒绝的操作。如果整个列表中没有找到匹配的规则，则丢弃该数据包。

对于出站方向的 ACL，过程与入站方向相似。如图 1-20 所示，当设备收到数据包时，首先将数据包路由到输出接口，然后检查接口上是否应用到了 ACL。如果没有，将数据包排在队列中，发送到出站接口；否则，数据包通过与 ACL 条目进行比较处理，如前所述。

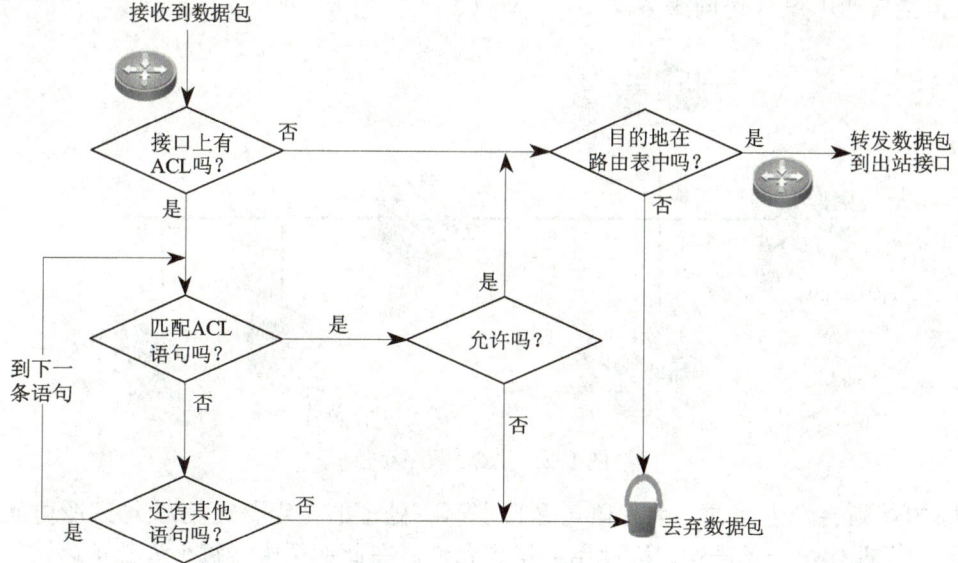

图 1-19　入站 ACL 流程图

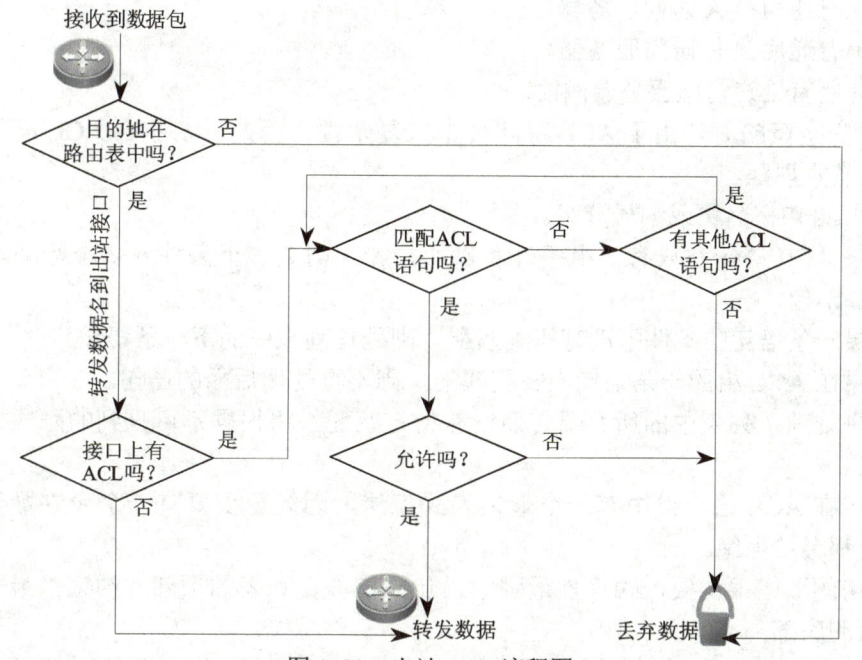

图 1-20　出站 ACL 流程图

　　ACL 语句如何排列的顺序是很重要的，在进行匹配的时候会自上而下执行。默认情况下，当将 ACL 语句添加到列表中时，它将被添加到列表的底部或最后。

　　在图 1-21 中，路由器分隔了两网段，一个网段为客户端；另一个网段为服务器群。过滤流量的目的是允许所有客户端可以访问 Web 服务器，但是只允许财务用户可以访问财务服务器。

　　ACL 过滤规则被配置在路由器上，具体如下：

　　1）允许所有用户访问服务器网段。

2）拒绝普通用户 A 访问服务器。
3）拒绝普通用户 B 访问服务器。

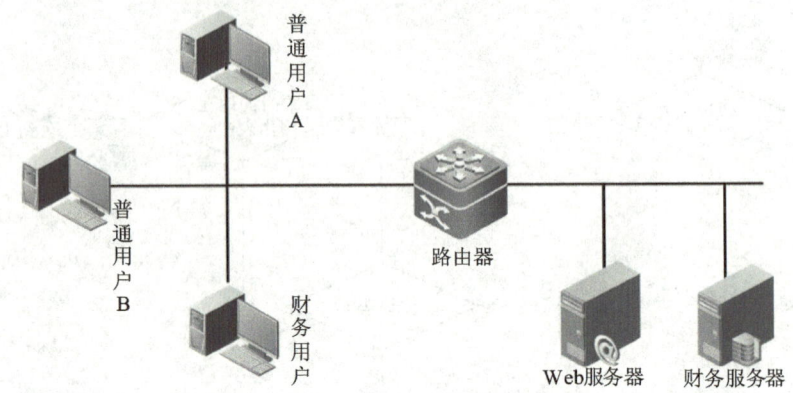

图 1-21　ACL 顺序问题

上面的规则会产生问题，因为语句是自上而下处理的，当普通用户 A 试图访问财务服务器时，由于匹配第一条语句，因此用户得到允许。在此例子中，每个人都可以访问服务器群网段上的所有服务器，相反，ACL 应该按以下顺序配置：

1）拒绝普通用户 A 访问服务器。
2）拒绝普通用户 B 访问服务器。
3）允许所有用户访问服务器网段。

在执行安全策略时，由于 ACL 可能会带来复杂性，因此，在建立 ACL 语句时，要依据以下这些基本规则。

1）ACL 语句按名称或编号分组。

2）每条 ACL 语句都只有一组条件和操作，如果需要多个条件或多个行动，则必须生成多个 ACL 语句。

3）如果一条语句的条件中没有找到匹配，则处理列表中的下一条语句。

4）如果在 ACL 组的一条语句中找到匹配，则不再处理后面的语句。

5）如果处理了列表中的所有语句而没有指定匹配，将根据不可见到的隐式拒绝语句拒绝该数据包。

6）由于在 ACL 语句组中有一个最后隐式拒绝，因此至少要有一个允许操作；否则，所有数据包都会被拒绝。

7）语句的顺序很重要，约束性最强的语句应该放在列表的顶部，约束性最弱的语句应该放在列表的底部。

8）一个空的 ACL 组允许所有数据包，空的 ACL 组已经在路由器上被激活，但不包含语句的 ACL。要使隐式拒绝语句起作用，则在 ACL 中至少要有一条允许或拒绝语句。

9）只能在每个接口、每个协议、每个方向上应用一个 ACL。

10）在数据包被路由到其他接口之前，处理入站 ACL。

11）在数据包被路由到接口之后，而在数据包离开接口之前，处理出站 ACL。

12）当 ACL 应用到一个接口时，这会影响通过接口的流量，但 ACL 不会过滤路由器本身产生的流量。

在配置 ACL 时，经常会遇到 ACL 放置在什么位置的问题。这个问题没有标准的答案，只能根据具体情况来判断，但是，有两条准则可以帮助我们作出判断。

1）只过滤数据包源地址的 ACL 应该放置在离目的地尽可能近的地方。

2）过滤数据包的源地址和目的地址以及其他信息的 ACL，则应该放在离源地址尽可能近的地方。

可以通过图 1-22 所示的实例进行细致的讨论。第一种情况，假设网络管理员正在使用只过滤数据包源地址的 ACL。在该例中，允许用户 A 除了数据库服务器，可以访问所有资源。为用户 A 制定的 ACL 规则如下：

1）拒绝用户 A 访问数据库服务器。

2）允许用户 A 访问其他服务器。

3）允许所有其他用户访问所有其他的服务器。

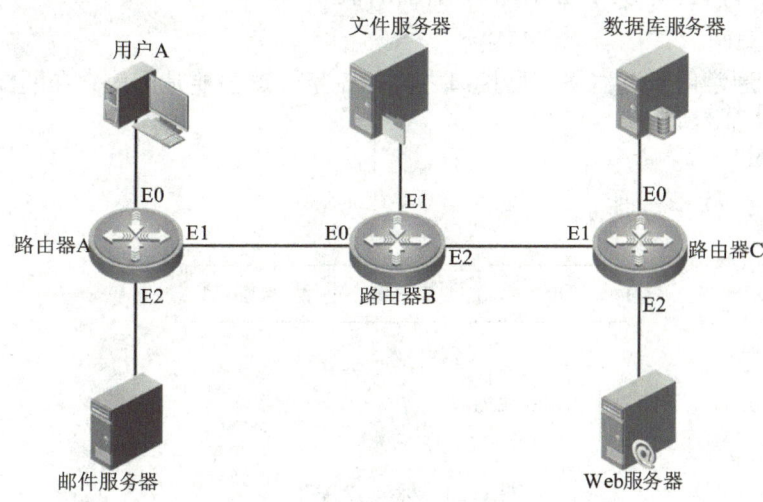

图 1-22　ACL 的布置

现在的问题是：ACL 应该放置在哪台路由器的哪个接口上？根据上面提到的两条放置规则，ACL 应放在离目的地尽可能近的地方，即路由器 C 的 E0 接口的输出方向。

现在看一下该例中的其他可选方案。如果将 ACL 放置在路由器 A 的 E0 接口的入站方向，则肯定会阻止用户对数据库服务器的访问，但是，因为在匹配条件时 ACL 查看源地址（不查看目的地址），这个过滤会阻止该用户访问任何其他资源；如果将 ACL 放置在路由器 C 的 E1 接口的入站方向，用户可以访问邮件服务器和文件服务器，但是用户将被阻止访问在 Web 服务器上的所有资源。

但是，只过滤数据包中的源地址的 ACL 有两个局限性：

1）即使 ACL 应用到路由器 C 的 E0 接口，任何由用户 A 方向来的流量都将被禁止访问该网段的任何资源，不仅仅包括数据库服务器。

2）流量要经过所有到达目的地的途径，它在即将到达目的地时被丢弃，这是对带宽的浪费。

第二种情况，假设网络管理员正在使用可以过滤数据包的源地址和目的地址的 ACL。根据放置规则，ACL 应放在路由器 A 的 E0 接口的入站方向。这个解决方案解决了第一种情况下 ACL 的两个局限性问题，使用这种类型的 ACL，可以指定哪些资源可以访问。在该例子中，可以简单地设置过滤策略，阻止用户 A 访问数据库服务器，但允许他访问整个网络中的其他服务器。

### 1.5.4.2 ACL 的种类

自从 1993 年以来，大多数网络管理员都使用两种基本的 ACL：标准 IP ACL 和扩展 IP ACL。

标准 IP ACL 只能过滤 IP 数据包头中的源 IP 地址，而扩展 IP ACL 可以过滤源 IP 地址、目的 IP 地址、协议（TCP/IP）、协议信息（端口号、标志代码）等。由于两种 ACL 之间的不同，标准 IP ACL 通常用在路由器中配置以下功能：

1）限制通过 VTY 线路对路由器的访问（telnet、SSH）。
2）限制通过 HTTP 或 HTTPS 对路由器的访问。
3）过滤路由更新。

扩展 IP ACL 通常用于过滤路由器接口之间的流量，这主要是因为它在匹配第 2、3 和 4 层很多不同域时非常灵活。

#### 1. 标准 IP ACL

标准 IP ACL 如图 1-23 所示。

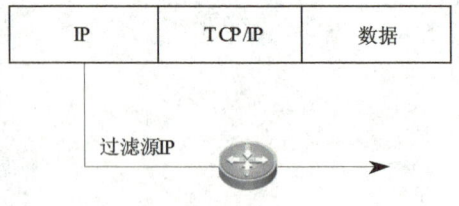

图 1-23　标准 IP ACL

可以通过两种方式为标准 IP ACL 语句分组：编号或名称。

（1）编号的标准 IP ACL

通过编号创建标准 IP ACL 的基本格式为

Router(config)#access-list listnumber  { permit | deny }   address   [ wildcard-mask ]

其中各参数说明如下：

1）listnumber：规则序号。标准访问控制列表（Standard IP ACL）的规则序号范围是 1～99 或 1300～1999。

2）permit 和 deny：用来表示满足访问表项的报文是允许通过接口，还是要过滤掉。关键字 pemit 表示允许报文通过接口，而关键字 deny 表示匹配标准 IP 访问表源地址的报文要被丢弃掉。

3）源地址：对于标准的 IP 访问表，源地址是主机或一组主机的点分十进制表示。在实际应用中，使用一组主机要基于对通配符屏蔽码的使用。

4）通配符屏蔽码：访问表功能所支持的通配符屏蔽码与子网屏蔽码的方式是相反的。这就是说，二进制的 0 表示一个"匹配"条件，二进制的 1 表示一个"不关心"条件，如图 1-24 所示。

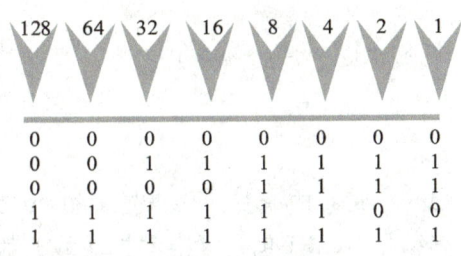

图 1-24 通配符

| 0.0.0.255 | 只比较前 24 位 |
| 0.0.3.255 | 只比较前 22 位 |
| 0.255.255.255 | 只比较前 8 位 |

5）其他关键字：虽然访问表的许多关键字只适应于扩展访问表，但有几个关键字在标准访问表中是支持的，并且值得重视。这两个关键字为 host、any。关键字 host 和 any 分别用于指定单个主机和所有主机。

① host：host 表示一种精确的匹配，其屏蔽码为 0.0.0.0。例如，假设希望允许从 192.168.1.10 来的报文，则应该使用下面的访问表语句：access-list 10 permit 192.168.1.10 0.0.0.0。因为关键字 host 表示一种精确的匹配，所以前面的访问语句也可以使用下面的语句代替：access-list 10 permit host 192.168.1.10。这样，host 是 0.0.0.0 通配符屏蔽码的简写。

② any：在标准访问表中，关键字 any 是源地址/目标地址 0.0.0.0/255.255.255.255 的简写。假设要拒绝从源地址 192.168.1.11 来的报文，并且要允许从其他源地址来的报文。标准的 IP 访问表可以使用下面的语句达到这个目的。

access-list 10 deny host 192.168.1.11
access-list 11 permit any

访问表语句的处理顺序是由上到下的，如果将这两个语句顺序颠倒，将 permit 语句放在 deny 语句的前面，则将不能过滤来自主机地址 192.168.1.11 的报文，因为 permit 语句允许所有的报文。访问表中的语句顺序是很重要的，因为不合理语句顺序将会在网络中产生安全漏洞，或者使用户不能很好地利用网络策略。

在建立了 ACL 之后，在路由器上激活它；否则，不会执行任何动作。可以通过两种基本方法激活 ACL。在路由器激活用于流量过滤的标准 IP ACL，如果想在入站方向或出站方向时过滤它们，可以使用如下的命令：

Router(config)#interface type [slot/port]
Router(config-if)#ip access-group {id|name} {in|out}

使用 ip access-group 命令时，需要指定 ACL 的名称或编号，以及路由器过滤信息方向。

1）in：当流量从网络网段进入路由器接口时。

2）out：当流量离开接口到网络网段时。

如果想要限制到路由器的 telnet 或 SSH 连接，可以使用如下配置命令激活 ACL。

```
Router(config)#line type line
Router(config-if)#access-class [id|name]  {in|out}
```

不可以删除编号 ACL 中的一个特定的条目。如果想使用 no 参数来删除一个特定条目，将会删除整个 ACL 组。对所有编号 ACL（包括标准和扩展的）都是这样。

（2）命名的标准 IP ACL

与编号 ACL 相比，它的主要优点是：

1）允许管理员给 ACL 指定一个描述性的名称。

2）允许管理生成超过 99 个的标准 IP ACL 或超过 100 个的扩展 IP ACL，这是可以建立的 ACL 数的初始限制。

3）允许删除 ACL 中的特定条目。

如今，除了命名的 ACL，还可以使用其他方法来实现以上的三个功能。例如，可以使用注释给 ACL 添加描述信息。现在的标准 IP ACL 也支持 1～99 以及 1300～1999 的编号，几乎允许 700 个 ACL 分组，因此，与编号 ACL 相比，在这一点上命名的 ACL 并没有真正的优点。不过，命名 ACL 仍然还有两个主要的优点，即它们支持描述性名称，以及随着引入有序的 ACL，可以插入和删除特定的 ACL 条目。

在很多情况下，决定使用命名的 ACL 还是编号的 ACL 纯属个人喜好，除了实现特定的特性外，两种类型之间没有本质的差别。

使用以下命令，可建立命名的标准 IP ACL。

```
Router(config)#ip access-list standard name
Router(config-std-nacl)#{deny|permit [source wildcard any ]}
```

ip access-list 命令中指定命名 ACL 的类型以及 ACL 名称。实际上名称也可以是一个编号，但名称更具描述性。

执行这个命令，会进入子配置模式。在这里可输入 permit 或 deny 命令，它们的基本语法和编号的标准 IP ACL 命令相同。输入 ACL 语句完成后，用 ip access-list 命令在接口上激活 ACL，指定 ACL 名称。

2. 扩展 IP ACL

扩展 IP ACL 用于扩展报文过滤能力。一个扩展的 IP ACL 允许用户根据如下内容过滤报文：源和目的地址、协议、源和目的端口，以及在特定报文字段中允许进行特殊位比较的各种选项，如图 1-25 所示。

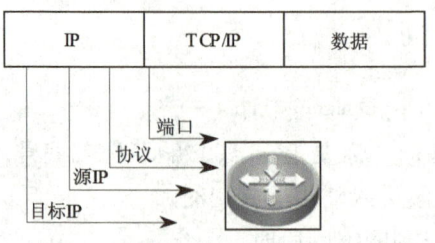

图 1-25　扩展 IP ACL

可以通过两种方式为扩展 IP ACL 语句分组：编号或名称。

（1）编号的扩展 IP ACL

扩展访问控制列表（Extended IP ACL）的规则序号范围是 100～199 或 2000～2699，一个扩展的 IP 访问表的一般语法格式如下：

access-list listnumber { permit | deny } protocol source source-wildcard-mask destination destination-wildcard-mask [operator operand]

1）listnumber：表号与标准 IP 访问表类似。该表号标识一个扩展的 IP 访问表。表号范围为 100～199 或 2000～2699。

2）permit 或 deny：可以指定那些匹配访问表语句的报文是否允许通过一个接口或者被过滤掉。显然，该选项所提供的功能与标准 IP 访问表相同。

3）协议：协议表项定义了需要被过滤的协议，如 IP、TCP、UDP、ICMP 等。协议选项是很重要的，因为在 TCP/IP 协议栈中的各种协议之间有很密切的关系。例如，IP 头标用于传输 ICMP、TCP、UDP 以及各种路由协议，从而如果指定要过滤协议，所有其他字段所指定的匹配将会使报文被允许或拒绝，而不考虑报文是否表示一个由 TCP、UDP 或 ICMP 消息所承载的应用。这样，如果根据特殊协议进行报文过滤，就要指定该协议。另外，应该将更具体的表项放在靠前的位置。例如，如果读者编写的语句中，允许 IP 地址的语句放在拒绝 TCP 地址的语句前面，则后一个语句根本不起作用。但是如果将这两条语句换一下位置，则在允许该地址上的其他协议的同时，拒绝了 TCP 协议。锐捷交换机 RGNOS 支持 EIGRP、GRE、ICMP、IGMP、IP、IP-in-IP、NOS、OSPF、TCP 和 UDP 等协议过滤。

（2）命名的扩展 IP ACL

除了使用编号来引用扩展 ACL 外，还可以使用名称。命名扩展 IP ACL 的一般语法格式如下：

Router(config)#ip access-list extended name
Router(config-ext-nacl)# {deny|permit} protocol {source source-wildcard |host source| any}[operator port]

使用 ip access-list extended 命令，建立命名的扩展 IP ACL，后面跟 ACL 名称。执行该命令时，进入子配置模式，输入 permit 或 deny 语句。在这点上，其语法与编号的 ACL 相同，并且支持相同的选项。

### 3．基于时间的 ACL

在之前介绍的各种 ACL 的规则配置中，可以看到，每种 ACL 规则后面都有一个可选的参数 **time-range**。此参数表示一个时间段，之前我们没有过多地介绍这个参数的使用方式。在实际的网络控制中，在不同的时间段，常常需要有不同的控制。例如，在学校的网络中，希望上课时间禁止学生访问学校的某影视服务器，而下课时间则允许学生访问。在这种需求下，ACL 需要和时间段结合起来应用，即基于时间的 ACL。事实上，基于时间的 ACL 只是在 ACL 规则后面使用 **time-range** 参数为此规则指定一个时间段，只有在此时间范围内此规则才会生效。各类 ACL 规则均可以使用时间段。

时间段分为 3 种类型：绝对（absolute）时间段、周期（periodic）时间段和混合时间段。

1）绝对时间段：表示一个时间范围，即从某时刻开始到某时刻结束。例如，1 月 5 日早晨 8 点到 3 月 6 日早晨 8 点。

2）周期时间段：表示一个时间周期。例如，每天的早晨 8 点到晚上 6 点，或者每周一到每周五的早晨 8 点到晚上 6 点。也就是说，周期时间段不是一个连续的时间范围，而是特定某天的某个时间段。

3）混合时间段：可以将绝对时间段与周期时间段结合起来应用，称为混合时间段。例如，1 月 5 日到 3 月 6 日的每周一至周五的早晨 8 点到晚上 6 点。

在全局模式下，可以使用如下命令创建并配置时间段。

**time-range** *time-range-name*

其中，*time-range-name* 表示时间段的名称。当执行此命令后，系统将进入到时间段配置模式。

在时间段配置模式下，可以使用如下命令配置绝对时间段。

**absolute** { **start** *time date* [ **end** *time date* ] | **end** *time date* }

1）**start** *time date*：表示时间段的起始时间。*time* 表示时间，格式为 hh:mm；*date* 表示日期，格式为日、月、年。

2）**end** *time date*：表示时间段的结束时间，格式与起始时间相同。

在配置绝对时间段时，可以只配置起始时间，或者只配置结束时间。

例如，2007 年 1 月 1 日 8 点到 2008 年 2 月 1 日 10 点，使用绝对时间段范围表示的配置语法格式如下：

**absolute start** 08:00 1 Jan 2007 **end** 10:00 1 Feb 2008

在时间段配置模式下，可以使用如下命令配置周期时间段。

**periodic** *day-of-the-week hh:mm* **to**[ *day-of-the-week* ] *hh:mm*
**periodic** { **weekdays** | **weekend** | **daily** } *hh:mm* **to** *hh:mm*

1）*day-of-the-week*：表示一个星期内的一天或者几天。

2）*hh:mm*：表示时间。

3）**weekdays**：表示周一到周五。

4）**weekend**：表示周六到周日。

5）**daily**：表示一周中的每一天。

例如，每周一到周五早晨 9 点到晚上 18 点，使用周期时间段范围表示的配置语法格式如下。

**periodic weekdays** 09:00 **to** 18:00

配置完时间段后，在 ACL 规则中使用 **time-range** 参数引用时间段后才会生效。但是只有配置了 **time-range** 的规则才会在指定的时间段内生效，其他未引用时间段的规则将不受影响。

在使用基于时间的 ACL 时，最重要的一点是要保证设备（路由器或交换机）的系统时间的准确，因为设备是根据自己的系统时间来判断当前时间是否在时间段范围内的。为了保证设备系统时间的准确性，可以使用 NTP（Network Time Protocol，网络时间协议）来保证与网络中时钟的同步，或者在特权命令模式下使用 **clock set** 命令调整系统时间，并使用 **show clock** 命令查看当前系统时间。

## 1.5.5 交换机端口安全

### 1.5.5.1 交换机端口安全概述

锐捷网络的交换机有端口安全功能,利用端口安全这个特性,可以实现网络接入安全。交换机的端口安全机制是工作在交换机二层端口上的一个安全特性,它主要有以下两个功能:

1)只允许特定 MAC 地址的设备接入到网络中,从而防止用户将非法或未授权的设备接入网络。

2)限制端口接入的设备数量,防止用户将过多的设备接入到网络中。

当一个端口被配置成为一个安全端口(启用了端口安全特性)后,交换机将检查从此端口接收到的帧的源 MAC 地址,并检查在此端口配置的最大安全地址数。如果安全地址数没有超过配置的最大值,交换机会检查安全地址表。若此帧的源 MAC 地址没有被包含在安全地址表中,那么交换机将自动学习此 MAC 地址,并将它加入到安全地址表中,标记为安全地址,进行后续转发;若此帧的源 MAC 地址已经存在于安全地址表中,那么交换机将直接对帧进行转发。安全端口的安全地址表项既可以通过交换机自动学习,也可以手工配置。

配置端口安全存在以下限制:

1)一个安全端口必须是一个 Access 端口及连接终端设备的端口,而非 Trunk 端口。

2)一个安全端口不能是一个聚合端口。

3)一个安全端口不能是 SPAN 的目的端口。

一个千兆接口上最多支持 120 个同时申明 IP 地址和 MAC 地址的安全地址。另外,由于这种同时申明 IP 地址和 MAC 地址的安全地址占用的硬件资源与 ACLs 等功能所占用的系统硬件资源共享,因此,当在某一个端口上应用了 ACLs,则相应的该端口上所能设置的申明 IP 地址的安全地址个数将会减少。

建议一个安全端口上的安全地址的格式保持一致,即一个端口上的安全地址或者全是绑定了 IP 地址的安全地址,或者都是不绑定 IP 地址的安全地址。如果一个安全端口同时包含这两种格式的安全地址,则不绑定 IP 地址的安全地址将失效(绑定 IP 地址的安全地址优先级更高)。这时如果想使端口上不绑定 IP 地址的安全地址生效,必须删除端口上所有的绑定了 IP 地址的安全地址。

完成端口安全配置之后,当违例产生时,可以设置如下几种针对违例的处理模式。

1)保护(protect)。当安全地址个数满后,安全端口将丢弃未知名地址(不是该端口的安全地址中的任何一个)的包。

2)限制(restrict)。当违例产生时,交换机不但丢弃接收到的帧(MAC 地址不在安全地址表中),而且将发送一个 SNMP Trap 报文。

3)关闭(shutdown)。当违例产生时,交换机将丢弃接收到的帧(MAC 地址不在安全地址表中),发送一个 SNMP Trap 报文,而且将端口关闭。

### 1.5.5.2 端口安全的配置

锐捷系列交换端口安全的默认配置可以使用命令 show port-security interface 进行查

看，默认为关闭端口安全。如果没有安全地址，违例方式为保护。

配置安全端口共分三步。

第一步：打开该接口的端口安全功能。

S3750(config-if)#switchport port-security

第二步：设置接口上安全地址的最大个数。

S3750(config-if)# switchport port-security maximum number

默认情况下，端口的最大安全地址个数为 128。

第三步：配置处理违例的方式。

S3750(config-if)#switchport port-security violation { protect | restrict | shutdown }

默认情况下，地址违规操作为 protect。

下面详细说明如何设置接口 gigabitethernet 0/28 上的端口安全功能。设置最大地址个数为 8，设置违例方式为 shutdown。

### 1．配置安全端口上的安全地址

在接口模式下，配置安全端口上的安全地址，具体命令如下：

S3750(config-if)#switchport port-security [mac-address mac-address [ip-address ip-address]

其中，mac-address mac-address 用于设置端口的安全地址；ip-address ip-address 为这个安全地址绑定的 IP 地址。

默认情况下，手工配置的安全地址将永久存在于安全地址表中。通常，当预先知道接入设备的 MAC 地址的情况下，可以手工配置安全地址，以防非法或未授权的设备接入到网络中。

当端口由于违规操作而进入"err-disabled"状态后，必须在全局模式下使用如下命令手工将其恢复为 UP 状态。

errdisable recovery

使用如下命令可以设置端口从"err-disabled"状态自动恢复所需要等待的时间。当指定的时间到达后，"err-disabled"状态的端口将重新进入 UP 状态。

errdisable recovery interval time

### 2．配置安全地址的老化时间

默认情况下，交换机安全端口自动学习到的和手工配置的安全地址都不会老化，即永久存在。使用如下命令可以配置安全地址的老化时间。

S3750(config-if)#switchport port-security aging{static | time time }

其中，使用 static 关键字，表示老化时间将同时应用于手工配置的安全地址和自动学习的地址，否则只应用于自动学习的地址；time 表示这个端口上安全地址的老化时间，范围是 0～1440，单位是分钟。如果 time 设置为 0，则老化功能实际上被关闭。老化时间按照绝对的方式计时，也就是一个地址成为一个端口的安全地址后，经过 time 指定的时间后，这个地址就将被自动删除。time 的默认值为 0。

在接口配置模式下，可以使用 no switchport port-security aging time 命令关闭一个接口的安全地址老化功能（老化时间为 0）；使用 no switchport port-security aging static 命令以使老化时间仅应用于动态学习到的安全地址。

## 1.5.6 端口聚合技术

### 1.5.6.1 端口聚合技术概述

对局域网交换机之间以及从交换机到高需求服务的许多网络连接来说，100 Mbit/s 甚至 1 Gbit/s 的带宽已经无法满足网络的应用需求。除了 ISP、应用服务提供商、流媒体提供商等这类企业之外，传统企业网络管理员也会感到企业服务器连接上的带宽压力。

此时，如果采用多条链路进行连接，则会产生环路。使用生成树解决环路问题，结果备份链路仅仅是作为备份，而不能用于增加带宽和提高传输速率。端口聚合技术（也称链路聚合）则解决了这个问题。在 1999 年制定的 IEEE 802.3ad 标准中，定义了如何将两个以上的以太网链路组合起来为高带宽网络连接实现负载共享、负载平衡以及提供更好的弹性。

端口聚合技术是指可以把多个物理端口捆绑在一起，形成一个简单的逻辑端口。这个逻辑端口被称为聚合端口（Aggregate Port，AP）。AP 由多个物理成员端口聚合而成，是链路带宽扩展的一个重要途径，其标准为 IEEE 802.3ad。它可以把多个端口的带宽叠加起来使用。例如，全双工快速以太网端口形成的 AP 最大可以达到 800 Mbit/s，或者千兆以太网端口形成的 AP 最大可以达到 8 Gbit/s，如图 1-26 所示。

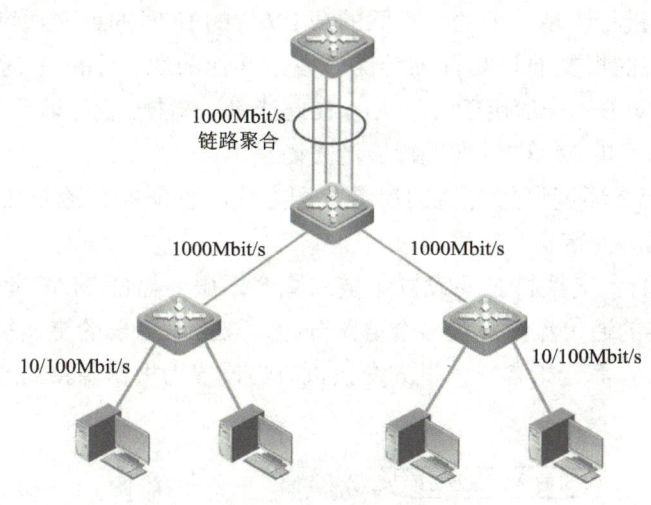

图 1-26 端口聚合

这项标准适用于 10/100/1000 Mbit/s 的以太网。对于二层交换来说，AP 就像一个高带宽的 Switch 端口，它可以把多个端口的带宽叠加起来使用，扩展了链路带宽。此外，通过聚合端口发送的帧还将在所有成员端口上进行流量平衡。如果 AP 中的一条成员链路失效，聚合端口会自动将这个链路上的流量转移到其他有效的成员链路上，提高连接的可靠性。这就是 802.3ad 标准所具有的自动链路冗余备份的功能。流量转移的速度很快，当交换机得知 MAC 地址已经被自动地从一个 AP 重新分配到同一链路中的另一个端口时，流量转移就被触发，数据将被发送到新端口位置，并且在几乎不中断服务的情况下，网络继续运行。

AP 中任意一条成员链路收到的广播或者多播报文，都不会被转发到其他成员链路上。

需要注意的是，聚合端口的成员端口类型可以为 Access 端口或 Trunk 端口，但同一个 AP 的成员端口必须为同一类型，即全部是 Access 端口，或全部是 Trunk 端口。

AP 会根据报文的 MAC 地址或 IP 地址进行流量平衡，即把流量平均分配到 AP 的成员链路中去。流量平衡可以根据源 MAC 地址、目的 MAC 地址、源 IP 地址或目的 IP 地址进行设置。

源 MAC 地址进行流量平衡时，会根据报文的源 MAC 地址把报文分配到各个链路中。不同的主机，转发的链路不同；同一台主机的报文，从同一个链路转发（交换机中学到的地址表不会发生变化）。

目的 MAC 地址进行流量平衡时，会根据报文的目的 MAC 地址把报文分配到各个链路中。同一目的主机的报文，从同一个链路转发；不同目的主机的报文，从不同的链路转发。使用 aggregateport load-balance 命令可以设定流量分配方式。

源 MAC+目的 MAC 地址的流量平衡是根据报文的源 MAC 和目的 MAC 地址把报文分配到 AP 的各个成员链路中。具有不同的源 MAC+目的 MAC 地址的报文可能被分配到同一个 AP 的成员链路中。

源 IP 地址或者目的 IP 地址流量平衡，以及源 IP 地址+目的 IP 地址流量平衡，是根据报文源 IP 与目的 IP 进行流量分配的。不同的源 IP/目的 IP 对的报文通过不同的端口转发，同一源 IP/目的 IP 对的报文通过相同的链路转发，其他的源/目的 IP 对的报文通过其他的链路转发。该流量平衡方式一般用于三层 AP。在此流量平衡模式下，收到的如果是二层报文，则自动根据源 MAC/目的 MAC 对来进行流量平衡。

应根据不同的网络环境设置合适的流量分配方式，以便能把流量较均匀地分配到各个链路上，充分利用网络的带宽。

在图 1-27 中，两台交换机之间设置了链路聚合，服务器的 MAC 地址只有一个。为了让客户主机与服务器的通信流量能被多个链路分担，连接服务器的交换机应当设置为根据目的 MAC 进行流量平衡，而连接客户主机的交换机应当设置为根据源 MAC 地址进行流量平衡。

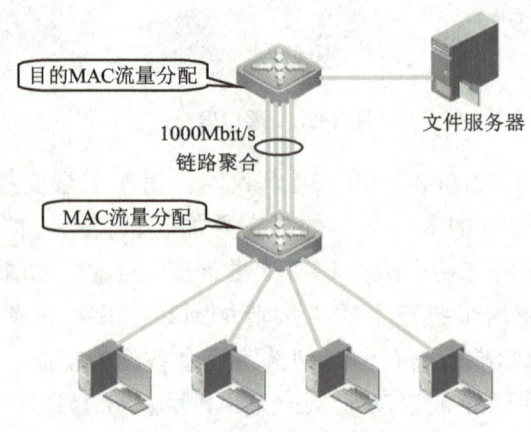

图 1-27 端口聚合的流量平衡

项目 1　构建小型企业网络

需要注意的是，不同型号的交换机支持的流量平衡算法类型也不尽相同，配置前需要查看该型号交换机的配置手册。

配置端口聚合需要先了解以下几点注意事项。

1）AP 成员端口的端口速率必须一致。
2）AP 成员端口必须属于同一个 VLAN。
3）AP 成员端口使用的传输介质应相同。
4）默认情况下，创建的 AP 是二层 AP。
5）二层端口只能加入二层 AP，三层端口只能加入三层 AP。
6）AP 不能设置端口安全功能。
7）当把端口加入一个不存在的 AP 时，会自动创建 AP。
8）当把一个端口加入 AP 后，该端口的属性将被 AP 的属性所取代。
9）将一个端口从 AP 中删除后，该端口将恢复为其加入 AP 前的属性。
10）当一个端口加入 AP 后，不能在该端口上进行任何配置，直到该端口退出 AP。

#### 1.5.6.2　端口聚合配置

**1. 配置二层 AP**

可以在全局配置模式下，使用以下命令直接创建一个 AP（假设聚合端口不存在）。

switch(config)#**interface aggregateport***n*（*n* 为 AP 号）

也可以直接使用接口配置模式下的 port-group 命令，将以太网端口配置成 AP 的成员端口。如果这个 AP 不存在，则同时创建这个 AP。

从特权命令模式出发，按以下步骤可以将以太网端口配置成一个 AP 端口的成员端口。

1）Switch#**configure terminal**：进入全局配置模式。
2）Switch(config)#**interface range** {*port-range*}：选择端口，进入接口配置模式，指定要加入 AP 的物理端口范围。
3）Switch(config-if-range)# **port-group** *port-group-number*：将该端口加入一个 AP（如果这个 AP 不存在，则同时创建这个 AP）。
4）Switch(config-if-range)#end：返回到特权命令模式。

在接口配置模式下，使用 **no port-group** 命令可以删除一个 AP 成员端口。

**2. 配置三层 AP**

默认情况下，一个聚合端口是一个二层的 AP。如果要配置一个三层 AP，则需要使用 no switchport 命令将其设置为三层端口。

从特权命令模式出发，按以下步骤可以将一个 AP 端口配置成三层 AP 端口。

1）Switch#**configure terminal**：进入全局配置模式。
2）Switch(config)#**interface aggregateport***aggregate-port-number*：进入 AP 端口的接口配置模式。如果这个 AP 不存在，则创建该 AP 端口。
3）Switch(config-if)#**no switchport**：将该端口设置为三层模式。
4）Switch(config-if)#**ip address***ip-address mask*：给 AP 端口配置 IP 地址和子网掩码。

5）Switch(config-if)#end：返回到特权命令模式。

**3．配置流量平衡**

这里以 RG-S3750-24 型号的交换机为例，讲解流量平衡的配置命令的使用方法。如果是其他型号的交换机，支持的流量平衡算法可能会与这里所介绍的不同（不同型号的交换机支持的端口聚合流量平衡算法可查看具体型号交换机的配置手册），但配置思路是完全一致的。

从特权命令模式出发，可以按以下步骤配置一个 AP 的流量平衡算法。

1）Switch#**configure terminal**：进入全局配置模式。

2）Switch (config)#**aggregateport load-balance**：设置 AP 的流量平衡，选择使用的算法。
{*dst-mac*|*src-mac*|*src-dst-mac*|*dst-ip*|*src-ip*|*ip*}

1）*dst-mac*：根据输入报文的目的 MAC 地址进行流量分配。在 AP 各链路中，目的 MAC 地址相同的报文被送到相同的成员链路，目的 MAC 不同的报文分配到不同的成员链路。

2）*src-mac*：根据输入报文的源 MAC 地址进行流量分配。在 AP 各链路中，来自不同 MAC 地址的报文分配到不同的成员链路，来自相同的 MAC 地址的报文使用相同的成员链路。

3）*src-dst-mac*：根据源 MAC 与目的 MAC 进行流量分配。不同的源 MAC/ 目的 MAC 对的流量通过不同的成员链路转发，同一源 MAC/ 目的 MAC 对的流量通过相同的成员链路转发。

4）*dst-ip*：根据输入报文的目的 IP 地址进行流量分配。在 AP 各链路中，目的 IP 地址相同的报文被送到相同的成员链路，目的 IP 不同的报文分配到不同的成员链路。

5）*src-ip*：根据输入报文的源 IP 地址进行流量分配。在 AP 各链路中，来自不同 IP 地址的报文分配到不同的成员链路，来自相同 IP 地址的报文使用相同的成员链路。

6）*ip*：根据源 IP 与目的 IP 进行流量分配。不同的源 IP/ 目的 IP 对的流量通过不同的成员链路转发，同一源 IP/ 目的 IP 对的流量通过相同的成员链路转发。

要将 AP 的流量平衡设置恢复到默认值，可以在全局配置模式下使用 **no aggregateport load-balance** 命令。

**4．查看端口聚合配置**

在特权命令模式下，可以使用下面的命令查看 AP 的设置。

Switch#**show aggregateport** [*port-number*]{**load-balance** |**summary**}

除此之外，聚合端口作为一类逻辑端口，可以像普通物理端口一样使用 show interface 命令查看详细信息。

### 1.5.7 路由技术

#### 1.5.7.1 路由选路

路由器转发数据包的关键是路由表。每个路由器中都保存着一张路由表，表中每条路由项都指明数据到某个子网应通过路由器的哪个物理接口发送出去。

当报文到达路由器接口时，会检查数据帧目的地址字段中的数据链路标识。如果标识符是路由器接口标识符或广播标识符，那么路由器将从帧中剥离出报文并传递给网络层。在网络层，将检查报文的目的地址。如果目的地址是路由器接口的 IP 地址或是所有主机的广播地址，则需要检查报文协议字段，然后再向适当的内部进程发送被封装的数据。

如果报文是可以被路由的，也就是目的地不是直连网络，那么路由器会查找路由选择表，以选择一个正确的路径。在数据库中的每个路由选择表项必须包括以下两个项目。

1）目的地址。这是路由器可以到达的网络的地址。路由器可能会有多条路径到达同一地址，但在路由表中只会存在到达这一地址的最佳路径。

2）指向目的地的指针。指针不是指向路由器的直连目的网络，就是直连网络内的另一个路由器地址，更接近目标网络一跳的路由器称为下一跳（next hop）路由器。

路由器会尽量地做到最精确的匹配。按精确程序递减的顺序，可选地址排列如下：

1）主机地址（主机路径）。

2）子网。

3）一组子网（一条汇总路由）。

4）主网号。

5）一组主网号（超网）。

6）默认地址。

如果报文的目的地址在路由表中不能匹配到任何一条路由选择表项，那么报文将被丢弃，同时会向源地址发送 ICMP 网络不可达信息。

如图 1-28 所示，这是一个简单的互连网络，图中给出了路由器需要的路由选择表，这里最重要的是看这些路由选择表是如何把数据进行高效地转发的。路由选择表的"网络"栏列出了路由器可达的网络地址，指向目标网络的指针在"下一跳"栏。

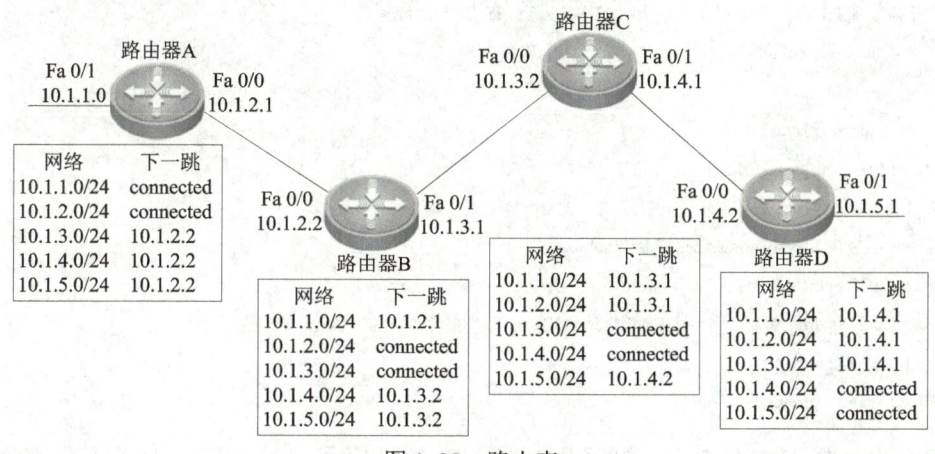

图 1-28　路由表

如果路由器 A 收到一个源地址为 10.1.1.100、目标地址为 10.1.5.10 的报文，那么路由选择表查询的结果对于目的地址 10.1.5.10 的最优匹配是子网 10.1.5.0，报文可以从接口 Fa 0/0 出站，经下一跳地址 10.1.2.2 去往目的地。接着报文被发送给路由器 B，路由器 B 查找路由选择表后发现报文应该从接口 Fa 0/0 出站，经下一跳地 10.1.3.2 去往目的网络 10.1.5.0，此过程将一直持续到报文到达路由器 D。当路由器接口 Fa 0/0 接收到报文时，路由器 D 查找路由表，发现目的地是连接在接口 Fa 0/1 的一个直连网络，最终结束路由选择过程，把报文传递给主机 10.1.5.10。

上面说明的路由选择过程是假设路由器可以将下一跳地址同它的接口匹配起来。为了正确地进行报文交换，每个路由器都必须保持信息的一致性和准确性。如图 1-28 所示，在路由器 D 的路由表中丢失了关于网络 10.1.1.0 的表项。从 10.1.1.100 到 10.1.5.10 的报文将被传送，但是当 10.1.5.10 向 10.1.1.100 回复报文时，报文从路由器 D 到路由器 C，再到路由器 B。路由器 B 查找路由选择表后发现没有关于子网 10.1.1.0 的路由表项，因此，丢弃此报文，同时路由器 B 向主机 10.1.5.10 发送目标网络不可达的 ICMP 信息。

例 1-1 给出了路由器 C 的实际路由选择表。可以使用命令 show ip route 查看路由表。

检查数据库的内容，并把它与图 1-28 中路由器 C 的路由选择表相比较，可以看到路由表最上方的关键字是对路由选择左侧的一列字母的解释，这些字母指明了每个路由表项是如何学习到的。在例 1-1 中，标记为 C 的路由表示直连网络，标记为 S 的路由选择表示静态路由。声明"Gateway of last resort is not set"指的是默认路由。

【例 1-1】路由器 C 的路由选择表。

```
Router C#show ip route

Codes:   C - connected, S - static,   R - RIP B - BGP
         O - OSPF, IA - OSPF inter area
N1 - OSPF NSSA external type 1,N2-OSPF NSSA external type 2
E1 - OSPF external type 1, E2 - OSPF external type 2
         i - IS-IS, L1 - IS-IS level-1, L2 - IS-IS level-2, ia - IS-IS inter area
         * - candidate default

Gateway of last resort is no set
S      10.1.1.0/24 [1/0] via 10.1.3.1
S      10.1.2.0/24 [1/0] via 10.1.3.1
C      10.1.3.0/24 is directly connected, FastEthernet 0/0
C      10.1.3.2/32 is local host.
C      10.1.4.0/24 is directly connected, FastEthernet 0/1
C      10.1.4.1/32 is local host.
S      10.1.5.0/24 [1/0] via 10.1.4.2
```

在此路由选择表中有 5 个已知子网，每一个都给出了目标子网。对于不是直连网络的表项，报文必须转发到下一跳路由器，置于括号内的元组指明了路由的管理距离/度量。

度量是通过优先权评价路由的一种手段。度量越低，路径越短。路由选择表还给出了下一跳路由器直接被连接的接口地址或目标网络连接的接口地址。

## 1.5.7.2 静态路由配置

路由选择表获取信息的方式有两种，一种是以静态路由表项的方式手工输入信息；另一种是通过几种动态路由协议自动获取信息。

静态路由是指由网络管理员手工配置的路由信息。它是一种最简单的配置路由的方法，一般用在小型网络或拓扑相对固定的网络中。在某些大型网络中，配置静态路由就有其局限性了。

网络环境不同，所使用的获取路由信息的方式也有所不同。在有些环境下选用的是静态路由配置，而不利用动态路由协议获取。对于任何程序而言，自动化程度越高，可控程度越差，虽然动态路由要求更少的手工配置，但静态路由允许在互连网络的路由选择行为上实施非常精确地控制，然而为此付出的代价是：每当网络拓扑发生变化时，都需要重新进行手工配置。

配置静态路由的命令如下：

**ip route** *network-number network-mask* { *ip-address* | *interface-id* [ *ip-address* ] } [ *distance* ] [ *enabled* | *disabled* | *permanent* | *weight* | *tag* ]

**no ip route** *network-number network-mask* [ *ip-address* | *interface-id* [ *ip-address* ] ] [ *distance* ]

使用该命令的 no 选项可删除静态路由表信息。该命令的参数说明见表 1-7。

表 1-7　ip route 命令的参数

| 参　　数 | 说　　明 |
| --- | --- |
| *network-mask* | 目的 IP 掩码 |
| *ip-address* | 下一跳 IP 地址 |
| *interface-id* | 接口号 |
| *distance* | 管理距离 |
| *enabled* | 该路由为有效路由 |
| *disabled* | 该路由为无效路由 |
| *permanent* | 指定此路由即使该接口关掉也不被移掉 |
| *tag* | 标记 |
| *weight* | 权重 |

如图 1-29 所示，此拓扑图有 4 个路由器和 5 个网络。注意，网络 10.0.0.0 的几个子网是不连续的。

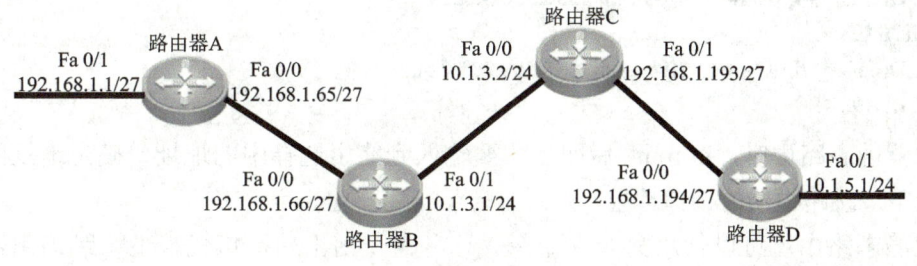

图 1-29　配置静态路由

实施静态路由选择的过程共分为三步。

**步骤 1**　为互连的每个数据链路确定地址（包括子网和网络）。

**步骤 2**　为每个路由器标识所有非直连的数据链路。

**步骤 3**　为每个路由器写出关于每个非直连数据链路的路由说明。

在图 1-29 中，有如下 5 个子网。

1）10.1.1.0/24。

2）10.1.5.0/24。

3）192.168.1.0/27。

4）192.168.1.64/27。

5）192.168.1.192/27。

为了在路由器 C 上配置静态路由，将那些非直连的子网标识如下：

1）192.168.1.0/27。

2）192.168.1.64/27。

3）10.1.5.0/24。

对于静态路由来说，这些子网必须记录下来，在路由器 C 上配置静态路由的命令如例 1-2 所示。

【例 1-2】在路由器 C 上配置静态路由。

```
Router C(config)#ip route 10.1.5.0 255.255.255.0 192.168.1.194
Router C(config)#ip route 192.168.1.0 255.255.255.252 10.1.3.1
Router C(config)#ip route 192.168.1.64 255.255.255.252 10.1.3.1
```

对于其他路由器也采用同样步骤来配置路由，如例 1-3 所示。

【例 1-3】配置静态路由。

```
Router A(config)#ip route 10.1.3.0 255.255.255.0 192.168.1.66
Router A(config)#ip route 10.1.5.0 255.255.255.0 192.168.1.66
Router A(config)#ip route 192.168.1.192 255.255.255.224 192.168.1.66
Router B(config)#ip route 10.1.5.0 255.255.255.0 10.1.3.2
Router B(config)#ip route 192.168.1.0 255.255.255.224 192.168.1.65
Router B(config)#ip route 192.168.1.192 255.255.255.224 10.1.3.2
Router D(config)#ip route 10.1.3.0 255.255.255.0 192.168.1.193
Router D(config)#ip route 192.168.1.0 255.255.255.224 192.168.1.193
Router D(config)#ip route 192.168.1.64 255.255.255.224 192.168.1.193
```

在配置静态路由时，ip route 后面是将要输入到路由选择中的地址、确定地址网络号及直接连接下一跳路由器的接口地址。

配置静态路由还可以使用另一种命令，这种命令用出站接口代替下一跳路由器地址，通过出站接口可以到达目标网络。例如，配置路由器 C 的路由选择表如例 1-4 所示。

**【例 1-4】**配置静态路由。

Router C(config)# **ip route 10.1.5.0 255.255.255.0 FastEthernet 0/1**
Router C(config)#**ip route 192.168.1.0 255.255.255.252 FastEthernet 0/0**
Router C(config)#**ip route 192.168.1.64 255.255.255.252 FastEthernet 0/0**

可用使用 show ip route 比较两种配置的差别，如例 1-5 所示。

**【例 1-5】**两种配置的对比。

Router C#**show ip route**
Gateway of last resort is no set
C    10.1.3.0/24 is directly connected, FastEthernet 0/0
C    10.1.3.2/32 is local host.
S    10.1.5.0/24 [1/0] via 192.168.1.194
S    192.168.1.0/30 [1/0] via 10.1.3.1
S    192.168.1.64/30 [1/0] via 10.1.3.1
C    192.168.1.192/27 is directly connected, FastEthernet 0/1
C    192.168.1.193/32 is local host.
Router A#**show ip route**
Gateway of last resort is no set
C    10.1.3.0/24 is directly connected, FastEthernet 0/0
C    10.1.3.2/32 is local host.
S    **10.1.5.0/24 is directly connected, FastEthernet 0/1**
S    **192.168.1.0/30 is directly connected, FastEthernet 0/0**
S    **192.168.1.64/30 is directly connected, FastEthernet 0/0**
C    192.168.1.192/27 is directly connected, FastEthernet 0/1
C    192.168.1.193/32 is local host.

如果静态下一跳指定的是下一个路由器的 IP 地址，则路由器认为一条管理距离为 1、开销为 0 的静态路由；如果下一跳指定的是本路由器出站接口，则路由器认为是一条直连的路由。

### 1.5.7.3  默认路由的配置

默认路由指的是路由表中未直接列出目标网络的路由选择项，它用于在不明确的情况下指示数据帧下一跳的方向。路由器如果配置了默认路由，则所有未明确指明目标网络的数据包都按默认路由进行转发。

默认路由一般使用在 Stub 网络（末端网络）中。Stub 网络是只有 1 条出口路径的网络。使用默认路由来发送那些目标网络没有包含在路由表中的数据包。

默认路由可以看做是静态路由的一种特殊情况。

配置默认路由可以使用如下命令：

**ip route**0.0.0.0 0.0.0.0 { *ip-address* | *interface-id* [ *ip-address* ] } [ distance ] [ enabled | disabled | permanent | weight | tag ]
**no ip route**0.0.0.0 0.0.0.0 [ *ip-address* | *interface-id* [ *ip-address* ] ] [ distance ]

如图 1-30 所示，路由器 A 连接了一个末端网络，末端网络中的流量都通过路由器 A 到达 Internet，路由器 A 是一个边缘路由器。那么在路由器 A 上如何配置默认路由呢？其配置方法有两种，如例 1-6 所示。

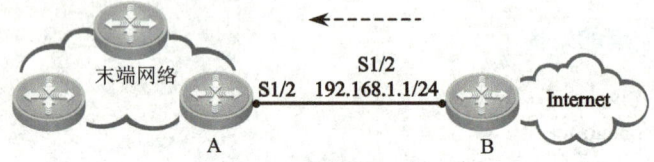

图 1-30　配置默认路由

【例 1-6】两种默认路由的配置方法。

Router A(config)# **ip route 0.0.0.0 0.0.0.0 S1/2**
或者
Router C(config)#**ip route 0.0.0.0 0.0.0.0 192.168.1.1**

### 1.5.7.4　浮动静态路由

不同于其他路由，浮动静态路由不能被永久地保存在路由选择表中，它仅仅会出现在一种特殊的情况下，即在一条首选路由发生失败的时候。浮动静态路由主要考虑到链路的冗余性能。

如图 1-31 所示，路由器 A 去往路由器 D 的网络 10.1.6.0 有两条路径，但其首选的路径为 RA—RB—RD。这时为了保证链路的可用性，需要一条备份链路，在主链路断开的时候，让其从备份链路 RA—RC—RD 这条路径传输数据。当主链路恢复正常时，还会使用主链路传输数据。其具体配置如例 1-7 所示。

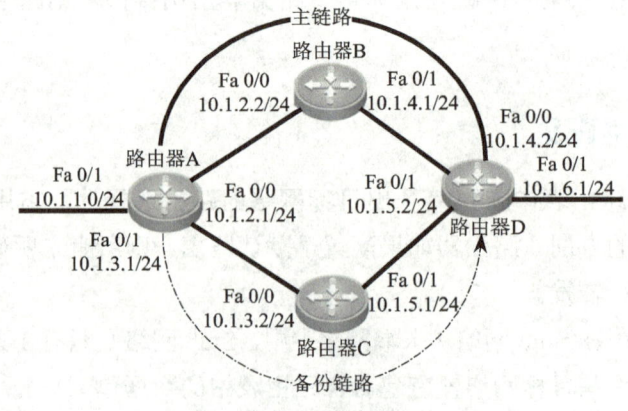

图 1-31　浮动静态路由

项目 1　构建小型企业网络

【例 1-7】配置浮动静态路由。

```
Router A(config)#ip route 10.1.4.0 255.255.255.0 10.1.2.2
Router A(config)#ip route 10.1.5.0 255.255.255.0 10.1.3.2
Router A(config)#ip route 10.1.6.0 255.255.255.0 10.1.3.2 20
Router A(config)#ip route 10.1.6.0 255.255.255.0 10.1.2.2
```

在从备份链路去往 10.1.6.0 这个子网的静态路由后面跟了"20"这个数字，这个数字指定了管理距离。管理距离是一种优先级度量，当存在两条路径到达相同的网络时，路由器将会选择管理距离较低的路径。度量指明了路径的优先级，而管理距离则指明了发现路由方式的优先级。

例如，指向下一跳地址的静态路由的管理距离为 1，而指向出站接口的静态路由的管理距离为 0，如果有两条静态路由指向相同的网络目标，一条指向下一跳地址，一条指向出站接口，那么后一条路由——管理距离值较低的路由则被选中作为到达目的地的路由。

将经由子网 10.1.3.0 的静态路由的管理距离提高到 20，可以使经过子网 10.1.2.0 的静态路由成为首选路由，例 1-7 反复指出了路由器 A 路由选择表的 3 次变动。

当主线路的链路失效的时候，接口 Fa 0/0 的状态为 down（关闭），表明链路发生故障。查看路由选择表发现所有路由的下一跳指向了 10.1.3.2。由于原来的首选路由不再可用，所以路由器切换到管理距离为 20 的备份链路，而且因为子网 10.1.2.0 发生故障，所以路由选择表中不再把它作为直连网络。

当主链路恢复之后，接口 Fa 0/0 的状态为 up（开始），路由选择表中再次显示子网 10.1.2.0，而且路由器也再次使用 10.1.2.2 作为下一跳地址。

### 1.5.8　Windows Server 2003 服务安装与配置

Windows Server 2003 R2 是优秀的 Windows Server 2003 操作系统的新版本，构建在带有 Service Pack 1（SP1）的 Windows Server 2003 的基础之上。Windows Server 2003 R2 利用经检验的基础代码的稳定性，安全性增强，同时将连接和控制扩展到新的领域。Windows Server 2003 R2 提供带有 SP1 的 Windows Server 2003 的所有优点，同时极大地改进了身份认证和访问管理、分支服务器解决方案、存储设置和管理，以及组织的传统边界内外的应用程序部署。

#### 1.5.8.1　活动目录服务

活动目录（Active Directory）存储了有关网络对象的信息，并且让管理员和用户能够轻松地查找和使用这些信息。Active Directory 使用了一种结构化的数据存储方式，并以此作为基础对目录信息进行合乎逻辑的分层组织。

Windows 2003 的活动目录服务是 Windows 2003 网络结构的一个必要和不可分离的部分，该服务是特别为分布式的网络环境而设计的。活动目录可以让公司有效地共享和管理网络资源和用户的信息。此外，活动目录扮演着网络安全性的主要权威的角色，它让操作系统准备好验证用户的身份并控制他或她对网络资源的访问。同等重要的是，活动目录起到了把系统集成到一起的结合点并巩固管理任务的作用。

部署 Windows 2003 活动目录服务主要包括以下几方面：

1）域结构。

2）组织单元（OU）结构。

3）账户和密码管理。

4）站点结构。

5）FSMO 角色。

域结构设计是活动目录中最重要，也是最基础的工作，是多种因素权衡的结果。它既要尽可能贴近用户的管理模式和组织结构，也要考虑网络情况及今后的各种变化。当公司外地机构分布较广而各地的人员和计算机数量都比较少，并且各地区也有固定的线路连入总部时，公司 IT 部门的最终目标是能够实现完全集中管理。所以建议公司环境内采用单域结构。单域结构相对于其他结构的优缺点如下：

（1）优点

1）集中管理整个集团的安全策略。

2）集中管理整个集团的组策略。

3）完全利用组织单元反映集团的管理结构。

4）当公司机构重组时，可以非常灵活地进行调整。

5）当资源和用户需要在组织机构内迁移时，可以非常灵活地调整。

6）不需要 GC 服务器（全局编录服务器），因为所有的域控制器（DC）都拥有 AD 的全备份。

7）相对其他方案，可以使用较少的域控制器。

8）简单的名字空间设计，只需要 1 个合法的 DNS 域名。

9）用户在查找 AD 内的信息时相对简单。

10）单一的组策略更容易实施。

（2）缺点

1）在 IT 系统管理权限相对分散的组织结构中，难以区分"管理权"。

2）整个公司集团只能实行一种安全策略，如统一的口令策略。

3）DC 都拥有整个 AD 的数据的备份，AD 的任何更改也要反映到域内的所有 DC 上，这对每台 DC 的硬件配置要提出更高的要求，同时对那些广域网带宽有限的区域会带来效率上的问题。对于 DC 服务器本身的安全也提出更高的要求。

**1．组织单元结构**

组织单元的设计将遵循以下两点原则：

1）反映企业内部的组织结构。

2）有利于通过组策略进行细化的终端管理。

由于用户账户（在这里包括用户组账户）和计算机账户分属两种不同的资源类型，所以也需要分开管理。因此，将组织单元设计成以下结构：

1）第一级：资源类型。

2）第二级：地理位置。

3）第三级：事业部名称。

4）第四级：部门名称。

请参考图 1-32，以了解这个结构的模型。

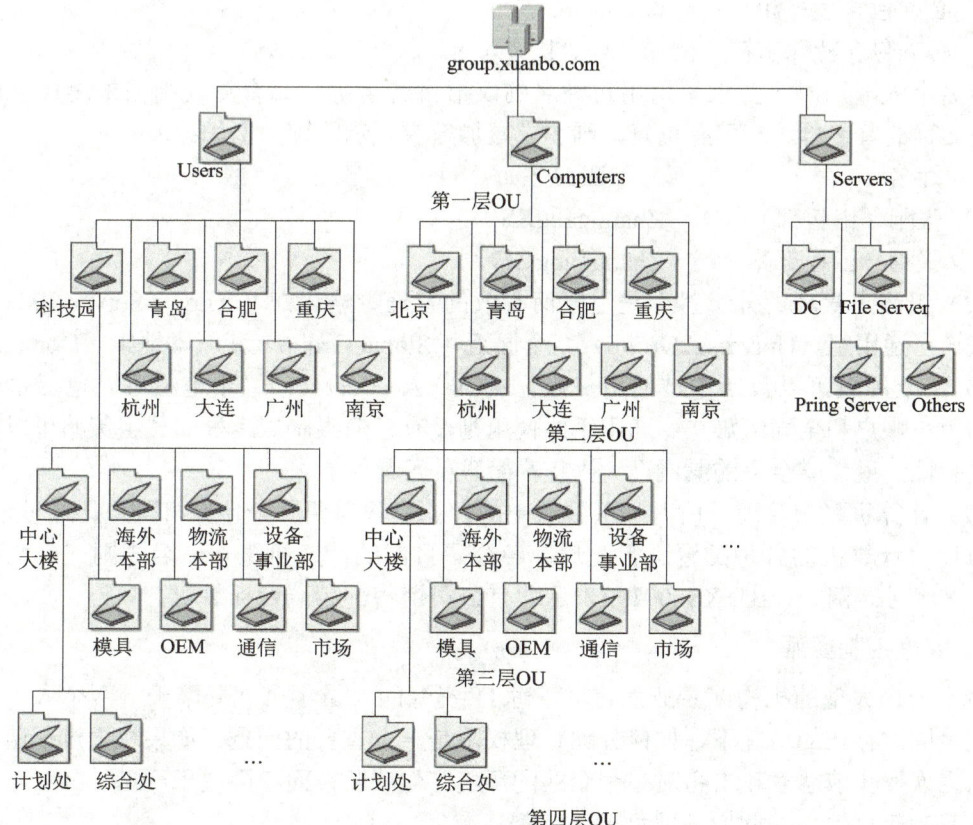

图 1-32　示例公司的组织单元结构

**2．账户和密码管理**

账户管理可以分为个人账户管理、组账户管理和计算机账户管理。

（1）个人账户管理　个人账户分为两类：第一类为普通账户，采用一人一户的方式，为每一位员工建立自己的账户。当员工加入或者离开时，按照一定的规则增加或者删除用户的账户。第二类为特殊账户，通常不属于某一位员工，而是为了满足某些特殊的功能，如系统管理、匿名访问等。特殊账户有以下几个：

1）Administrator：计算机管理员账户，具有最高的权限，可以进行任何管理操作。该账户不能被删除，只能更改用户名。为了提高系统的安全性，建议将计算机管理员账户的用户名更改，如 hqadmin（仅仅是建议，计算机管理员可以自行决定）。

2）Guest：来宾账户，即匿名登录的账户。为了提高系统的安全性，建议将 Guest 账户禁止。

3）服务的账户：在 Windows Server 2003 中，每一个服务都需要一个账户，通常这些账户采用计算机管理员账户，用户无须关心，但有一些服务需要特殊的用户账户。

每个个人账户都有一个密码来保护。为了防止密码被盗用和攻击,将在整个域中启用相应的密码策略,以保证每个密码都符合一定的复杂度,具体要求如下:

1)长度不得小于 7 个字符。

2)必须包含大写和小写字母。

3)必须包含特殊字符。例如,~、!、@、#、$、%、^、&、*、(、)、_、+ 等。

命名个人账户时,要求采用用户姓名的汉语拼音全称,如有重复则在末尾加上用户所在部门名称的首字母。若仍有重复,则在末尾加数字以示区别。例如:

| 姓名 | 账户 |
|---|---|
| 张刚(销售部) | **Zhanggang**XS |
| 张钢(工程部) | **Zhanggang**GC |

(2)组账户管理  分组管理是重要而有效的管理策略。在 Windows Server 2003 中有 3 种组账户:通用组(Universal Group)、全局组(Global Group)和域本地组(Domain Local Group)。全局组可以包括本域的用户账户(User Account);域本地组可以包括本域和资源域的用户账户和全局组账户;通用组的使用则没有任何限制。良好的分组策略可以降低管理的复杂性,避免安全上的漏洞,大大提高管理的可靠性。

(3)计算机账户管理  所有加入到域中的计算机都需要一个计算机账户,通过该账户,用户可以对计算机的各种配置进行管理。各公司目前的计算机账户命名规则一般为:公司 + 部门 + 序号。例如,BJ-XS-001,表示北京公司销售部第一台计算机。

### 3.管理控制委派

对于一个大型的机构或企业而言,管理 IT 资源的人员不可能局限于一两个人。在有多个管理员同时存在的情况下,如何分配管理权限是一个重要的问题。如果权限过于疏松,个别的人为误操作或恶意攻击将对整个企业的环境产生威胁;而权限过于严格,又会产生诸多不便,影响工作效率并增加管理负担。

Windows Server 2003 提供了一种称做管理控制委派(Delegation of Administrative Control)的机制来解决这一问题。通过对不同管理控制的委派,用户可以轻松地让某一个或某一组普通用户账户管理一定的资源,同时又不放松对整个域和其他重要资源的控制。

通过一定的委派,这些账户都有权限管理自己园区所对应的 OU 下面所有的用户账户和计算机账户,包括改名、改密码、创建用户和组,或加入计算机到域内等。但是,对于域内的其他资源而言,这些账户只是普通的用户账户,没有权限进行任何改动。

同时,这些账户都将加入一个用户组,名称是 Admins。这个组将加入域内每一台客户端的本地管理员组(Administrators)中。这意味着这些账户都可以登录到任何一台客户端上并具有本地管理员的权限。这样,这些账户就可以用来代替每一个客户端的本地管理员账户来管理本地资源。

### 4.FSMO 角色

活动目录的灵活单主机操作(Flexible Single-Master Operations,FSMO)机制用于避免对活动目录的更改发生冲突。总共有 5 个 FSMO 角色需要被管理。

1)架构主控(Schema Master):森林中只有一个。指定一台 DC 用于接受活动目录 Schema 的更改。这台机器应该属于森林根域,用于保证正确地访问控制。

2）域命名主控（Domain Naming Master）：当增加、删除域时，处理对域目录树的更新。Schema 和 Domain Naming master 应当在同一台服务器上。Domain Naming Master 应该在一台 GC 上。

3）PDC 仿真器（PDC Emulator）：处理早期版本客户端（如 NT4）的密码更新，接受紧急密码锁定复制等。此台服务器在公司的域环境中会处理大量的请求，必须非常可靠。

4）RID 主控（RID Master）：维护 RIDs（Relative IDs）缓冲池，用于生成安全账户（用户、组、计算机）。对于比较大的域，RID Master 和 PDC Emulator 应该分处不同服务器。

5）基础架构主控（Infrastructure Master）：用于更新跨域的引用，必须不能在 GC 上。

### 1.5.8.2 域名系统服务

在目前的企业网络应用中，主要使用两种名称体系：DNS 名称体系和 NetBIOS 名称体系。但 DNS 已成为 Internet 上通用的命名规范。

DNS 名称通常采用 FQDN（Fully Qualified Domain Name，完全限定域名）的形式来表示，由主机名和域名两部分组成。例如，www.beulin.com 就是一个典型的 FQDN。其中，www 是主机名，表示域名限制范围中的一台主机；beulin.com 是域名，表示一个区域或一个范围。

DNS 名称体系是有层次的，域是其层次结构的基本单位。任何一个域最多只属于一个上级域，但可以有多个或没有下级域。在同一个域中不能有相同的下级域或主机名，但在不同的域中则可以有相同的下级域名或主机名。

（1）根域（Root Domain）

根域只有一个，根域是默认的，一般不需要表示出来。DNS 命名空间都是由位于美国的 InterNIC 进行授权管理的。在根域服务器中并没有保存全世界所有的 DNS 名称，只保存着顶级域的 DNS 服务器名称与 IP 地址的对应关系。每一层的 DNS 服务器只负责管理其下一层域的 DNS 服务器名称与 IP 地址的对应关系。

（2）顶级域（Top-Level Domain，TLD）

在根域之下的第一级域便是顶级域。顶级域位于 DNS 域树的最右边。顶级域有两种划分方法：机构域和地理域。例如，.com 是机构域；.cn 是地理域。

（3）各级子域（Subdomain）

除了根域和顶级域之外，其他域均称为子域。一个域可以有多个子域。

（4）主机名（Host Name）

在 DNS 域树中，位于最左边的便是域主机名。

（5）反向域（in-addr.arpa）

反向域使用一个 IP 地址的一个字节值来代表一个子域，这样反向域就被划分为 256 个子域，每个子域代表该字节的一个可能值，范围为 0～255。根据同样的方法，又可以将每一个子域进一步划分为 256 个子域。这样，可以对每个子域继续划分，直到将全部的地址空间都在反向域中表示出来。

DNS 服务器主要有 4 种类型：主 DNS 服务器、辅助 DNS 服务器、转发 DNS 服务器和唯缓存 DNS 服务器。

1）主 DNS 服务器。它是特定 DNS 域所有信息的权威性信息源，从域管理员构造本地数据库文件中加载域信息。主 DNS 服务器保存着自主生成的区域文件夹，该文件是可读可写的，当 DNS 域中的信息发生变化时，这些变化都会保存到主 DNS 服务器的区域文件中。

2）辅助 DNS 服务器。它可以从主 DNS 服务器中复制一整套域信息。区域文件是从主 DNS 服务器中复制生成的，并作为本地文件存储在辅助 DNS 服务器中。这种复制称为区域传输。这个副本是只读的，无法对其进行更改。如果要更改，则必须在主 DNS 服务器上进行。在实际应用中，辅助 DNS 主要是为了均衡负载和容错。当主 DNS 出现故障时，辅助的 DNS 可以转换为主 DNS 服务器。

3）转发 DNS 服务器。转发 DNS 服务器可以向其他 DNS 转发解析请求。当 DNS 服务器收到客户端的解析请求后，它首先会尝试从其本地数据库中查找，若没有找到，则需要向其他指定的 DNS 服务器转发解析请求，其他 DNS 服务器完成解析后会返回解析结果。转发 DNS 服务器将解析结果缓存在自己的 DNS 缓存中，并向客户端返回解析结果。在缓存期内，如果客户端请求解析相同的名称，则转发 DNS 服务器会立即回应客户端；否则将会再次发生转发解析的过程。目前网络中所有的 DNS 服务器均被配置为转发 DNS 服务器，向指定的其他 DNS 服务器或根域服务器转发自己无法解析的请求。

4）唯缓存 DNS 服务器。唯缓存 DNS 服务器可以提供名称解析，但其没有任何本地数据库文件。唯缓存 DNS 服务器必须同时是转发 DNS 服务器，它将客户端的解析请示转发给指定的远程 DNS 服务器，从远程 DNS 服务器取得每次解析的结果，并将该结果存储在 DNS 缓存中。以后当收到相同的解析请求时，就直接应用 DNS 缓存中的结果。DNS 服务器都按照这种方式使用缓存中的信息，但唯缓存服务器则依赖于这一技术实现所有的名称解析。唯缓存服务器并不是权威性的服务器，因为它提供的所有信息都是间接信息。

所有的 DNS 服务器都可以使用 DNS 缓存机制响应解析请求，以提供解析效率。一些域的主 DNS 服务器可以是另一些域的辅助 DNS 服务器。一个域只能部署一个主 DNS 服务器，它是该域的权威性信息源；另外，至少应部署一个辅助 DNS 服务器，以作为主服务器的备份。配置唯缓存 DNS 服务器可以减轻主 DNS 服务器和辅助 DNS 服务器的负载，从而减少网络传输。

DNS 名称解析有递归查询和迭代查询两种模式。

1）递归查询。当收到客户端的递归查询请求后，当前 DNS 服务器只会向 DNS 客户端返回两种信息，即要么是在该 DNS 服务器上查询到的结果，要么是查询失败。如果当前 DNS 服务器中无法解析名称，它并不会主动告知 DNS 客户端其他可能的 DNS 服务器，而是自行向其他 DNS 服务器查询并完成解析。如果其他 DNS 服务器解析失败，则 DNS 服务器将向 DNS 客户端返回查询失败的消息。递归即是有来有往。

2）迭代查询。迭代查询通常在一台 DNS 服务器向另一台 DNS 服务器发出解析请求时使用。如果当前 DNS 收到其他 DNS 服务器发来的迭代查询请求并且未能在本地查询到所需要的数据，则当前 DNS 服务器将告诉发起查询的 DNS 服务器另一台 DNS 服务器的 IP 地址。然后，再由发起查询的 DNS 服务器自行向另一台 DNS 服务器发起查询，依次类推，直到查询到所需数据为止。如果到最后一台 DNS 服务器仍没有查到所需数据，则通知最初发起查询的 DNS 服务器解析失败。迭代的意思就是若在某地查不到，该地就会告知查询者其他地方的地址，让查询者转到其他地方去查。

（6）DNS 区域

DNS 服务器是通过区域来管理的，并不是通过域为单位管理的。一台 DNS 服务器可以管理一个或多个区域，而一个区域也可以由多台 DNS 服务器来管理。

区域有主要区域、辅助区域和存根区域之分。

1）主要区域。一个区域的主要区域是建立在该区域的主 DNS 服务器上。主要区域的数据库文件是可读可写的，所有针对该区域的添加、修改和删除等写入操作都必须在主要区域中进行。

2）辅助区域。一个区域的辅助区域建立在该区域的辅助 DNS 服务器上。辅助区域数据库文件是主要区域数据库文件的副本，需要定期地通过区域传输从主要区域中复制以获得更新。辅助区域的主要作用是均衡 DNS 解析的负载，以提高解析效率，同时提供容错能力。必要时可将辅助区域转换为主要区域。

3）存根区域。一个区域的存根域类似于辅助区域，也是主要区域的只读副本，但存根区域只从主要区域中复制 SOA 记录、NS 记录和粘附 A 记录（即解析 NS 记录所需的 A 记录），而不是所有的区域数据库信息。存根区域所属的主要区域通常是一个受委派区域，如果该受委派区域部署了辅助 DNS 服务器，则通过存根区域可以让委派服务器获得该受委派区域的权威 DNS 服务器列表（包括主 DNS 服务器和所有辅助 DNS 服务器）。存根区域可用来更新存根区域的一个或多个主服务器的 IP 地址。

（7）资源记录

每个区域数据库文件都是由资源记录构成的。资源记录主要包括：SOA 记录、NS 记录、A 记录、CNAME 记录、MX 记录和 PTR 记录。

标准的资源记录具有如下基本格式：

| [name] | [ttl] | in | type | rdata |

1）name：名称字段，此字段是资源记录引用的域对象名，可以是一台单独的主机，也可以是整个域。在字段值中，"."表示根域；@ 表示默认域，即当前域。

2）ttl：生存时间字段，它以秒为单位定义该资源记录中的信息存放在 DNS 缓存中的时间长度。通常此字段值为空，表示采用 SOA 记录中的最小 TTL 值。

3）in：此字段用于将当前资源记录标识为一个 Internet 的 DNS 资源记录。

4）type：类型字段，用于标识当前资源记录的类型。其中，A 指 A 记录，也称主机记录，是 DNS 名称到 IP 地址的映射，用于正向解析。CNAME 指 CNAME 记录，也称别名记录，用于定义 A 记录的别名。MX 指邮件交换器记录，用于告知邮件服务器进程将邮件发送到指定的另一台邮件服务器（该服务器知道如何将邮件传送到最终目的地）。NS 指 NS 记录，用于标识区域的 DNS 服务器，即是说负责此 DNS 区域的权威名称服务器，用哪一台 DNS 服务器来解析该区域。一个区域有可能有多条 NS 记录，例如，zz.com 有可能有一个主服务器和多个辅助服务器。PTR 指 PTR 记录，是 IP 地址到 DNS 名称的映射，用于反向解析。SOA 指 SOA 记录，用于标识一个区域的开始。SOA 记录的所有信息均是用于控制这个区域的，每个区域数据库文件都必须包含一个 SOA 记录，并且必须是其中的第一个资源记录，用以标识 DNS 服务器管理的起始位置。SOA 记录说明能解析这个区域的 DNS 服务器中哪个是主服务器。

5）rdata：数据字段，用于指定与当前资源记录有关的数据。数据字段的内容取决于类型字段。

### 1.5.8.3 Web 服务

Microsoft ® Windows ® Server 2003 家族中的 Internet 信息服务（IIS）提供了可用于

Intranet、Internet 或 Extranet 上的集成 Web 服务器能力，这种服务器具有可靠性、可伸缩性、安全性以及可管理性的特点。可以使用 IIS 6.0 为动态网络应用程序创建功能强大的通信平台。任何规模的组织都可以使用 IIS 主持和管理 Internet 或 Intranet 上的网页及文件传输协议（FTP）站点，并使用网络新闻传输协议（NNTP）和简单邮件传输协议（SMTP）路由新闻或邮件。IIS 6.0 充分利用了最新的 Web 标准（如 ASP.NET、可扩展标记语言（XML）和简单对象访问协议（SOAP））来开发、实施和管理 Web 应用程序。IIS 6.0 提供了一些新功能来帮助组织、IT 专业人士和 Web 管理员为单个 IIS 服务器或多个服务器上可能存在的上千个网站实现高性能、可靠性、可伸缩性和安全性的目标。

IIS 6.0 的功能特点如下：

1）可靠性。IIS 6.0 使用一种新的处理请求体系结构和隔离应用程序环境，使单个 Web 应用程序可以在一个自包含的工作进程中发挥作用。这种环境可以防止一个应用程序或网站停止另一个应用程序或网站，并且可缩短管理员为了纠正应用程序问题而重新启动服务所需的时间。这种新环境还提供了具有前瞻性的应用程序运行状况监控功能。

可伸缩性：IIS 6.0 引进了一种新的内核模式驱动程序，用于 HTTP 解析和高速缓存，专门对增加 Web 服务器的吞吐量和多处理器计算机的可伸缩性进行了优化，从而大大增加了一个 IIS 6.0 服务器可以主持的站点数目，以及并发活动工作进程的数目。通过对工作进程配置启动和关闭时间限制，使服务可以向活动站点分配资源，而不是将资源浪费在空闲请求上，从而进一步增强了 IIS 的可伸缩性。

2）安全性。IIS 6.0 提供了多种安全功能和技术，可以使用这些功能和技术确保网站及 FTP 站点内容的完整性，以及由这些站点传输的数据的完整性。为了减少系统受到攻击的风险，默认情况下，在运行 Windows Server 2003 的服务器上不会安装 IIS。详细信息请参阅 Internet 信息服务（IIS）6.0 安全概述。

3）可管理性。为了满足多样化的客户需求，IIS 提供了多种控制和管理工具。作为管理员，可以用 IIS 管理器、管理脚本或直接编辑 IIS 纯文本配置文件来配置 IIS 6.0 服务器，还可以远程管理 IIS 服务器和站点。此版本的 IIS 包括一个纯文本 .xml 配置数据库配置文件，可以手动或通过某些程序编辑该文件。这个配置数据库是大多数 IIS 配置值的储备库。配置数据库二次工程已经大大缩短了服务器启动和关闭的时间，并增强了配置数据库的整体性能和可使用性。

4）增强的开发。Windows Server 2003 家族为开发人员使用 ASP.NET 和 IIS 集成提供了增强的体验。ASP.NET 能理解大多数 Active Server Pages（ASP）代码，并提供了更强大的功能来建立可以作为 .NET Framework 一部分的企业级 Web 应用程序。通过使用 ASP.NET，可以充分利用公共语言运行库的功能，如类型安全、继承、语言互操作性以及版本控制。IIS 6.0 支持最新的 Web 标准，包括 XML、SOAP 和 IP 版本 6（IPv 6）。

5）应用程序兼容性。根据众多客户和独立软件供应商（ISV）的反馈信息，IIS 6.0 与多数现有应用程序兼容。为了确保最大的兼容性，可以将 IIS 6.0 配置为在 IIS 5.0 隔离模式下运行。

开始安装 IIS 时，必须以高度安全的模式安装该服务。由于默认情况下 IIS 只服务于静态内容，所以必须启用 ASP、ASP.NET 和通用网关接口（CGI）、Internet 服务器应用程序编程接口（ISAPI）以及 Web 分布式创作和版本控制（WebDAV）等功能（如果需要）。

安装过程中，IIS 将安装可选组件（如公共文件和 IIS 管理器）。可以选择不安装可选组件。然而，如果不安装特定组件，可能会降低 IIS 的功能或禁用某些 IIS 服务。如果用户不熟悉可选组件以及这些组件如何影响 IIS，请使用默认设置安装 IIS。

## 1.6 项目实施

### 1.6.1 实施流程

项目实施流程如图 1-33 所示。

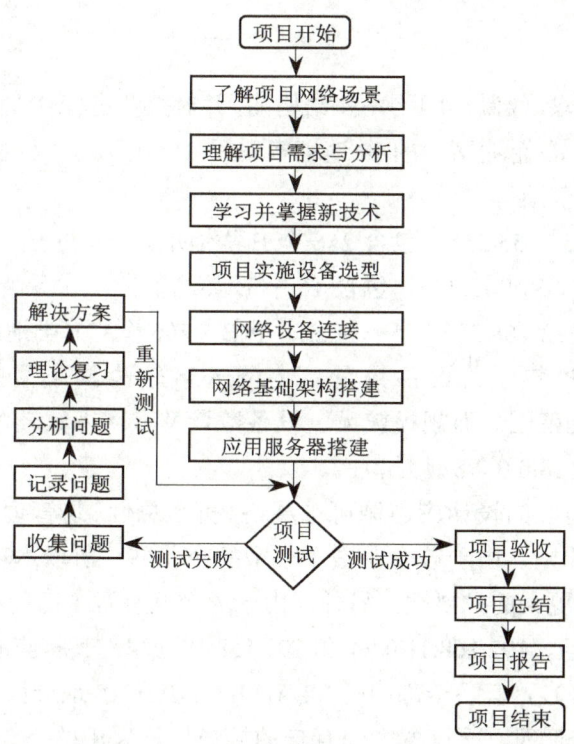

图 1-33　项目实施流程图

### 1.6.2 实施设备

在本项目中，网络设备采用锐捷系列产品，具体情况见表 1-8。

表 1-8　设备清单

| 设备名称 | 设备品牌 | 设备型号 | 设备数量 / 台 |
| --- | --- | --- | --- |
| 路由器 | 锐捷 | RSR20-04 | 2 |
| 三层交换机 | 锐捷 | RG-S3760E | 1 |
| 二层交换机 | 锐捷 | RG-2328G | 1 |
| 服务器 | IBM | IBM（双核） | 3 |
| 计算机 | 联想 | 联想 | 2 |

本项目使用的操作系统为 Windows 系列操作系统，具体情况见表 1-9。

表 1-9　软件清单

| 软 件 名 称 | 软 件 品 牌 | 软 件 型 号 | 软 件 数 量 |
|---|---|---|---|
| Windows Server | 微软 | Windows Server 2003 R2 | 3 |
| Windows XP | 微软 | Windows XP SP3 | 2 |

### 1.6.3　项目任务一：完成企业网络底层架构的构建

#### 1. 网络拓扑设计

根据企业应用的需求，绘制出网络拓扑结构图，并对企业进行 IP 地址规划和 VLAN 规划。由于 IP 地址资源紧缺，在企业网中的 IP 地址多采用 RFC1918 定义的私有 IP 地址，私有 IP 地址分为以下 3 个地址范围：

1）10.0.0.0 ~ 10.255.255.255，包含 256 个 B 类地址。

2）172.16.0.0 ~ 172.31.255.255，包含 16 个 B 类地址。

3）192.168.0.0 ~ 192.168.255.255，包含 1 个 B（256 个 C）类地址。

通常情况下，规模较小、设备数量及上网人数较少的小型企业网，一般多采取 192.168.0.0/16 这个地址范围。而规模较大、设备数量及上网人数较多的大中型企业网，经常采用 172.16.0.0/12 或 10.0.0.0/8 地址范围。

专业的企业网 IP 地址的设计应遵循可扩展性、可汇总性、易管理性和易维护性等特性。

根据 IP 地址规划原则，由于该企业是个小型的企业网，所以本项目采用 192.168.0.0/16 的地址段，其已具备了更大的扩展性。另外，由于该企业有两个部门和一个服务器群，其网段分别为 192.168.10.0/24、192.168.11.0/24 和 192.168.12.0/24，其相应的 VLAN 划分为 VLAN 10、VLAN 11 和 VLAN 12，其各个部门的 VLAN ID 与其子 IP 地址第三字节相同，这样更宜于进行网络维护和网络管理。而设备之间互连的接口地址采用的是 30 位子网掩码，这样更加节省 IP 地址。

IP 地址和 VLAN 规划完成后，使用 Visio 软件绘制网络拓扑结构图，如图 1-34 所示。

根据网络拓扑结构，使用以太网线或串口线将设备连接起来，对网络设备进行加电，查看设备是否工作正常。

#### 2. 网络接入层设备配置

利用交换机附带的 Console 线缆将交换机的 Console 端口与主机的串口连接起来，启动交换机，就可以用主机上的终端软件进行连接管理了，如 Windows 系统自带的超级终端。

1）选择"开始"→"程序"→"附件"→"超级终端"命令，打开超级终端，按照提示进行配置。其中，在"端口设置"选项卡中，各参数设置如下："每秒位数"（波特率）为"9600"，"数据位"为"8"，"奇偶校验"为"无"，"停止位"为"1"，"数据流控制"为"无"，如图 1-35 所示。

项目 1　构建小型企业网络

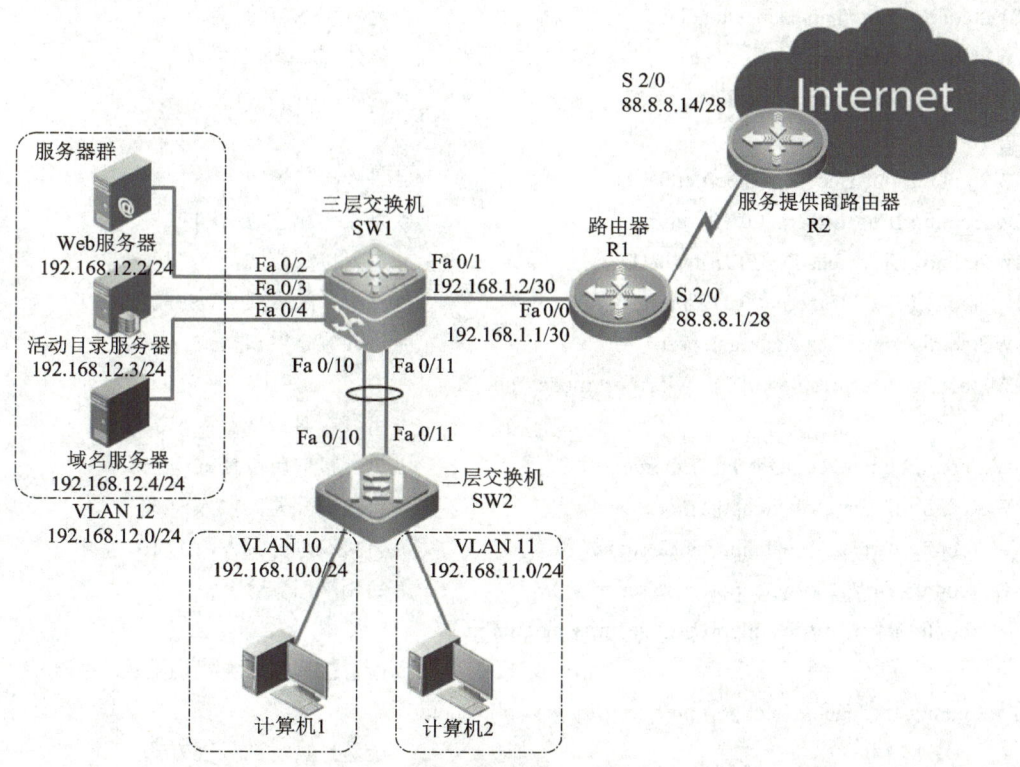

图 1-34　网络拓扑结构图

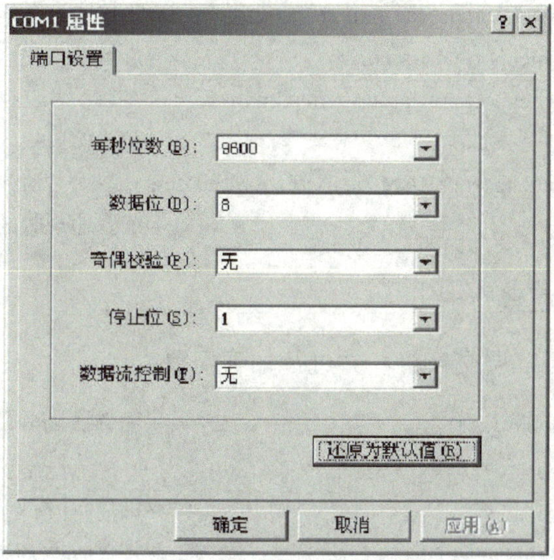

图 1-35　配置超级终端的端口属性

2）进入交换机的用户状态进行配置，具体配置如下：

Switch(config)#hostname SW 2                    # 为交换机命名

SW 2(config)#vlan 10                            # 创建 VLAN 10

51

| | |
|---|---|
| SW2(config-vlan)#name shichanagbu | # 为 VLAN 10 命名 |
| SW2(config)#vlan 11 | # 创建 VLAN 11 |
| SW2(config-vlan)#name fuwubu | # 为 VLAN 11 命名 |
| SW2(config)#interface FastEthernet 0/10 | # 进入接口模式 |
| SW2(config-if-FastEthernet 0/10)#portgroup 1 | # 将接口配置成 AP 的成员端口 |
| SW2(config)#interface FastEthernet 0/11 | # 进入接口模式 |
| SW2(config-if-FastEthernet 0/11)#portgroup 1 | # 将接口配置成 AP 的成员端口 |
| SW2(config)#interface Aggregateport 1 | # 进入聚合接口模式 |
| SW2(config-if- aggregateport 1)#switchport mode trunk | # 将聚合接口配置为干道模式 |
| SW2(config)#interface range FastEthernet 0/1-9 | # 进入接口范围模式 |
| SW2(config-if-range)#switchport mode access | # 将接口配置为接入模式 |
| SW2(config-if-range)#switchport access vlan 10 | # 将接口划分到 VLAN 10 |
| SW2(config-if-range)#switchport port-security | # 启用端口安全 |
| SW2(config-if-range)#switchport port-security maximum 1 | # 配置接口接入主机的数量 |
| SW2(config-if-range)#switchport port-security violation shutdown | # 配置违规时的处理方式 |
| SW2(config)#interface range FastEthernet 0/12-20 | # 进入接口范围模式 |
| SW2(config-if-range)#switchport mode access | # 将接口配置为接入模式 |
| SW2(config-if-range)#switchport access vlan 11 | # 将接口划分至 VLAN 11 |
| SW2(config-if-range)#switchport port-security | # 启用端口安全 |
| SW2(config-if-range)#switchport port-security maximum 1 | # 配置接口接入主机的数量 |
| SW2(config-if-range)#switchport port-security violation shutdown | # 配置违规时的处理方式 |

### 3．网络核心层设备配置

使用超级终端登录至三层交换机，并进行如下配置：

| | |
|---|---|
| Switch(config)#hostname SW1 | # 为交换机命名 |
| SW1(config)#vlan 10 | # 创建 VLAN 10 |
| SW1(config-vlan)#name shichanagbu | # 为 VLAN 10 命名 |
| SW1(config)#vlan 11 | # 创建 VLAN 11 |
| SW1(config-vlan)#name fuwubu | # 为 VLAN 11 命名 |
| SW1(config)#vlan 12 | # 创建 VLAN 12 |
| SW1(config-vlan)#name fuwuqiqun | # 为 VLAN 12 命名 |

## 项目 1　构建小型企业网络

| | |
|---|---|
| SW 1(config)#interface FastEthernet 0/10 | # 进入接口模式 |
| SW 1(config-if-FastEthernet 0/10)#portgroup 1 | # 将接口配置成 AP 的成员端口 |
| SW 1(config)#interface FastEthernet 0/11 | # 进入接口模式 |
| SW 1(config-if-FastEthernet 0/11)#portgroup 1 | # 将接口配置成 AP 的成员端口 |
| SW 1(config)#interface Aggregateport 1 | # 进入聚合接口模式 |
| SW 1(config-if- aggregateport 1)#switchport mode trunk | |
| | # 配置接口为干道模式 |
| | |
| SW 1(config)#interface range FastEthernet 0/2-4 | # 进入接口范围模式 |
| SW 1(config-if-range)#switchport mode access | # 将接口配置为接入模式 |
| SW 1(config-if-range)#switchport access vlan 12 | # 将接口划分到 VLAN 12 |
| | |
| SW 1(config)#interface FastEthernet 0/1 | # 进入接口模式 |
| SW 1(config-if-FastEthernet 0/1)#no switchport | # 启用三层功能 |
| SW 1(config-if-FastEthernet 0/1)#ip address 192.168.1.2 255.255.255.252 | |
| | # 配置接口 IP 地址 |
| SW 1(config-if-FastEthernet 0/1)#no shutdown | # 启动接口 |
| | |
| SW 1(config)#interface vlan 10 | # 进入 VLAN 接口 |
| SW 1(config-if-vlan 10)#ip add 192.168.10.1 255.255.255.0 | # 配置接口 IP 地址 |
| SW 1(config-if-vlan 10)#no shutdown | # 启用接口 |
| SW 1(config)#interface vlan 11 | # 进入 VLAN 接口 |
| SW 1(config-if-vlan 11)#ip add 192.168.11.1 255.255.255.0 | |
| | # 配置接口 IP 地址 |
| SW 1(config-if-vlan 11)#no shutdown | # 启用接口 |
| SW 1(config)#interface vlan 12 | # 进入 VLAN 接口 |
| SW 1(config-if-vlan 12)#ip add 192.168.12.1 255.255.255.0 | |
| | # 配置接口 IP 地址 |
| SW 1(config-if-vlan 12)#no shutdown | # 启用接口 |
| | |
| SW 1(config)#ip route 0.0.0.0 0.0.0.0 192.168.1.1 | # 配置默认路由 |

### 4．网络出口设备配置

使用超级终端登录至路由器，并进行如下配置：

| | |
|---|---|
| Router(config)#hostname R1 | # 为路由器命名 |
| | |
| R1(config)#interface FastEthernet 0/1 | # 进入接口模式 |
| R1(config-if-FastEthernet 0/1)#ip address 192.168.1.1 255.255.255.252 | |
| | # 配置接口 IP 地址 |

| | |
|---|---|
| R1(config-if-FastEthernet 0/1)#no shutdown | # 启用接口 |
| R1(config)#interface Serial 2/0 | # 进入接口模式 |
| R1(config-if-Serial 2/0)#ip address 88.8.8.1 255.255.255.240 | |
| | # 配置接口 IP 地址 |
| R1(config-if-Serial 2/0)#no shutdown | # 启用接口 |
| R1(config)#interface FastEthernet 0/1 | # 进入接口模式 |
| R1(config-if-FastEthernet 0/1)#ip nat inside | # 定义接口为内部接口 |
| R1(config)#interface Serial 2/0 | # 进入接口模式 |
| R1(config-if-Serial 2/0)#ip nat outside | # 定义接口为外部接口 |
| R1(config)#time-range work-time | # 创建时间访问列表 |
| R1(config-time-range)#periodic weekdays 09:00 to 18:00 | |
| | # 定义周期时间 |
| R1(config)#access-list 10 permit 192.168.10.0 0.0.0.255 time-range work-time | |
| | # 创建访问控制列表，并应用时间限制 |
| R1(config)#access-list 10 permit 192.168.11.0 0.0.0.255 time-range work-time | |
| | # 创建访问控制列表，并应用时间限制 |
| R1(config)#ip nat pool internet 88.1.1.2 88.1.1.5 network 255.255.255.240 | |
| | # 配置 NAT 地址池 |
| R1(config)#ip nat inside source list 10 pool internet overload | |
| | # 配置动态 NAT，允许内网访问互联网 |
| R1(config)#ip nat inside source static tcp 192.168.12.2 80 88.8.8.1 80# | |
| | # 配置静态 NAT，将内部 Web 服务器发布到互联网 |
| R1(config)#ip route 0.0.0.0 0.0.0.0 Serial 2/0 | # 配置默认路由 |

### 5．运营商路由器配置

使用超级终端登录至路由器，并进行如下配置：

| | |
|---|---|
| Router(config)#hostname R2 | # 为路由器命名 |
| R2(config)#interface Serial 2/0 | # 进入接口模式 |
| R2(config-if-Serial 2/0)#ip address 88.8.8.14 255.255.255.240 | |
| | # 配置接口 IP 地址 |
| R2(config-if-Serial 2/0)#no shutdown | # 启用接口 |
| R2(config)#ip route 0.0.0.0 0.0.0.0 Serial 2/0 | # 配置默认路由 |

## 1.6.4 项目任务二：安装与配置活动目录服务器

### 1. 安装操作系统

此服务器操作系统是 Windows server 2003 R2 版本。具体的安装步骤如下：

1）将 Windows server 2003 系统光盘放入 CD 光驱中，并将计算机的启动模式定义为 CD 光驱启动。启动计算机，这时系统进行检测，稍后系统进入安装模式，如图 1-36 所示。选择"要现在安装 Windows，请按 Enter 键"单选按钮。

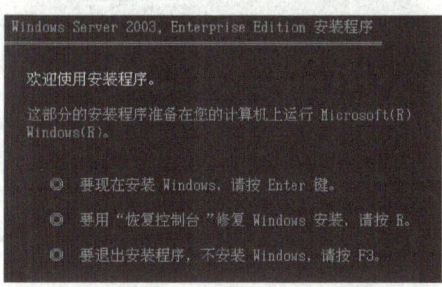

图 1-36　Window 安装模式

2）按"F8"键接受 Windows 授权协议，如图 1-37 所示。

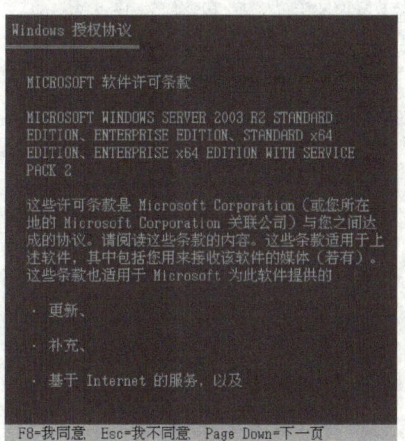

图 1-37　Windows 授权协议

3）对计算机的磁盘进行分区，如图 1-38 所示。

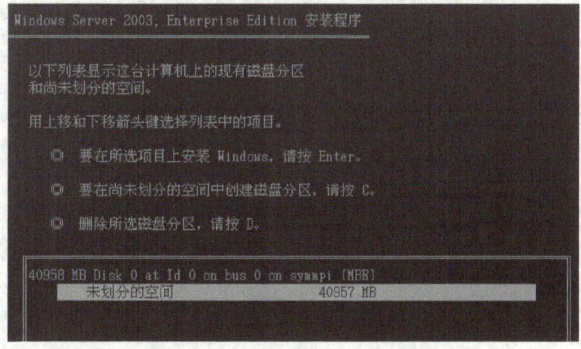

图 1-38　磁盘分区

4）对计算机的磁盘分区进行格式化，如图1-39所示。

5）在"区域和语言选项"对话框中采用默认配置，单击"下一步"按钮；在"自定义软件"对话框中输入公司及用户名称，如图1-40所示。

6）在"授权模式"对话框中，选择客户端授权的数量，单击"下一步"按钮；在"计算机名称和管理员密码"对话框中输入计算机名称和管理员密码，如图1-41所示。

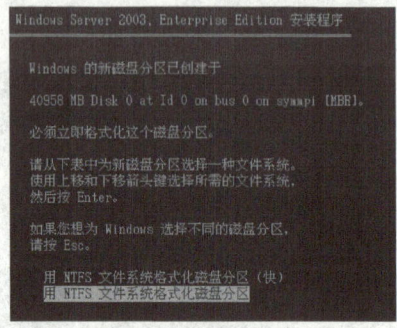

图1-39　分区格式化

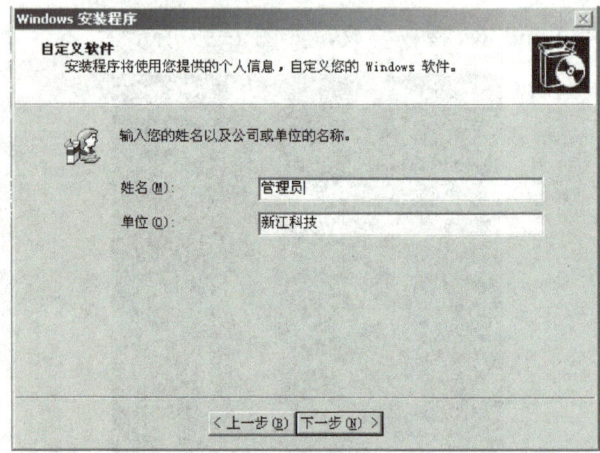

图1-40　自定义软件

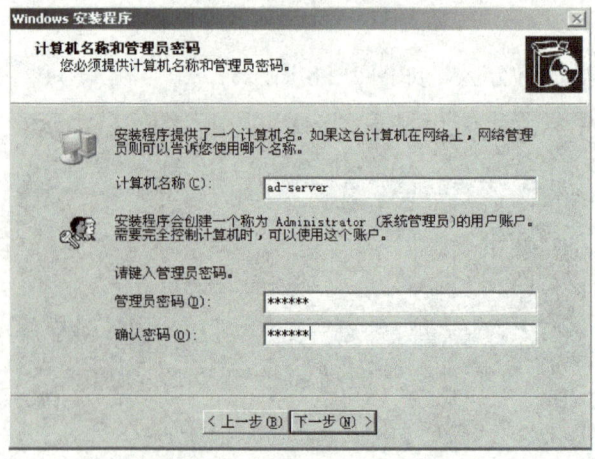

图1-41　计算机名称和管理员密码

7）在"日期和时间设备"对话框中采用默认配置，单击"下一步"按钮；在"网络设置"对话框中也采用默认配置，单击"下一步"按钮；在"工作组或计算机域"对话框中也采用默认配置，单击"下一步"按钮，开始操作系统的安装，安装大约需要30min。

**2．安装活动目录服务**

1）活动目录服务器的操作系统安装完成后，需要正确配置IP地址。在网络规划时，活动目录服务器的IP地址是192.168.12.3/24。依次单击"开始"→"控制面板"→"网络连接"→"本地连接"→"属性"→"常规"→"Internet协议（TCP/IP）"命令，打开"Internet协议（TCP/IP）属性"对话框，输入IP地址、子网掩码、默认网关及DNS服务器地址，如图1-42所示。

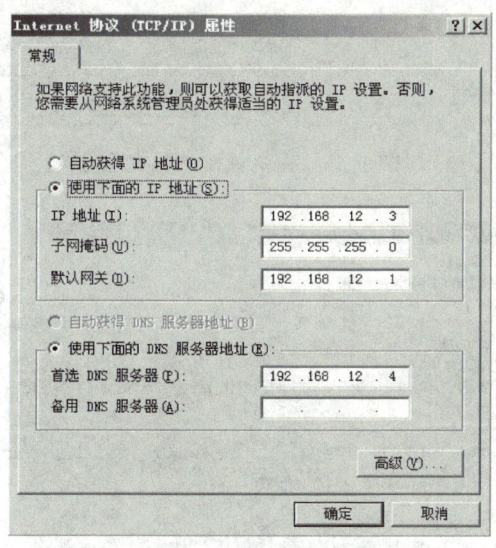

图1-42　配置本地连接

2）配置完本地连接后，安装活动目录。选择"开始"→"运行"命令，打开"运行"对话框，输入"dcpromo"，如图1-43所示。

图1-43　"运行"对话框

3）单击"确定"按钮，执行"dcpromo"命令，此时会弹出Active Directory安装向导，在"域控制器类型"对话框中选择"新域的域控制器"单选按钮，单击"下一步"按钮，如图1-44所示。

4）在"创建一个新域"对话框中选择"在新林中的域"单选按钮，单击"下一步"按钮，如图1-45所示。

5）在"新的域名"对话框中输入DNS全名"xinjiangkeji.com.cn"，单击"下一步"

按钮，如图 1-46 所示。

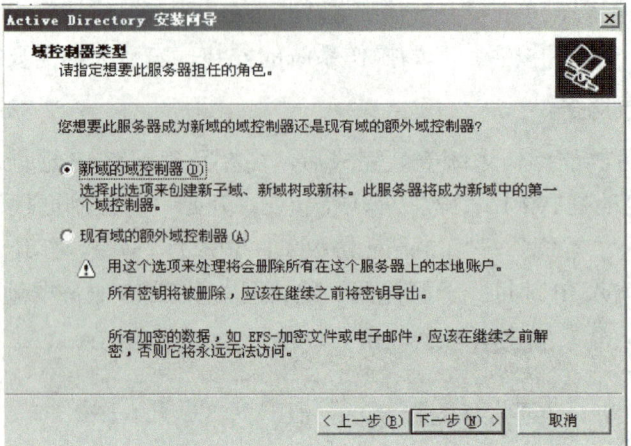

图 1-44　指定域控制器类型

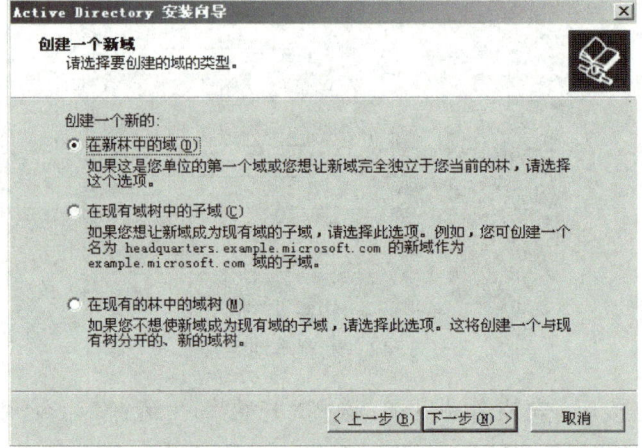

图 1-45　选择要创建域的类型

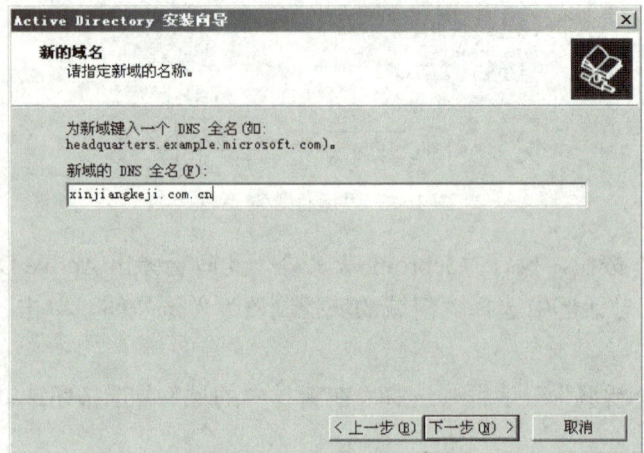

图 1-46　指定新域的名称

项目 1　构建小型企业网络

6）在"NetBIOS 域名"对话框中采用默认配置，单击"下一步"按钮；在"数据库和日志文件文件夹"对话框中也采用默认配置，单击"下一步"按钮；在"共享的系统卷"对话框中也采用默认配置，单击"下一步"按钮。

7）在"DNS 注册诊断"对话框中选择"我将在以后通过手动配置 DNS 来更正这个问题。"单选按钮，单击"下一步"按钮，如图 1-47 所示。因为本域的 DNS 服务并没有规划在此服务器上，是由另外一台服务器来提供此服务，所以在这里选择此项，即不需要安装 DNS 服务。

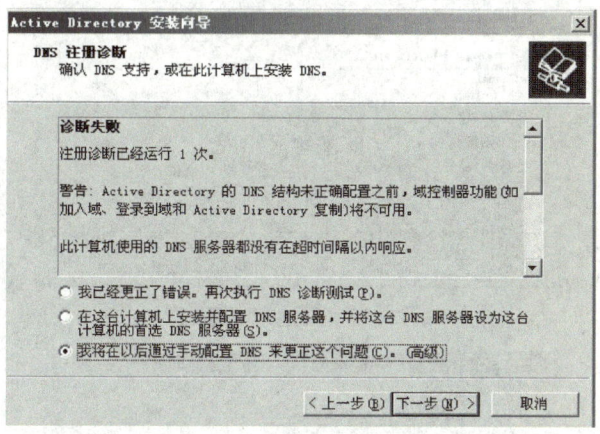

图 1-47　确认 DNS 注册

8）在"权限"对话框中采用默认配置，单击"下一步"按钮；在"目录服务还原模式的管理员密码"对话框中输入还原密码，单击"下一步"按钮，开始安装活动目录，大约需要 10min 的时间。活动目录安装完成后，需要重新启动计算机。

**3．创建用户账户**

活动目录安装完成后，需要为域内的用户创建账户。创建账户之前需要创建全局和安全组，然后将域用户加入到组中。组账户与用户账户的创建规则，请参照前面理论知识的描述部分。

1）选择"开始"→"程序"→"管理工具"命令，打开"Active Directory 用户和计算机"对话框，如图 1-48 所示。

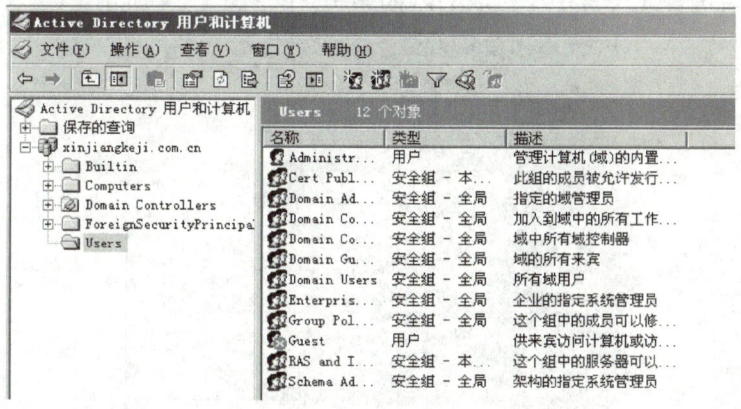

图 1-48　"Active Directory 用户和计算机"对话框

59

2）在"Active Directory 用户和计算机"对话框中选中"Users"选项，在其右侧窗格的空白处单击鼠标右键，在弹出的快捷菜单中选择"新建"→"组"命令，建立两个部门的组，如图 1-49 和图 1-50 所示。

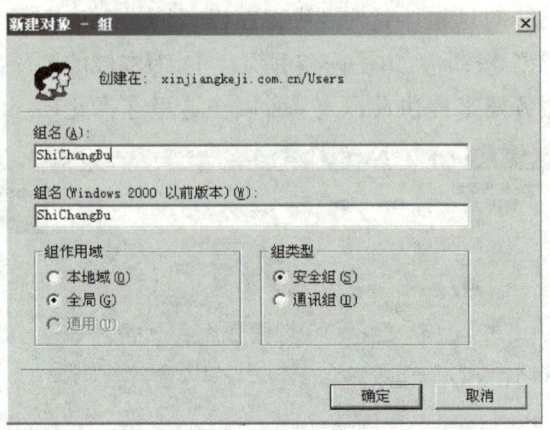

图 1-49　创建市场部组

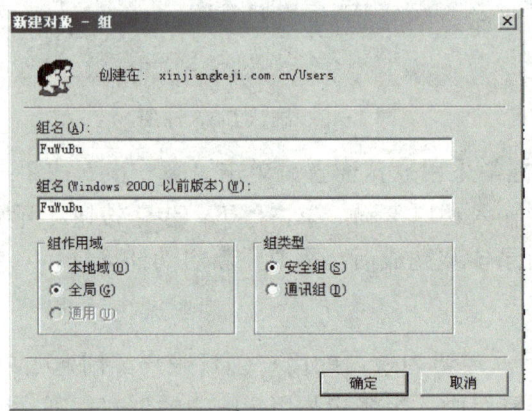

图 1-50　创建服务部组

3）再次选中"Users"选项，在其右侧窗格的空白处单击鼠标右键，在弹出的快捷菜单中选择"新建"→"用户"命令，建立相关的用户。注意：用户名是由员工姓名的汉语拼音+部门名称的汉语拼音大写首字母组成的，如图 1-51 ～图 1-54 所示。

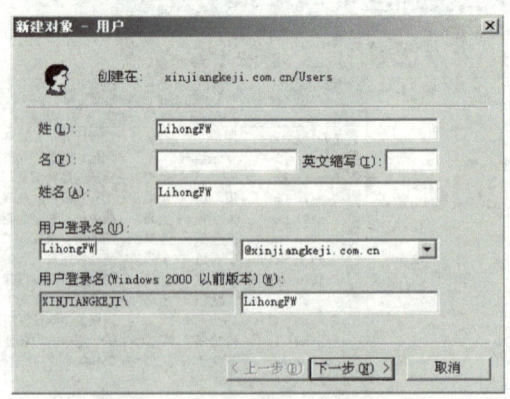

图 1-51　创建服务部用户

# 项目 1　构建小型企业网络

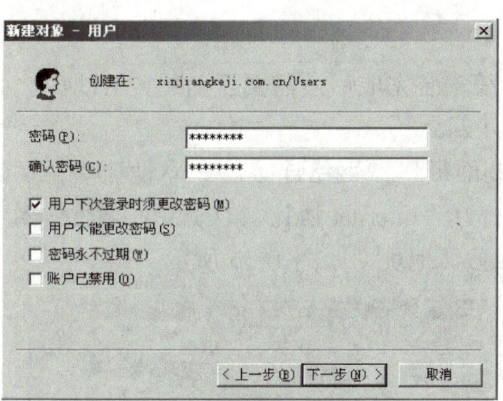

图 1-52　设置服务部用户口令

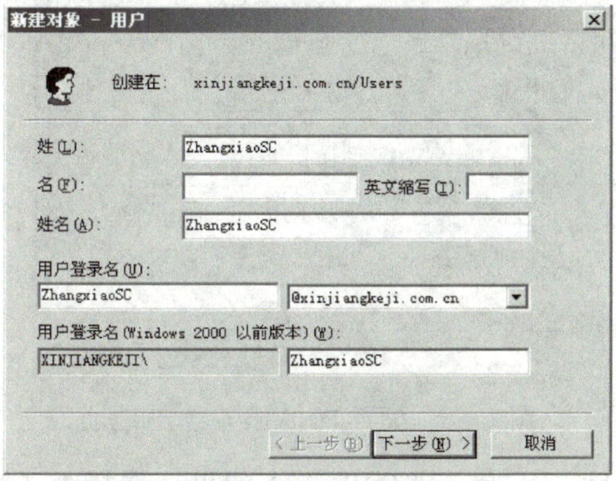

图 1-53　创建市场部用户

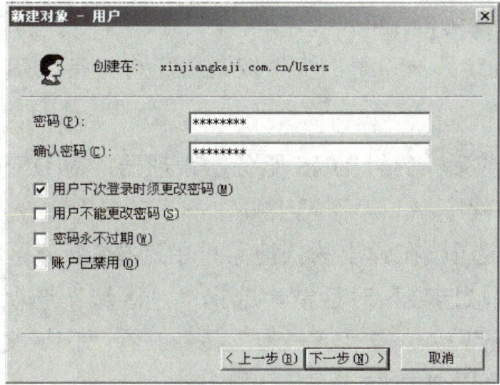

图 1-54　设置市场部用户口令

4）按照同样的方法创建其他用户的用户账户。

## 1.6.5　项目任务三：安装与配置 DNS 服务器

**1．安装操作系统**

本项目中 DNS 服务器安装的操作系统是 Windows server 2003 R2 版本，请参照 1.6.4 小节介绍的活动目录服务器的操作系统安装步骤进行安装，由于篇幅有限，这里不做重复介绍。

## 2. 安装 DNS 服务

DNS 服务器的操作系统安装完成后，需要正确配置 IP 地址。在网络规划时，DNS 服务器的 IP 地址是 192.168.12.4/24。

1）选择"开始"→"控制面板"→"网络连接"→"本地连接"→"属性"→"常规"→"Internet 协议（TCP/IP）"命令，打开"Internet 协议（TCP/IP）属性"对话框，输入 IP 地址、子网掩码、网关地址及 DNS 服务器地址，如图 1-55 所示。

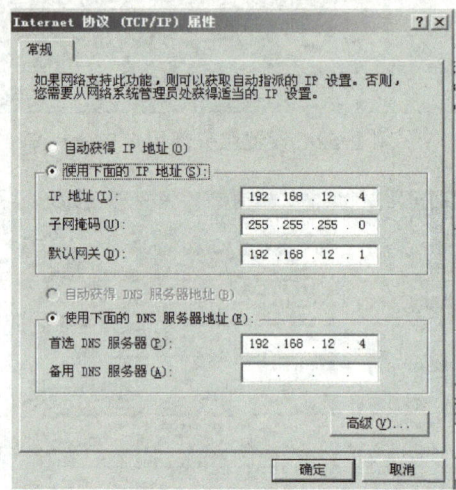

图 1-55 配置 DNS 服务器 IP 地址

2）操作系统配置完成后，开始安装 DNS 服务组件。选择"开始"→"控制面板"→"添加或删除程序"→"添加/删除 Windows 组件"命令，打开"Windows 组件向导"对话框，在"组件"列表框中选择"网络服务"复选框，单击"详细信息"按钮。在"网络服务"对话框中选择"域名系统"复选框，单击"确定"→"下一步"按钮，开始安装 DNS 服务组件。

## 3. 配置 DNS 服务

DNS 服务组件安装完成后，打开 DNS 服务器管理器，对 DNS 服务进行配置。

1）选择"开始"→"程序"→"管理工具"→"DNS"命令，在 DNS 服务器管理器中右键单击"正向查找区域"选项，在弹出的快捷菜单中选择"新建区域"命令，如图 1-56 所示。

2）系统弹出"新建区域向导"对话框，选择"主区域"选项，在"区域名称"文本框中输入"xinjiangkeji.com.cn"，单击"下一步"按钮；在"区域文件"对话框中采用默认配置，单击"下一步"按钮，完成 DNS 正向区域配置。

3）在 DNS 服务管理器中右键单击"反向查找区域"选项，在弹出的快捷菜单中选择"新建区域"命令，如图 1-57 所示。

4）系统弹出"新建区域向导"对话框，选择"主区域"选项，在"网络 ID"文本框中输入子网的网络地址，单击"下一步"按钮；在"区域文件"对话框中采用默认配置单击"下一步"按钮，完成 DNS 反向区域配置。

在本项目中，有 3 个子网，所以按照上面步骤建立 3 个子网相应的反向区域，在这里不做重复介绍，配置结果如图 1-58 所示。

## 项目 1　构建小型企业网络

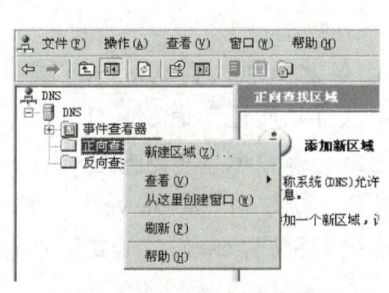

图 1-56　创建正向区域

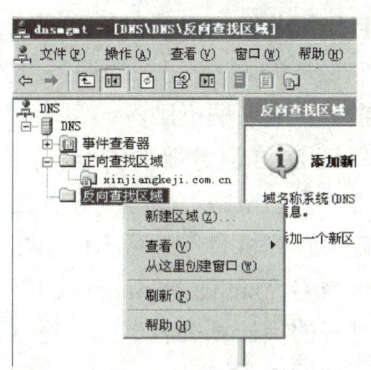

图 1-57　创建反向区域

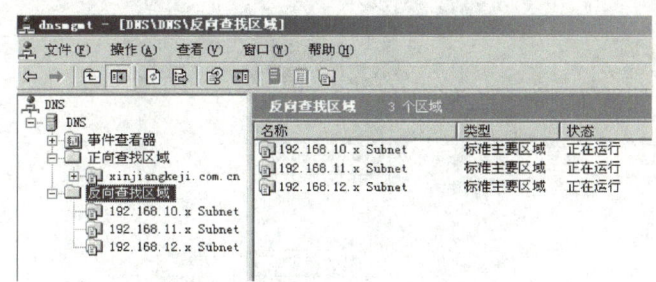

图 1-58　正反向区域创建完成

DNS 服务器的正向区域与反向区域配置完成后，现在的 DNS 服务器还不能正常工作，因为现在 DNS 服务器的正向区域没有 SRV 记录，所以服务器不能够提供网络服务，需要手工配置 SRV 记录。

需要登录到活动目录服务器，找到并打开 netlogon.dns 文件，其文件路径为"C:\WINDOWS\system32\config"，将该文件中的内容复制到 DNS 服务器的正向区域的配置文件中。DNS 服务器的正向区域配置文件路径为"C:\WINDOWS\system32\dns"，其配置文件的名称与其域名相同，将 netlogon.dns 文件中的内容粘贴到正向区域配置文件中，并保存。完成 SRV 记录后，需要重新启动 DNS 服务，这时 DNS 服务管理器就会出现相应的 SRV 记录，如图 1-59 所示。

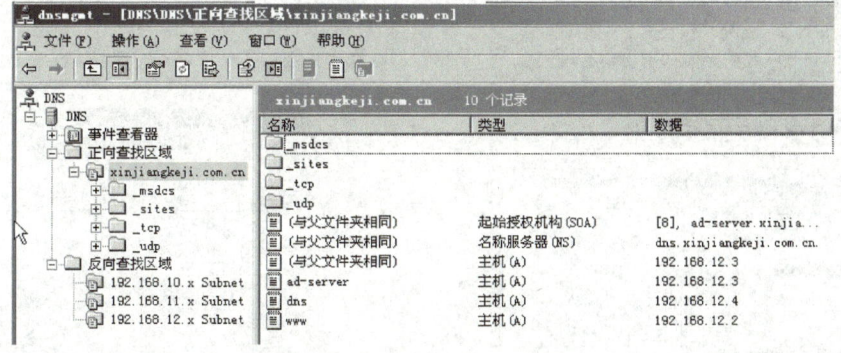

图 1-59　手工配置 SRV 资源记录

配置完成 SRV 资源记录后，需要注意 DNS 服务器的 SOA 记录的服务器。SOA 记录的服务器默认是 DNS 服务器，而真正的 SOA 记录的服务器应该是域控制器，所以需要先创建活动目录服务器的主机记录，然后修改正向区域 SOA 记录的服务器为活动目录服务器，再修改反向区域的 SOA 记录的服务器为活动目录服务器，如图 1-59 所示。至此 DNS 服务器能够正常提供域名解析服务。

　　为了保证 DNS 服务器的安全性，需要将 DNS 服务器也加入到 Windows 域中。使用鼠标右键单击"我的电脑"图标，在弹出的快捷菜单中选择"属性"命令，打开"系统属性"对话框。在"计算机名"选项卡中单击"更改"按钮，选择"域"单选按钮，在其下方的文本框中输入域名"xinjiangkeji.com.cn"，将"计算机名"修改为"ad-server"，单击"确定"按钮，在打开的"计算机名更改"对话框中输入用户名和密码，单击"确定"按钮，重新启动计算机，如图 1-60 所示。

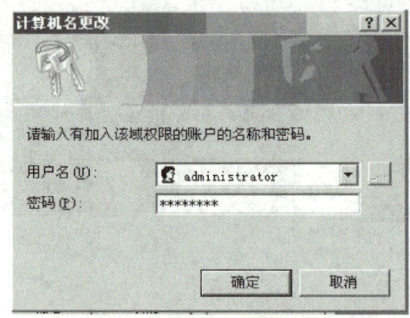

图 1-60　"计算机名更改"对话框

### 4．DNS 服务高级配置

1）打开 DNS 服务管理器，使用鼠标右键单击 DNS 服务器，在弹出的快捷菜单中选择"属性"命令，打开"DNS 属性"对话框，选择"转发器"选项卡，输入转发器的 IP 地址，单击"添加"→"确定"按钮，如图 1-61 所示。

2）服务器群中有 Web 服务器，所以需要创建 WWW 服务的主机记录。使用鼠标右键单击"xinjiangkeji.com.cn"结点，在弹出的快捷菜单中选择"新建主机"命令，打开"新建主机"对话框，输入名称及 IP 地址，并选择"创建相关的指针（PTR）记录"复选框，如图 1-62 所示。

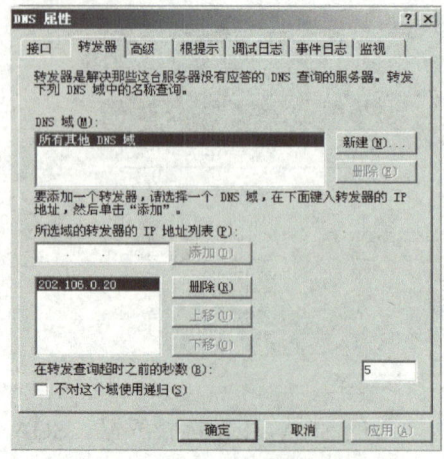

图 1-61　配置 DNS 转发器

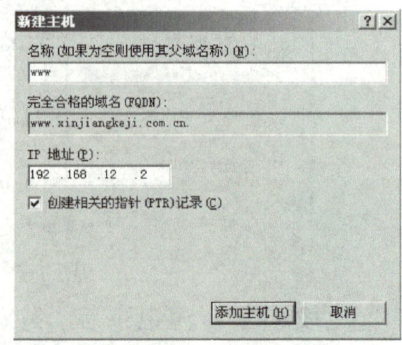

图 1-62　新建主机

## 1.6.6 项目任务四：安装与配置 Web 服务器

**1．安装操作系统**

Web 服务器安装的操作系统是 Windows server 2003 R2 版本，请参照 1.6.4 小节介绍的活动目录服务器的操作系统安装步骤进行安装，由于篇幅有限，这里不做重复介绍。

**2．安装 Web 服务器**

Web 服务器的操作系统安装完成后，需要正确配置 Web 服务器的 IP 地址。在网络规划时，Web 服务器的 IP 地址是 192.168.12.2/24。

1）选择"开始"→"控制面板"→"网络连接"→"本地连接"→"属性"→"常规"→"Internet 协议（TCP/IP）"命令，打开"Internet 协议（TCP/IP）属性"对话框，输入 IP 地址、子网掩码、网关地址和 DNS 服务器地址。

2）服务器 IP 地址配置完成后，将服务器加入域中。使用鼠标右键单击"我的电脑"图标，在弹出的快捷菜单中选择"属性"命令，打开"系统属性"对话框。在"计算机名"选项卡中单击"更改"按钮，选择"域"单选按钮，在其下方的文本框中输入域名"xinjiangkeji.com.cn"，将"计算机名"修改为"www"，单击"确定"按钮。在打开的对话框中输入用户名和密码，单击"确定"按钮，重新启动计算机。

3）Web 服务器基本配置完成后，选择"开始"→"控制面板"→"添加/删除程序"→"添加/删除 Windows 组件"命令，打开"Windows 组件向导"对话框，在"组件"列表框中选择"应用程序服务器"复选框，打开"应用程序服务器"对话框，单击"详细信息"按钮，在弹出的对话框中选择"ASP.NET"、"Internet 信息服务"和"启用网络 COM+ 访问"复选框，单击"确定"→"下一步"按钮，开始安装 IIS 服务组件，如图 1-63 所示。

**3．配置 Web 服务**

IIS 服务组件安装完成后，配置 Web 服务的主目录和主页。本项目中 Web 服务器是 C:\web，并创建其默认主页为 index.htm，如图 1-64 所示。

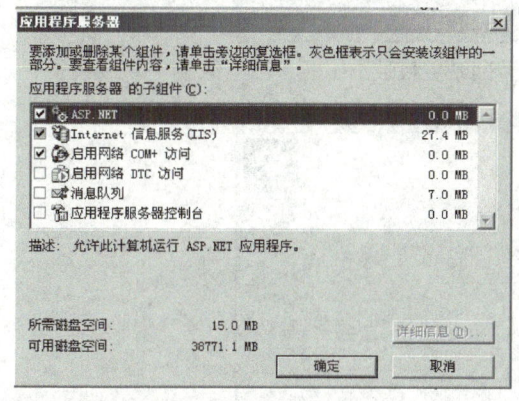

图 1-63 选择 IIS 服务组件

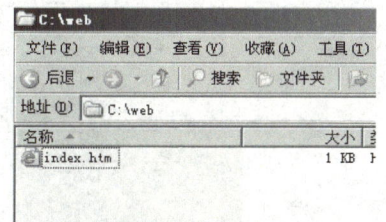

图 1-64 Web 服务主目录

选择"开始"→"程序"→"管理工具"→"Internet 信息服务（IIS）管理器"命令，打开 Internet 信息服务管理器。使用鼠标右键单击"网站"结点，在弹出的快捷菜单中选择"新建"→"网站"命令，打开网站创建向导。在"网站描述"对话框中输入

"www.xinjiangkeji.com.cn";在"IP 地址和端口设置"对话框中输入端口号和主机头,如图 1-65 所示。在"网站主目录"对话框中输入主目录路径,如图 1-66 所示。在"网站访问权限"对话框中设置网站的访问权限,如图 1-67 所示。单击"下一步"→"完成"按钮,完成 Web 服务器的配置。

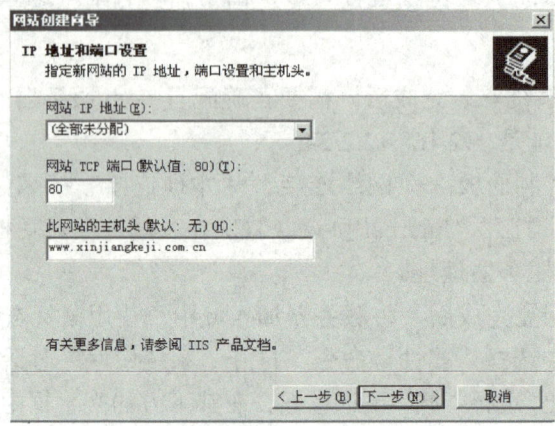

图 1-65  配置 IP 地址和端口

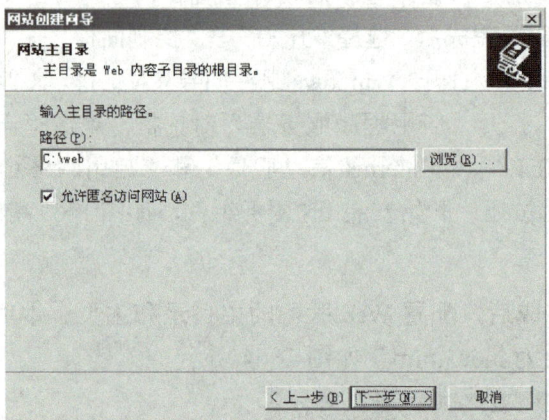

图 1-66  设置网站主目录

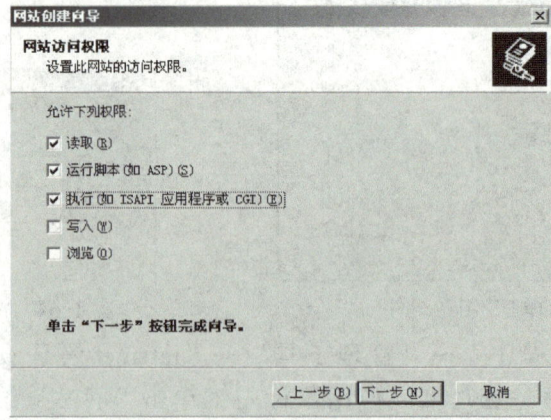

图 1-67  设置网站访问权限

## 1.7 项目测试

### 1.7.1 项目任务五：企业网络底层架构测试

**1. VLAN 功能测试**

使用 show vlan 命令查看 VLAN 状态信息，如例 1-8 所示。

【例 1-8】查看 VLAN 信息。

```
SW 2#show vlan id 10
VLAN Name                          Status    Ports
---- ------------------------------ --------- -------------------
10   shichangbu                    active
SW 2#show vlan id 11
VLAN Name                          Status    Ports
---- ------------------------------ --------- -------------------

11   fuwubu                        active


SW 2#show vlan
VLAN Name                          Status    Ports
---- ------------------------------ --------- -------------------
1    default                       active    Fa 0/21 ,Fa 0/22 ,Fa 0/23
                                             Fa 0/24
10   shichangbu                    active    Fa 0/1 ,Fa 0/2 ,Fa 0/3
                                             Fa 0/4 ,Fa 0/5 ,Fa 0/6
                                             Fa 0/7 ,Fa 0/8 ,Fa 0/9
                                             Fa 0/10,Fa 0/11,
11   fuwubu                        active    Fa 0/10,Fa 0/11,Fa 0/12
                                             Fa 0/13,Fa 0/14,Fa 0/15
                                             Fa 0/16,Fa 0/17,Fa 0/18
                                             Fa 0/19,Fa 0/20
SW 1#show vlan id 10
VLAN Name                          Status    Ports
---- ------------------------------ --------- -------------------

10   shichangbu                    active


SW 1#show vlan id 11
VLAN Name                          Status    Ports
---- ------------------------------ --------- -------------------
```

```
11   fuwubu                            active
SW 1#show vlan id 12
VLAN Name                             Status    Ports
---- ------------------------------   --------  ------------------------
12   fuwuqiqun                        active


SW 1#show vlan
VLAN Name                             Status    Ports
---- ------------------------------   --------  ------------------------
1    default                          active    Fa 0/5 ,Fa 0/6 ,Fa 0/7 ,
                                                Fa 0/8 ,Fa 0/9 ,Fa 0/12
                                                Fa 0/13,Fa 0/14,Fa 0/15
                                                Fa 0/16,Fa 0/17,Fa 0/18
                                                Fa 0/19,Fa 0/20,Fa 0/21
                                                Fa 0/22,Fa 0/23,Fa 0/24
10   shichangbu                       active    Aggregateport 1
11   fuwubu                           active    Aggregateport 1
12   fuwuqiqun                        active    Fa 0/2,Fa 0/3,Fa 0/4
                                                Fa 0/13, Aggregateport 1
```

## 2. 链路聚合测试

使用 show aggregatePort summary 和 show interfaces aggregateport 命令查看聚合接口状态，如例 1-9 所示。

【例 1-9】查看链路聚合信息。

```
SW 1#show aggregatePort summary
AggregatePort MaxPorts SwitchPort Mode   Ports
------------- -------- ---------- ------ ----------------------------
Ag1           8        Enabled    TRUNK  Fa 0/10 ,Fa 0/11

SW 1#show interfaces aggregateport 1
Index(dec):29 (hex):1d
AggregatePort 1 is UP  , line protocol is UP
Hardware is Aggregate Link AggregatePort
Interface address is: no ip address
  MTU 1500 bytes, BW 1000000 Kbit
  Encapsulation protocol is Bridge, loopback not set
  Keepalive interval is 10 sec , set
  Carrier delay is 2 sec
  RXload is 1 ,Txload is 1
```

Queueing strategy: WFQ
Switchport attributes:
　　interface's description:""
　　medium-type is copper
　　lastchange time:337 Day: 1 Hour: 3 Minute:56 Second
　　Priority is 0
　　admin duplex mode is AUTO, oper duplex is Full
　　admin speed is AUTO, oper speed is 100M
　　flow control admin status is AUTO,flow control oper status is OFF
　　broadcast Strom Control is OFF,multicast Strom Control is OFF,unicast Strom Control is OFF
AggregatePort Informations:
　　　Aggregate Number: 1
　　　Name: "AggregatePort 1"
　　　Refs: 2
　　　Members: (count=2)
　　　FastEthernet 0/10 Link Status: Up
　　　FastEthernet 0/11 Link Status: Up

**SW 2#show aggregatePort summary**
AggregatePort MaxPorts SwitchPort Mode   Ports
-------------- -------- ---------- ------ ------------------------
Ag1              8         Enabled   Trunk  Fa 0/10 , Fa 0/11

**SW 2#show interfaces aggregatePort 1**
Interface　: AggregatePort 1
Description :
AdminStatus : up
OperStatus　: up
Hardware　 : -
Mtu　　　 : 1500
LastChange　: 0d:0h:0m:0s
AdminDuplex : Auto
OperDuplex　: Full
AdminSpeed : Auto
OperSpeed　: 100
FlowControlAdminStatus : Off
FlowControlOperStatus　: Off
Priority　 : 0
Broadcast blocked　　 :DISABLE

Unknown multicast blocked :DISABLE

Unknown unicast blocked   :DISABLE

### 3．网络地址转换测试

在运营商路由器接口 FastEthernet0/1 上配置 IP 地址为 63.19.6.2/24，此接口连接一台计算机。模拟其为互联网的一台主机，其 IP 地址为 63.19.6.1，并在此计算机上启用 telnet 服务。使用内部主机访问外网主机，并使用外网主机访问内网 Web 服务器，现使用 show 命令查看其状态，如例 1-10 所示。

【例 1-10】查看网络地址转换状态信息。

R1#sh ip nat statistics
Total translations: 1, max entries permitted: 30000
 Peak translations: 1 @ 00:02:50 ago
Outside interfaces: Serial 2/0
Inside interfaces: FastEthernet 0/1
Rule statistics:
[ID: 1] inside source dynamic
 hit: 21
 match (after routing):
  ip packet with source-ip match access-list 10
 action :
   translate ip packet's source-ip use pool internet

R1#show ip nat translations
Pro Inside global     Inside local       Outside local     Outside global
tcp 88.8.8.2:1025     192.168.10.10:1025  63.19.6.1:23      63.19.6.1:23

R1#show ip nat translations
Pro Inside global     Inside local       Outside local     Outside global
tcp 88.8.8.1:80       192.168.12.2:80    63.19.6.1:1033    63.19.6.1:1033

R1#show ip nat statistics

Total translations: 1, max entries permitted: 30000
Peak translations: 2 @ 00:11:25 ago
Outside interfaces: FastEthernet 0/0
Inside interfaces: FastEthernet 0/1
Rule statistics:
[ID: 5] inside source static
 hit: 2

```
match (before routing):
tcp packet with destination-ip 88.8.8.1 destination-port 80
action :
translate ip packet's destination-ip use ip 192.168.10.52 with port set to 80
```

### 1.7.2　项目任务六：应用服务器测试

**1．DNS 服务器测试**

可以使用 nslookup 命令测试 DNS 服务，如例 1-11 所示。

【例 1-11】查看 DNS 解析信息。

```
C:\>nslookup
Default Server:  dns.xinjiangkeji.com.cn
Address:  192.168.12.4


> set type=SOA
> xinjiangkeji.com.cn
Server:  dns.xinjiangkeji.com.cn
Address:  192.168.12.4


DNS request timed out.
    timeout was 2 seconds.
xinjiangkeji.com.cn
        primary name server = ad-server.xinjiangkeji.com.cn
        responsible mail addr = hostmaster
        serial  = 8
        refresh = 900 (15 mins)
        retry   = 600 (10 mins)
        expire  = 86400 (1 day)
        default TTL = 3600 (1 hour)
ad-server.xinjiangkeji.com.cn   internet address = 192.168.12.3
> set type=NS
> xinjiangkeji.com.cn
Server:  dns.xinjiangkeji.com.cn
Address:  192.168.12.4


DNS request timed out.
    timeout was 2 seconds.
xinjiangkeji.com.cn     nameserver = dns.xinjiangkeji.com.cn
dns.xinjiangkeji.com.cn internet address = 192.168.12.4
```

> set type=A
> www.xinjiangkeji.com.cn
Server:  dns.xinjiangkeji.com.cn
Address:  192.168.12.4

DNS request timed out.
    timeout was 2 seconds.
Name:    www.xinjiangkeji.com.cn
Address:  192.168.12.2

**2．Web 服务器测试**

打开 IE 浏览器，在浏览器地址栏中输入"www.xinjiangkeji.com.cn"，按"Enter"键可以查看设置的网站主页，如图 1-68 所示。

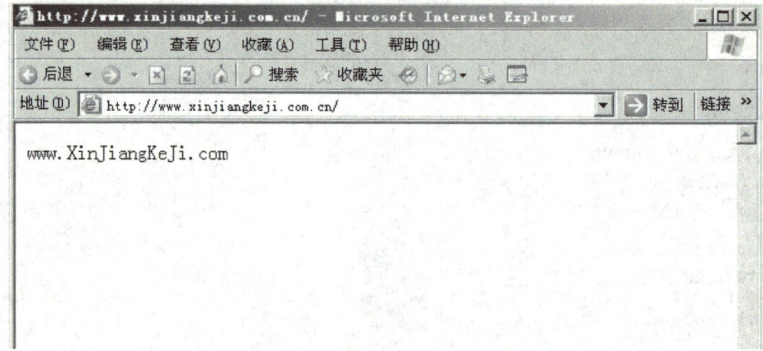

图 1-68　访问网站主页

## 1.8　项目验收

通过前面的学习和实施，该项目进入最后验收阶段。项目需要验收，验收合格之后方可竣工。本项目的验收文件需要学生以作业的形式提交给授课老师，授课老师验收合格后，项目才能竣工。学生需要提供的文档如下，文档的模板在电子资源包中，学生需要依据模板来制作验收文件。

1．项目实施报告。
2．项目测试报告。
3．项目验收报告。

## 1.9　项目总结

项目完成后，需要学生提交项目总结报告。项目总结报告模板在电子资源包中，学生需要依据模板来填写项目总结报告。

项目 1　构建小型企业网络

## 1.10　项目练习

根据图 1-69 所示的网络拓扑结构图，完成如下的网络需求。

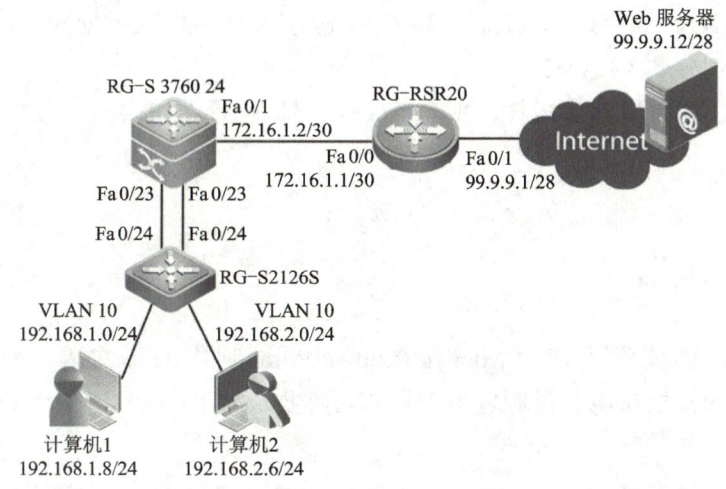

图 1-69　项目练习拓扑结构图

**1．拓扑连接**

按照国际标准（EIA/TIA568A 和 EIA/TIA568B）制作实验所需的双绞线并保证其连通。使用所制作的双绞线将提供给你的一台服务器、两台计算机与网络设备连接起来，组成一个小型局域网，具体连接情况如图 1-69 所示。

**2．服务器（Web Server）配置**

安装 Windows Server 2003，创建两个分区：C、D；IP 地址为 99.9.9.12/28，其主机名是 webserver；安装活动目录，域名为 contest.com。

创建用户 admin1，密码为 admin1，密码最长使用期限为 9 天，密码最小长度为 9，锁定阈值为 3 次。只允许在周一至周五的 8:00～18:00 登录到域。

创建用户 admin2，密码为 admin2，密码最长使用期限为 9 天，密码最小长度为 9，锁定阈值为 3 次。只允许在周一至周五的 9:00～19:00 登录到域。

配置 DNS 服务，内部客户机通过 DNS 解析 Web 站点。添加 IIS 组件，创建一个 Web 站点，根据提供的素材制作网站主页，主页网页的制作主题为"梦想中国"。在工作站上输入"www.contest.com"，可以浏览发布的主页网页信息。

**3．RG-RSR20 配置**

按照图 1-69 中的要求，配置正确的 IP 地址、静态路由，实现全网互通，配给的合法地址段为 99.9.9.3～99.9.9.9/28，只允许 VLAN 10、VLAN 20 在工作时间（周一至周五的 9:00～18:00）才可以访问互联网。

**4．RG-S3760-24 配置**

1）按照图 1-69 中的要求，配置正确的 IP 地址、静态路由，实现全网互通；创建 VLAN 10，

73

SVI 地址为 192.168.1.1/24；创建 VLAN 20，SVI 地址为 192.168.2.1/24。

2）STP 配置。配置快速生成树，将此交换机设置为生成树的根交换机，并且不允许 VLAN 10 与 VLAN 20 通信。

### 5．RG-S2126S 配置

1）创建 VLAN10，将接口 Fa 0/1～Fa 0/10 划分到 VLAN 10；创建 VLAN 20，将接口 Fa 0/11～Fa 0/20 划分到 VLAN 20。

2）STP 配置。配置快速生成树，所有 Access 端口配置端口安全，最大连接数为 1，违例则关闭接口。

## 1.11 项目报告

项目完成后，需要学生使用 Microsoft PowerPoint 制作演示文稿，要求演示时间为 30min。演示文稿的模板在电子资源包中，具体内容要求如下：

1. 项目概述。
2. 网络项目设计思路。
3. 网络项目设备选型。
4. 网络项目实施。
5. 网络项目测试。
6. 网络存在的问题。
7. 优化的解决方案。

项目报告的考核要点如下：

1. 演示文稿的制作。
2. 演示的技巧。
3. 项目报告的总体思路。
4. 项目报告内容的准确性。

# 项目 2 构建单核心企业网络

## 2.1 网络场景

迈腾科技股份公司是北京市海淀区的一家从事 IT 外包服务业务的科技公司,公司是一个中小型企业,共有 120 名员工,主要提供网络工程项目的实施和网络运营维护管理业务。根据公司业务的需求,需要员工能够通过互联网为客户提供业务服务及进行公司内部信息传递。

公司需要构建一个中小型的企业网,网络的出口设备采用的是锐捷路由器 RSR20-04。公司由服务提供商申请了 2Mbit/s 链路作为访问互联网的链路,其核心采用的网络设备是锐捷三层交换机 RG-S3760E。因为公司办公区分布于写字楼的上下两层,所以需要两台接入层交换机。其接入层网络设备为锐捷三层交换机 RG-3760E 和二层交换机 RG-S2328G。

为了保障网络的稳定性,在 IP 选路采用的是动态路由协议。因为网络规模较小,所以采用的动态路由协议为路由信息协议(RIP)。

为了保障内部网络的安全,网络部署 Windows 域环境,对内部员工的登录身份进行验证,并对其行为进行审查,要求使用内部域名服务器为内部用户解析域名。因为内部员工进行工程实施的时候,需要使用大量的软件,所以需要构建一个 FTP 服务器,共享其资源,详细的网络拓扑结构如图 2-1 所示。

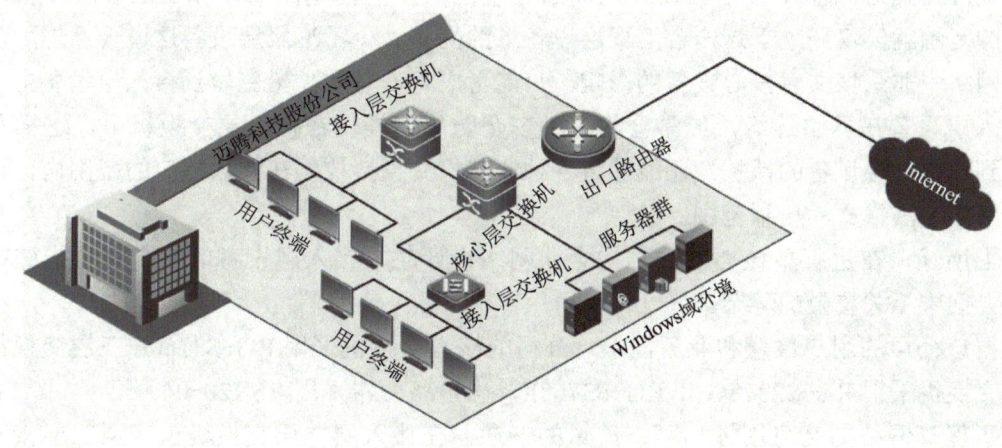

图 2-1 单核心企业网设计图

## 2.2 用户需求

根据公司业务的性质，该公司具体有如下需求：

1）要求按照层次型网络结构进行网络设计和网络实施。
2）公司内部有工程部、市场部、运维部、管理部 4 个行政部门，根据部门业务的不同进行区划。
3）内部用户需要使用运营商提供的地址段访问互联网。
4）内部用户只能在上班的时间才能访问互联网。
5）为了保障网络安全，需要每个交换接口只允许接入一台主机。
6）内部用户登录时，需要进行统一身份验证。
7）公司需要将业务服务内容以门户网站的方式发布到互联网，实现宣传作用。
8）公司网络部署动态路由协议为 RIP。
9）构建一个安全、畅通的企业网络。

## 2.3 需求分析

1）由于公司的网络规模较小，所以采用单核心二层网络架构，将核心层与汇聚层合为一层。单核心二层网络架构通常是指仅包含核心层设备和接入层设备的两层结构网络，出口设备与接入层设备直接连接到整个网络的核心设备上，这种结构类型的网络多见于中小型企业网。

此类型的企业网由于所有 IP 网段的网关都在核心设备上，所以基本不需要路由方面的规划设计或使用小型路由协议，只需要按照相关原则进行 IP 地址的规划设计即可。但是，在这样的网络结构下，由于没有汇聚层设备，所有的 IP 网段的网关都在核心设备上，这就相当于核心设备是直接暴露给所有的内部网络接入者。核心设备极易受到广播风暴、病毒、扫描等人为或非人为的攻击行为影响，这就会出现因一个 VLAN 内发生了广播风暴或大量 ARP Flooding 而导致整个核心瘫痪，进而造成全网瘫痪的问题。如果存在汇聚层设备，那么影响的范围就仅仅局限于这一台汇聚层设备下的网络。少了汇聚层设备这道天然屏障，又要降低网络中非法报文对核心设备的影响，只能考虑将安全防护措施做到接入层设备上。

接入层设备在网络边缘，经常会将各种安全防护措施做在接入层交换机上，这样不仅能够做到对核心层设备的保护，还能够将各种非法报文直接控制在接入端口的范围内，最大限度地降低非法报文的传播范围。

综上所述，在进行单核心二层结构企业网络设计时，接入层设备的安全防护措施是设计规划方案中至关重要的环节。

根据该公司的用户数量和业务需求，公司的核心交换机采用 RG-S3760E 三层交换机，接入层交换机采用 RG-S2328G 和 RG-S3760E，出口路由器采用 RSR20-04。

为了保障网络的高可用性和网络流量的畅通，在接入层二层交换机上行至三层核心交换的链路，并采用链路冗余技术，防止链路中断，形成单点故障；在接入层三层交换机上行至三层核心交换的链路，并采用链路聚合，增加链路的带宽和冗余作用。

2）公司内部有工程部、市场部、运维部、管理部 4 个行政部门，可以采用 VLAN 技术，将 4 个行政部门的用户主机划分到不同的 VLAN 中，既可以实现统一管理，又可以保障网络的安全性。

创建 VLAN 10、VLAN 11、VLAN 12、VLAN 13、VLAN 14，将工程部的用户主机划分到 VLAN 10，市场部的用户主机划分到 VLAN 11，运维部的用户主机划分到 VLAN 12，管理部的用户主机划分到 VLAN 13，服务群的服务器主机划分到 VLAN 14。为了便于网络管理，每个 VLAN 按照部门名称的汉语拼音进行命名。

3）由于公司的规模较小，并采用单核心二层网络架构，所以在部署网络三层路由时，需要选择适合于小型网络的动态路由协议，本项目采用的动态路由协议是 RIP。为了节省 IP 地址，所以需要选择支持 VLSM 的动态路由协议，RIP 版本 2 是无类路由协议，支持 VLSM 和验证。

4）服务提供商为公司提供的全局的 IP 地址段为 76.7.8.1～76.7.8.5，使用 NAT 技术，将 RFC1918 的私有地址转换为合法的全局 IP 址；使用动态端口 NAT 技术实现内部用户访问互联网资源；使用静态 NAT 技术，将 Web 服务器发布到互联网。

为了区分不同 VLAN 用户访问互联网的流量，设置 VLAN 10 的内部用户访问互联时使用路由器接口作为合法的全局地址，设置 VLAN 11 的内部用户访问互联时使用 76.7.8.2 作为合法的全局地址，设置 VLAN 12 的内部用户访问互联时使用 76.7.8.3 作为合法的全局地址，设置 VLAN 13 的内部用户访问互联时使用 76.7.8.4 作为合法的全局地址，使用 76.7.8.5 地址将 Web 服务器和 FTP 服务器发布到互联网上。为了保障服务器的安全，采用基于端口的 NAT 技术。

5）在网络安全方面使用基于时间的访问控制列表，满足用户只能在上班的时间访问互联网的需求。公司的上班时间为每周的星期一至星期五的 9:00～17:00。

为保障接入层安全，需要在接入层交换机上配置端口安全技术。使用端口安全技术限制主机的连接数为 1，如果有违规的用户，则关闭交换机接口。

6）在网络中部署 Windows 域环境。公司申请的合法域名为 maiteng.net，服务器群中的服务器安装 Windows Server 2003 操作系统，并将所有的客户机加入到域环境中，使用活动目录对公司内部用户进行身份验证。

公司有 120 名员工，每个部门都有 30 名员工和一个主管业务的经理，而公司的总经理主抓市场部工作。

根据公司行政架构创建相应的组，创建的组的名称采用其部门名称的汉语拼音；创建的用户账户名称采用员工姓名的汉语拼音字母 + 部门名称汉语拼音的首字母。为保障用户账户的安全，创建用户账户需要用户登录时重新修改密码，并将所有用户加入至相应的组中。

7）为保障网络中的 DNS 服务器的高可用性，在活动目录服务器上安装 DNS 服务，并将此服务器设置为主 DNS 服务器。在另一台服务器上也安装 DNS 服务，将这台服务器设置为备份 DNS 服务器，并要求进行区域复制时，只复制给名称服务器选项卡中的服务器。DNS 服务器不但解析内网中的服务器域名，也要为内部用户解析互联网域名，所以需要配置 DNS 转发器。

8）搭建 Web 服务器，创建公司的门户网站，网站需要支持 ASP.net。为保障 Web 服务器的安全性，只允许用户使用域名来访问 Web 站点。

为实现公司资源的共享，需要搭建一个安全而稳定的 FTP 服务器，所以采用基于 Linux 平台的 VSFTP 服务作为 FTP 服务器。为了保障域环境下的服务器安全性，需要将 Linux 服务器加入到 Windows 域中。由于 FTP 服务器的密码是明文，很不安全，所以使用虚拟用户账户来登录服务器，这样可以保障用户账户的安全性。在本项目中每个工程人员访问服务器时，都需要使用虚拟用户账户 ftpuser1、ftpuser2 和 ftpuser3，其用户账户的密码均为 maitengftp。

## 2.4 培养目标

### 学习目标

1. 熟练掌握和深入理解交换机工作及 VLAN 技术的原理及应用。
2. 熟练掌握和深入理解网络地址转换技术的原理及应用。
3. 熟练掌握和深入理解基于时间的访问控制列表技术的原理及应用。
4. 熟练掌握和深入理解 Windows Server 2003 操作系统的安装与配置方法。
5. 熟练掌握和深入理解活动目录服务、Web 服务的安装与配置方法。
6. 学习并掌握三层交换机和 VLAN 间的路由功能。
7. 学习并掌握动态路由协议的工作原理及应用。
8. 学习并掌握 Linux 操作系统的安装与配置方法。
9. 学习并掌握 VSFTP 服务的安装与配置方法。
10. 掌握 VSFTP 服务高级功能的配置方法。
11. 掌握单核心企业网网络架构的设计与应用。

### 能力目标

1. 考查文档编写能力。
2. 考查项目报告呈现能力。
3. 考查项目管理能力。
4. 考查岗位职能能力。

## 2.5 知识准备

### 2.5.1 生成树协议

#### 2.5.1.1 生成树协议概述

为了解决冗余链路引起的问题，IEEE 制定了 IEEE 802.1d 标准，即生成树协议（Spanning

Tree Protocol，STP）。IEEE 802.1d 标准通过在交换机上运行一套复杂的算法，使冗余端口置于"阻塞状态"，从而使网络中的计算机在通信时只有一条链路生效。而当这个链路出现故障时，IEEE 802.1d 标准将会重新计算出网络的最优链路，将处于"阻塞状态"的端口重新打开，从而确保网络连接稳定可靠。

在交换式网络中使用生成树协议，可以将有环路的物理拓扑变成无环路的逻辑拓扑，为网络提供了安全机制，使冗余拓扑中不会产生交换环路问题。

生成树协议最初是由 DEC 公司开发的，后来由 IEEE 802 委员会进行了修改，最终制定了相应的 IEEE 802.1d 标准。STP 的主要功能就是维持一个无环的拓扑结构，当交换机或者网桥发现拓扑中存在环路时，就会逻辑地阻塞一个或更多个冗余端口，解决由于备份连接所产生的环路问题。

STP 的主要思想就是当网络中存在备份链路时，只允许主链路激活。如果主链路因故障而被断开，备用链路才会被打开。当交换机间存在多条链路时，交换机的生成树算法只启动最主要的一条链路，而将其他链路都阻塞，并变为备用链路。当主链路出现问题时，STP 将自动起用备用链路接替主链路的工作，不需要任何人工干预。如图 2-2 所示，冗余备份的链路被逻辑断开，从而消除了环路。

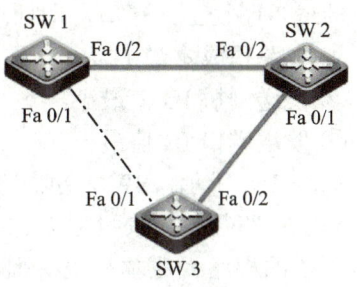

图 2-2　STP 避免环路

STP 中定义了根交换机（Root Bridge）、根端口（Root Port）、指定端口（Designated Port）和路径开销（Path Cost）等概念，意义在于通过构造一棵自然树的方法达到阻塞冗余环路的目的，同时实现链路备份和路径最优化。用于构造这棵树的算法称为生成树算法（Spanning Tree Algorithm，STA）。

STP 不断地检测网络，以便可以检测到一个线路、设备，或者是接入的故障。当网络拓扑发生变化时，运行 STP 的交换机和网桥会自动重新配置它们的端口，以避免环路的产生或者连接的丢失。

#### 2.5.1.2　生成树协议的工作过程

STP 要构造一个逻辑无环的拓扑结构，需要执行以下 4 个步骤：

**步骤 1**　选举一个根网桥。

首先，STP 会选举根网桥。在一个给定网络中只能存在一个根网桥，也就是具有最小网桥 ID 的交换机。

当网络中的交换机启动后，每一台都会假定它自己就是根网桥，把自己的网桥 ID 写入 BPDU（网桥协议数据单元）的根网桥 ID（Root BID）字段里面，然后向外泛洪。当交换机接收到一个具有更低的 Root BID 的 BPDU 时，它就会把自己正在发送的 BPDU 中的 Root BID 字段替换为这个更低的网桥 ID 后，再向外发送。经过一段时间以后，所有的交换机都会比较完全部的 Root BID，并且选举出具有最小网桥 ID 的交换机作为根网桥。

例如，在图 2-3 所示的拓扑结构中，3 台交换机通过比较网桥优先级，发现 SW 2 的优先级是最小的，因此，SW 2 被选举为根网桥。

如果 3 台交换机的网桥优先级相同，则 SW 1 会当选为根网桥，因为它具有最小的 MAC 地址。

根网桥默认情况下每 2s 发送一次 BPDU，生成树下游的非根交换机会接收这些 BPDU，依据其中传递的信息进行根端口和指定端口的选举。

需要注意的是，STP 收敛以后，如果有一台网桥 ID 值更小的交换机加入进来，那么，它也会把自己当做一个根网桥而在网络中通告，引起 STP 进行新一轮的根网桥选举。由于那台新交换机的网桥 ID 值的确更小，所以其他的交换机在比较一番后，就会把它作为新的根网桥记录下来，再重新计算到达新根网桥的无环路拓扑。

**步骤 2** 选举根端口。

接下来则要在所有的非根网桥上选举出根端口。所谓根端口，就是从非根网桥到达根网桥的最短路径上的端口，即根路径成本最小的端口。选举根端口的依据顺序如下：

① 根路径成本最小。

② 发送网桥 ID 值最小。

③ 发送端口 ID 值最小。

如图 2-4 所示，SW 2 为根网桥，SW 1 和 SW 3 都需要选举出到达 SW 2 的根端口（也就是确定根路径）。按照图 2-3 中路径成本的计算方法，对于 SW 1 来说，从端口 Fa 0/1 到达根网桥的根路径成本是 19，计算方法是：端口 Fa 0/1 接收到根网桥发送的 BPDU 中根路径成本字段是 0，SW 1 将端口 Fa 0/1 的路径成本（带宽 100Mbit/s 的快速以太网链路，路径成本为 19）累加在上面，得到 Fa 0/1 的根路径成本为 0+19=19。

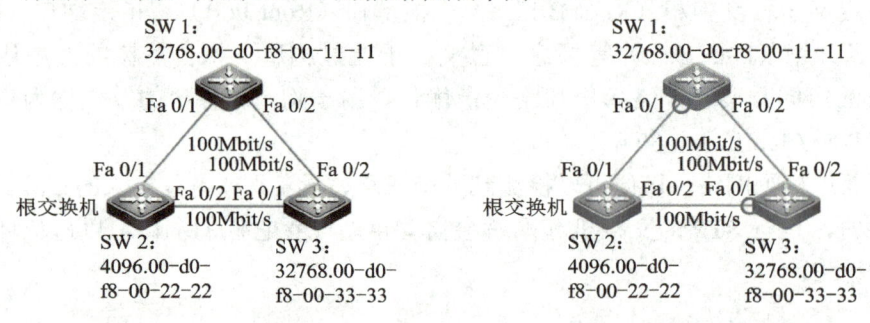

图 2-3　STP 选举根网桥　　　　图 2-4　STP 选举根端口

从端口 Fa 0/2 到达根网桥的根路径成本是 38，因为它收到 SW 3 发送的 BPDU 中根路径成本字段值已经是 19 了，再累加端口 Fa 0/2 的路径成本 19，得到最终的根路径成本为 19+19=38。通过比较端口 Fa 0/1 和端口 Fa 0/2 的根路径成本，Fa 0/1 将被选举为根端口。同理，SW 3 的 Fa 0/1 端口也会被选举成根端口。

如果一台非根交换机到达根网桥的多条根路径的成本相同，则比较从不同的根路径所收到 BPDU 中的发送网桥 ID 值，哪个端口收到的 BPDU 中发送网桥 ID 值较小，则哪个端口为根端口；如果发送网桥 ID 值也相同，则比较这些 BPDU 中的端口 ID 值，哪个端口收到的 BPDU 中端口 ID 值较小，则哪个端口为根端口。

**步骤 3** 选举指定端口。

下面需要在每个网段中选举一个指定端口。所谓指定端口，就是连接在某个网段上的一个桥接端口，它通过该网段既向根交换机发送流量，也从根交换机接收流量。桥接网络中的每个网段都必须有一个指定端口。选举指定端口的依据顺序如下：

① 根路径成本最小。

② 所在交换机的网桥 ID 值最小。

③ 端口 ID 值最小。

因此，根网桥上的每个活动端口都是指定端口，因为它的每个端口都具有最小根路径成本（实际是它的根路径成本为 0）。

如图 2-5 所示，根网桥 SW 2 上的活动端口 Fa 0/1 和 Fa 0/2 由于根路径成本为 0，都当选为指定端口；而连接 SW 1 和 SW 3 的网段情况复杂一些，该网段上两个端口的根路径成本都是 38（19+19=38），那么就需要比较网桥 ID 值了。SW 1 和 SW 3 的网桥优先级相同，但 SW 1 的 MAC 地址更小一些，所以 SW 1 的 Fa 0/2 端口会被选举为该网段的指定端口。

STP 的计算过程到这里就结束了。这时，只有在交换机 SW 3 上的 Fa 0/2 端口既不是根端口，也不是指定端口。

**步骤 4** 阻塞非根、非指定端口。

在网桥已经确定了根端口、指定端口和非根非指定端口后，STP 就准备开始创建一个无环拓扑了。

为创建一个无环拓扑，STP 配置根端口和指定端口转发流量，然后阻塞非根和非指定端口，形成逻辑上无环路的拓扑结构，最终的结果如图 2-6 所示。

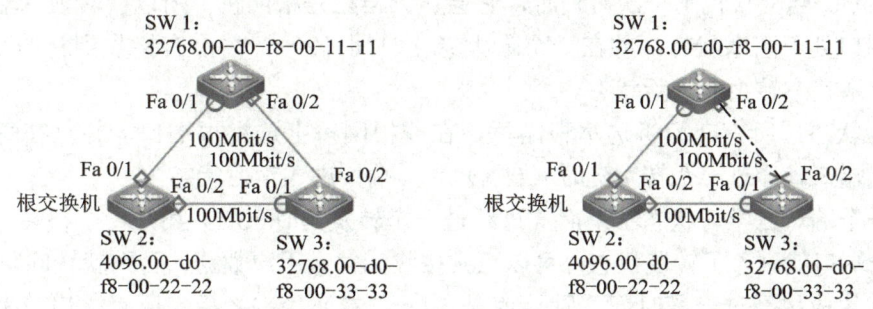

图 2-5 STP 选举指定端口　　　　图 2-6 STP 生成的无环路拓扑

此时，SW 1 和 SW 3 之间的链路为备份链路，当 SW 1 和 SW 2、SW 3 和 SW 2 之间的主链路正常时，这条链路处于逻辑断开状态，这样就将交换环路变成了逻辑上的无环拓扑。只有当主链路故障时，才会启用备份链路，以保证网络的连通性。

#### 2.5.1.3 生成树协议的端口状态

在 STP 中，正常的端口具有 4 种状态：阻塞（Blocking）、监听（Listening）、学习（Learning）和转发（Forwarding），端口就在这 4 种状态中变化，其过程如图 2-7 所示。

这 4 种端口状态的详细介绍如下：

1）阻塞：初始启用端口之后的状态。端口不能接收或者传输数据，不能把 MAC 地址加入地址表，只能接收 BPDU。如果检测到有一个交换环路，或者端口失去了它的根端口或者指定端口的状态，那么就会返回到阻塞状态。

2）监听：如果一个端口可以成为一个根端口或者指定端口，那么它就转入监听状态，既不能接收或者传输数据，也不能把 MAC 地址加入地址表，但可以接收和发送 BPDU。此时，端口参与根端口和指定端口的选举，因此，这个端口最终可能被允许成为一个根端口或指定端口。如果该端口失去根端口或指定端口的地位，那么它将返回到阻塞状态。

3）学习：在转发延时计时时间超时（默认 15 s）后，端口进入学习状态，此时端口不能传输数据，但可以发送和接收 BPDU，也可以学习 MAC 地址，并加入地址表。正因为如此，才使得交换机可以沉默一定的时间，处理有关地址表的信息。

4）转发：在下一次转发延时计时时间后，端口进入转发状态，此时端口能够发送和接收数据、学习 MAC 地址、发送和接收 BPDU。在生成树拓扑中，该端口至此才成为一个全功能的交换机端口。

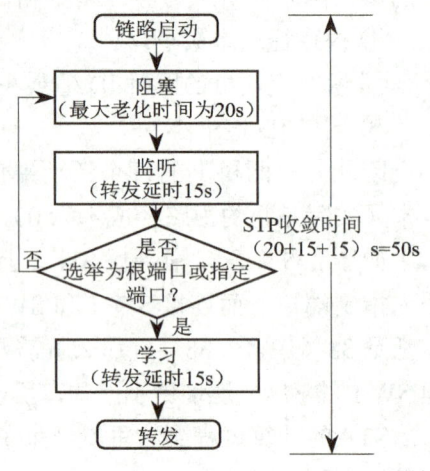

图 2-7　STP 流程图

除此之外，STP 中端口还有一个禁用（Disabled）状态，由网络管理员设定或因网络故障使系统的端口处于禁用状态。这个状态是比较特殊的状态，它并不是端口正常的 STP 状态。

当交换机加电启动后，所有的端口从初始化状态进入到阻塞状态，它们从这个状态开始监听 BPDU。当交换机第一次启动时，它会认为自己是根网桥，所以会转换为监听状态。如果一个端口处于阻塞状态，并在一个最大老化时间（20 s）内没有接收到新的 BPDU，端口也会从阻塞状态转换为监听状态。

在监听状态，所有交换机选举根网桥，在非根网桥上选举根端口，并且在每一个网段中选举指定端口。经过一个转发延时（15 s）后，端口进入学习状态。

如果一个端口在学习状态结束后（再经过一个转发延时 15 s）还是一个根端口或者指定端口，这个端口就进入了转发状态，可以正常接收和发送用户数据，否则就转回阻塞状态。

最后，生成树经过一段时间（默认值是 50 s 左右）稳定之后，所有端口或者进入转发状态，或者进入阻塞状态。STP BPDU 仍然会定时（默认每隔 2 s）从各个交换机的指定端口发出，以维护链路的状态。如果网络拓扑发生变化，生成树就会重新计算，端口状态也会随之改变。

### 2.5.1.4　生成树拓扑变更

如果一个交换网络中的所有交换机和网桥端口都处于阻塞状态或者转发状态时，这个交换网络就达到了收敛。转发端口发送并且接收数据通信和 BPDU，阻塞端口仅接收 BPDU。

当网络拓扑变更时，交换机必须重新计算 STP，端口的状态会发生改变，这样会中断用户通信，直至计算出一个重新收敛的 STP 拓扑。

发生变化的交换机会在它的根端口上每隔时间间隔（Hello Time）就发送 TCN BPDU（拓扑变化通知 BPDU），直到生成树上游的指定网桥邻居确认了该 TCN（拓扑变化通知）为止。当根网桥收到 TCN 后，会发送设置了 TC（Topology Change，拓扑改变）位的 BPDU，通知整个生成树拓扑结构发生了变化。图 2-8 展现了这个过程，下游交换机发现了拓扑改变后，会逐级向上汇报直至根网桥收到这个消息，然后根网桥再向全网内所有交换机通知拓扑的变更，图中的编号标识了各类消息发送的顺序。

所有的下游交换机得到拓扑改变的通知后，会把它们的地址表老化（Address Table Aging）计时器从默认值（300s）降为转发延时（默认为15 s），从而让不活动的 MAC 地址比正常情况下更快地从地址表更新掉。

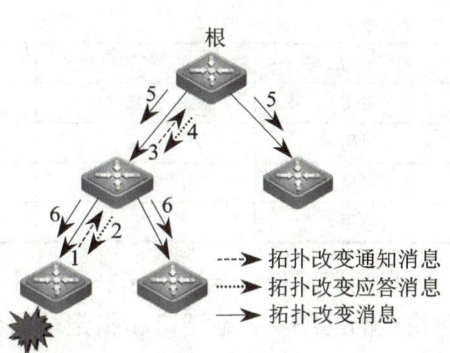

图 2-8　STP 拓扑变更

当拓扑发生变化时，新的配置消息要经过一定的时延才能传播到整个网络，这个时延就是15s 的转发延时（Forward Delay）。在所有网桥收到这个变化的消息之前，若旧拓扑结构中处于转发的端口还没有发现自己应该在新的拓扑中停止转发，则可能存在临时环路。为了解决临时环路的问题，生成树采用的是定时器策略，即在端口从阻塞状态到转发状态中间加上一个只学习 MAC 地址但不参与转发的中间状态——学习状态，两次状态切换的时间长度都是转发延时，这样就可以保证在拓扑变化的时候不会产生临时环路。但是，这个看似良好的解决方案实际上带来的却是至少两倍转发延时的收敛时间。

### 2.5.1.5　快速生成树协议

为了解决 STP 的重新收敛时间缺陷，IEEE 推出了802.1w 标准，作为对802.1d 标准的补充。在 IEEE 802.1w 标准中，定义了快速生成树协议（Rapid Spanning Tree Protocol，RSTP）。

快速生成树协议在物理拓扑变化或配置参数发生变化时，显著地减少了网络拓扑的重新收敛时间。除了根端口和指定端口外，快速生成树协议定义了两种新增加的端口角色——替代（Alternate）和备份（Backup），这两种新增的端口用于取代阻塞端口。替代端口为当前的根端口到根网桥的连接提供了替代路径；而备份端口则提供了到达同段网络的备份路径，是对一个网段的冗余连接。图 2-9 是各个端口角色的示意图，其中，RP 代表根端口；DP 代表指定端口；AP 代表替代端口；BP 代表备份端口。

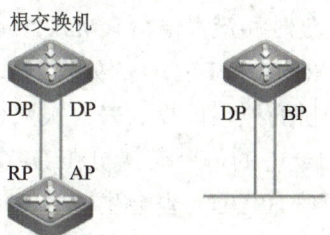

图 2-9　RSTP 中的端口角色

RSTP 只有3 种端口状态——丢弃（Discarding）、学习和转发。STP 中的禁用、阻塞和监听状态就对应了 RSTP 的丢弃状态。表 2-1 比较了 STP 和 RSTP 的端口状态。不过，生成树算法仍然是依据 BPDU 决定端口的角色。与 IEEE 802.1d 标准中对根端口的定义一样，到达根网桥最近的端口即为根端口。同样的，每个桥接网段上，通过比较 BPDU，选举出谁是指定端口。一个桥接网段上只能有一个指定端口。

表 2-1　STP 端口状态与 RSTP 端口状态比较

| 运行状态 | STP 端口状态 | RSTP 端口状态 | 在活动的拓扑中是否包含此状态 |
| --- | --- | --- | --- |
| 不可用 | 禁用 | 丢弃 | 否 |

（续）

| 运 行 状 态 | STP 端口状态 | RSTP 端口状态 | 在活动的拓扑中是否包含此状态 |
|---|---|---|---|
| 可用 | 阻塞 | 丢弃 | 否 |
| 可用 | 学习 | 丢弃 | 否 |
| 可用 | 学习 | 学习 | 是 |
| 可用 | 转发 | 转发 | 是 |

根端口或指定端口在拓扑结构中具有非常重要的作用，而替代端口或备份端口则不然。在稳定的网络中，根端口和指定端口处于转发状态，而替代端口及备份端口处于丢弃状态。

RSTP 可以主动地将端口立即转变为转发状态，而无须通过调整计时器的方式去缩短收敛时间。为了能够达到这种目的，就出现了两个新的变量：边缘端口（Edge Port）和链路类型（Link Type）。

边缘端口是指连接终端的端口。由于连接端工作站（而不是另一台交换机）是不可能导致交换环路的，因此这类端口就没有必要经过监听和学习状态，从而可以直接转变为转发状态。一旦边缘端口收到了 BPDU，它将立即转变为普通的 RSTP 端口。

链路类型是根据端口的双工模式来确定的。RSTP 快速转变为转发状态的这一特性同样可以在点到点链路上实现。由于全双工操作的端口被认为是点到点型的链路，半双工端口被认为是共享型链路，因此，RSTP 会将全双工操作的端口当成是点到点链路，从而达到快速收敛。

IEEE 802.1w 标准能够提供交换机故障、交换机端口或整个 LAN 快速恢复的特性，这是因为它依赖于一种有效的桥—桥握手机制，而不是 802.1d 中根桥所指定的计时器。RSTP 利用交换机不断发送 BPDU（按照 Hello Time）作为保持本地连接的方式，这就使 802.1d 的转发延时和最大寿命（Max Age）定时器变得多余。

RSTP 对 BPDU 的处理方式也和 IEEE 802.1d 有些不同，取代原先的 BPDU 中继方式（非根网桥的根端口收到来自根网桥的 BPDU 后，会重新生成一份 BPDU，向下游交换机发送），802.1w 中的每个交换机在 BPDU Hello Time（默认 2s）的时间里即使没有从根桥那里接收到任何 BPDU，也会生成 BPDU 发送出去。如果在连续 3 个 Hello Time 时间里没有收到任何 BPDU，那么 BPDU 信息将超时不被予以信任。因此，在 802.1w 中，BPDU 更像是一种保活（Keep Alive）机制，即如果连续 3 次未收到 BPDU，那么交换机将认为它丢失了到达相邻交换机根端口或指定端口的连接。BPDU 扮演了在网桥间进行消息通知的角色，这种快速老化的方式使得链路故障可以很快地被检测出来，以便进一步考虑快速故障检测和自我恢复。

图 2-10 所示是一个经过 RSTP 收敛后形成的无环网络结构，如果 SW 1 和 SW 2 之间的活动链路出现故障，那么备份链路就会立即产生作用，于是就形成了如图 2-11 所示的情况。如果 SW 2 和 SW 3 之间的活动链路也出现了故障，那么 SW 3 就会自动把替换端口变为根端口进入转发状态，这就形成了图 2-12 所示的情况。

在 RSTP 中，仅当非边缘端口转为转发状态时，拓扑结构才会发生改变，而 802.1d 中的连接丢失（如端口阻塞）则不会引起拓扑结构的变化。802.1w 中的拓扑结构变化通知与

802.1d 中的不同，它可以大大减少数据通信中断。在 802.1d 中，TCN 先单独传送给根桥，然后再多点传送到其他网桥。接收 802.1d TCN 将使网桥快速老化转发表格中的所有条目，而不考虑网桥转发拓扑结构是否受到了影响。RSTP 则恰恰相反，它明确通知网桥保留通过接收 TCN 端口所学习的条目，因而使这项工作得到了最优化。TCN 特性的这种改变，大大减少了在拓扑结构变化中丢失的 MAC 地址。

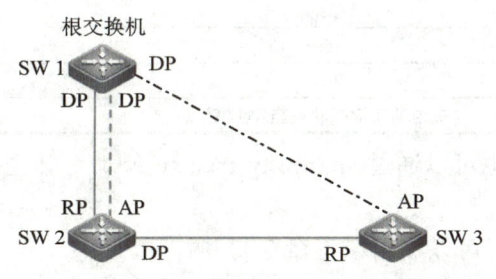

图 2-10　RSTP 收敛的网络拓扑　　　图 2-11　SW 1 和 SW 2 之间的活动链路故障

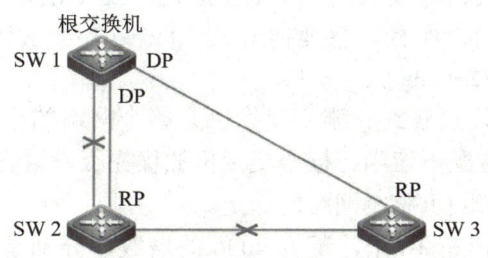

图 2-12　SW 2 和 SW 3 之间的活动链路故障

RSTP 在 STP 基础上作了三点重要改进，使得收敛速度变快（最快 1s 以内）。

1）为根端口和指定端口设置了快速切换用的替换端口（Alternate Port，AP）和备份端口（Backup Port，BP）两种角色。在根端口/指定端口失效的情况下，替换端口/备份端口就会无时延地进入转发状态。

2）在只连接了两个交换端口的点对点链路中，指定端口只需与下游网桥进行一次握手就可以无时延地进入转发状态。如果是连接了 3 个以上网桥的共享链路，下游网桥是不会响应上游指定端口发出的握手请求的，只是等待两倍转发延时时间进入转发状态。

3）直接与终端相连而不是把其他网桥相连的端口定义为边缘端口。边缘端口可以直接进入转发状态，不需要任何延时。由于网桥无法知道端口是否是直接与终端相连，所以需要人工配置。

## 2.5.1.6　STP 与 RSTP 的配置

配置生成树协议时，需要了解交换机中相关参数的默认值是多少，表 2-2 列出了生成树的默认配置。

表 2-2 生成树的默认配置

| 项　目 | 默　认　值 |
|---|---|
| Enable State | Disable，不打开 STP |
| STP Priority | 32768 |
| STP Port Priority | 128 |
| STP Port cost | 根据端口速率自动判断，计算方法为长整型 |
| Hello Time | 2s |
| Forward-delay Time | 15s |
| Max-age Time | 20s |
| Link Type | 根据端口双工状态自动判断 |

可以通过命令对这些参数进行配置修改，也可以通过 **spanning-tree reset** 命令让生成树参数恢复到默认配置。

锐捷交换机的默认状态是关闭生成树协议，可以使用以下命令将其打开。

Switch(config)#**spanning-tree**

如果要关闭生成树协议，可使用 **no spanning-tree** 全局配置命令进行设置。

锐捷交换机的默认生成树协议的类型是多生成树协议（Multiple Spanning Tree Protocol，MSTP），要配置 STP 或者 RSTP 时，需要使用下面的命令对生成树协议类型进行修改。

Switch(config)#**spanning-treemode** {*mstp*|*stp*|*rstp*}

配置交换机的优先级关系着到底哪个交换机为整个网络的根交换机，同时也关系到整个网络的拓扑结构。通常情况下应当把核心交换机的优先级设置得高些（数值小），使核心交换机成为根网桥，这样有利于整个网络的稳定。

交换机优先级的设置值有 16 个，都为 4096 的倍数，分别是 0、4096、8192、12288、16384、20480、24576、28672、32768、36864、40960、45056、49152、53248、57344 和 61440。默认值为 32768。

要配置交换机的优先级，需要在全局配置模式下运行以下命令：

Switch(config)#**spanning-tree priority**<0-61440>

如果要恢复到默认值，可用 no spanning-tree priority 全局配置命令进行设置。

当有两个端口都连在一个共享介质上时，交换机会选择一个高优先级（数值小）的端口进入转发状态，低优先级（数值大）的端口进入丢弃状态。如果两个端口的优先级一样，就选端口编号小的那个进入转发状态。

同交换机的优先级一样，可配置的端口优先级值也有 16 个，都为 16 的倍数，分别是 0、16、32、48、64、80、96、112、128、144、160、176、192、208、224 和 240。默认值为 128。

要配置端口的优先级，需要在接口配置模式下运行以下命令：

Switch(config-if)#**spanning-tree port-priority**<0-240>

如果要恢复到默认值，可用 no spanning-tree port-priority 端口配置命令进行设置。

交换机是根据哪个端口到根网桥的根路径成本最小来选定根端口的，因此，端口路径成本的设置关系到本交换机的哪个端口将成为根端口。端口路径成本的默认值是按端口的链路速率自动计算的，速率高的端口成本小。如果没有特别需要，可不必更改它，因为这样算出的路径成本最科学。

配置端口的路径成本可以在接口模式下运行下面的命令，取值范围为 1～200000000，默认值为根据端口的链路速率自动计算。

Switch(config-if)#**spanning-tree cost***cost*

如果要恢复到默认值，可用 **no spanning-tree cost** 端口配置命令进行设置。

当该端口路径成本为默认值时，交换机自动根据端口速率计算出该端口的路径成本。但 IEEE 802.1d 和 IEEE 802.1t 对相同的链路速率规定了不同的路径成本值，802.1d 的取值范围是短整型（short）（1～65535），802.1t 的取值范围是长整型（long）（1～200000000）。网络规划设计时一定要统一好整个网络内路径成本的标准。默认模式为长整型模式（IEEE 802.1t 模式）。

表 2-3 对比了这两种不同标准中的路径成本。

表 2-3  IEEE 802.1d 和 IEEE 802.1t 所规定的不同路径成本

| 端口速率 | 端口类型 | IEEE 802.1d | IEEE 802.1t |
|---|---|---|---|
| 10Mbit/s | 普通端口 | 100 | 2000000 |
|  | 聚合链路 | 95 | 1900000 |
| 100Mbit/s | 普通端口 | 19 | 200000 |
|  | 聚合链路 | 18 | 190000 |
| 1000Mbit/s | 普通端口 | 4 | 20000 |
|  | 聚合链路 | 3 | 19000 |

配置端口路径成本的默认计算方法可以在全局配置模式下运行下面的命令，设置值为长整型或短整型，默认值为长整型。

Switch(config)#**spanning-tree path-cost method** {*long*|*short*}

如果要恢复到默认值，可用 no spanning-tree pathcost method 全局配置命令进行设置。

配置时间间隔（Hello Time）是配置交换机定时发送 BPDU 报文的时间间隔，取值范围为 1～10s，默认值为 2s。

配置转发延时时间（Forward Delay Time）是配置端口状态改变的时间间隔，取值范围为 4～30s，默认值为 15s。

配置最大寿命时间（Max-age Time）是配置 BPDU 报文消息生存的最长时间，取值范围为 6～40s，默认值为 20s。

Hello Time、Forward Delay Time 和 Max Age Time 这 3 个值的范围是相关的，修改了其中一个会影响其他两个值的范围。这 3 个值之间有一个制约关系。

2 (Hello Time+1.0s) ≤ Max Age Time ≤ 2 (Forward Delay Time−1.0s)

不符合这个条件的值就设置不成功。

要配置这 3 个时间参数，可以在全局配置模式下运行以下命令：

Switch(config)#**spanning-tree hello-time**|**forward-time**|**max-age***seconds*

如果要恢复到默认值，可用 nospanning-tree hello-time|forward-time| max-age 全局配置命令进行设置。

需要注意的是，计时器的时间一般不需要改动，按照默认值配置即可。

配置该端口的连接类型是否是点到点连接，关系到 RSTP 是否能快速地收敛。当不设置该值时，交换机会根据端口的双工状态自动设置，全双工的端口链路类型设为点到点连接，半双工的端口链路类型设为共享连接。也可以强制将链路类型的端口连接设置为点到点连接。

配置该端口的连接类型时，默认值会根据端口双工状态来自动判断是不是点到点连接，可以运行以下命令：

Switch(config-if)#**spanning-tree link-type** {*point-to-poin|shared*}

如果要恢复到默认值，可用 no spanning-tree link-type 端口配置命令进行设置。

配置完成后，可在特权命令模式下运行以下命令查看交换机上运行的生成树实例状态，以检查配置是否正确。

Switch#**show spanning-tree**

也可以使用下面的命令显示交换机某个具体端口的生成树信息。

Switch#**show spanning-tree interface** *interface-id*

## 2.5.2 路由信息协议

### 2.5.2.1 路由信息协议概述

路由信息协议（RIP）是由施乐（Xerox）公司在 20 世纪 70 年代开发的，是应用较早、使用较普遍的内部网关协议（Interior Gateway Protocol，IGP），适用于小型同类网络，是典型的距离矢量（Distance-vector）路由协议。

RIP 最大的特点是，无论实现原理还是配置方法，都非常简单。它有时不能准确地选择最优路径，收敛的时间也略显长了一些，但对于小规模的、缺乏专业人员维护的网络来说，是首选的路由协议，我们看中的是它的简单性。

作为距离矢量路由协议，RIP 使用距离矢量来决定最优路径。具体来讲，就是提供跳数（Hop Count）作为尺度来衡量路由距离。跳数是一个报文从本结点到目的结点中途经的中转次数，也就是一个包到达目标所必须经过的路由器的数目。

RIP 路由表中的每一项都包含了最终目的地址、到目的结点的路径中的下一跳结点等信息。下一跳指的是本网上的报文欲通过本网络结点到达目的结点，如不能直接送达，则本结点应把此报文送到某个中转站点，此中转站点称为下一跳，这一中转过程称为跳（Hop）。

如果到相同目标有两个不等速或不同带宽的路由器，但跳数相同，则 RIP 认为两个路由是等距离的。RIP 最多支持的跳数为 15，即在源和目的网间所要经过的最多路由器的数目为 15，跳数 16 表示不可达。这样，对于超过 15 跳的大网络来说，RIP 就有局限性。

RIP 通过广播 UDP（使用端口 520）报文来交换路由信息，默认情况下，路由器每隔 30s 向与它相连的网络广播自己的路由表，接到广播的路由器将收到的信息添加至自身的路由表中。每个路由器都如此广播，最终网络上所有的路由器都会得知全部的路由信息。

广播更新的路由信息每经过一个路由器，就增加一个跳数。如果广播信息经过多个路由器到达，那么具有最低跳数的路径就是被选中的路径。如果首选的路径不能正常工作，那么其他具有次低跳数的路径（备份路径）将被启用。

RIP 使用一些时钟来保证它所维持的路由的有效性与及时性。但是对于 RIP 来说，一个不理想之处在于它需要相对较长的时间才能确认一个路由是否失效。RIP 至少需要经过 3min 的延时才能启动备份路由。这个时间对于大多数应用程序来说，都会出现超时错误，用户能明显地感觉出来系统出现了短暂的故障。

RIP 的另一个问题是，它在选择路由时不考虑链路的连接速度，而仅仅用跳数来衡量路径的长短。这就造成了在一个实际的网络中，采用快速以太网（100Mbit/s）连接的链路可能仅仅因为比 10Mbit/s 以太网链路多出 1 跳，致使 RIP 认为 10Mbit/s 链路为一条更优的路由，而实际上并非如此。

在一个稳定工作的 RIP 网络中，所有启用了 RIP 的路由器接口将周期性地发送全部路由更新。这个周期性发送路由更新的时间由更新计时器（Update Timer）控制，更新计时器超时的时间是 30s。

图 2-13 所示是一个 RIP 网络，每台路由器初始的路由表中只有自己的直连路由，当路由器 A 的更新计时器超时之后，即更新周期到达时，路由器 A 向外广播自己的路由表。这时路由器 A 发出的路由更新信息中只有直连网段的路由，其跳数在路由表中记录的基础上增加 1，也就是到达网段 1.0.0.0/8 和 2.0.0.0/8 的跳数为 1。

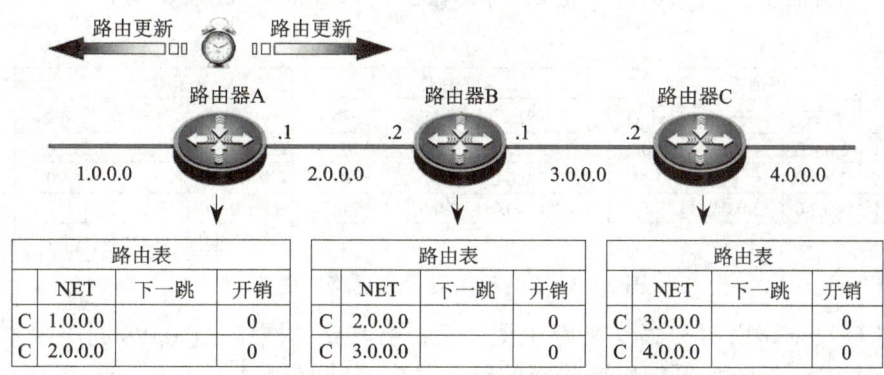

图 2-13  RIP 路由器 A 发送路由更新

路由器 B 将能够收到这个路由更新，它会把到达网络 1.0.0.0/8 添加到自己的路由表中，跳数为 1（和收到的更新中一致）。随后，路由器 B 的更新计时器也到达了更新时间，它同样会把自己的路由表向路由器 A 和 C 广播，如图 2-14 所示。此时，路由器 B 的路由更新信息中不再仅仅是直连路由，其跳数仍然是在路由表中记录的基础上增加 1，因此，到达网段 2.0.0.0/8 和 3.0.0.0/8 的跳数为 1，而到达网段 1.0.0.0/8 的跳数为 2。

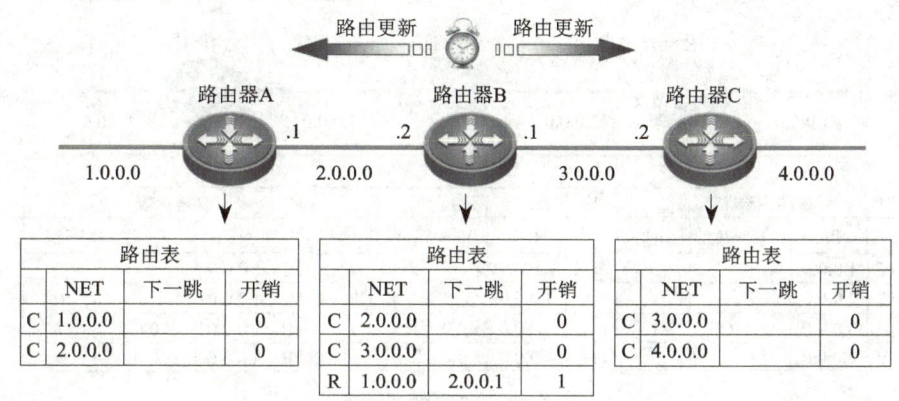

图 2-14  RIP 路由器 B 发送路由更新

路由器 C 收到路由表后同样会将到达网络 1.0.0.0/8 和 2.0.0.0/8 的路由添加到自己的路由表中，跳数分别是 2 和 1。而路由器 A 收到这个更新，会发现更新中通告的到达网段 1.0.0.0/24 的路由信息并不比自己路由表中的更优（更新中声明到达该网段跳数为 2，但自己路由表中为直连路由），但到达网段 3.0.0.0/8 的路由信息是自己所没有的，因此，只将网络 3.0.0.0/8 添加到自己的路由表中，跳数为 1。

待到路由器 C 的更新计时器超时后，它广播的路由更新将被路由器 B 所收到，如图 2-15 所示。路由器 C 的更新中，到达网段 3.0.0.0/8 和 4.0.0.0/8 的跳数为 1，到达网段 2.0.0.0/8 的跳数为 2，而到达网段 1.0.0.0/8 的跳数则增加到 3。

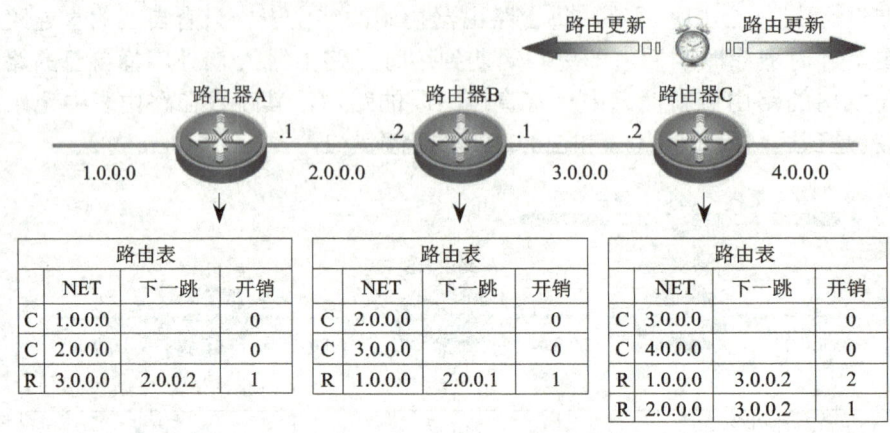

图 2-15　RIP 路由器 C 发送路由更新

路由器 B 收到路由器 C 发送的路由更新后，会将到达网络 4.0.0.0/8 的路由添加到自己的路由表中，并在下一个更新周期将新的路由表广播给路由器 A 和 C。这时，路由器 C 发现这个更新中没有自己所不知道的路由，或者比自己路由表中更优的路由，因此它会忽略这个更新；而路由器 A 则会将网络 4.0.0.0/8 添加到自己的路由表中，跳数为 2。

至此，这个 RIP 网络中所有的路由器都已经学习到了正确的路由，即这个 RIP 网络已经收敛完毕，如图 2-16 所示。在拓扑没有改变的情况下，路由器 A、B、C 以后每次更新发送的路由信息都将是完全相同的。

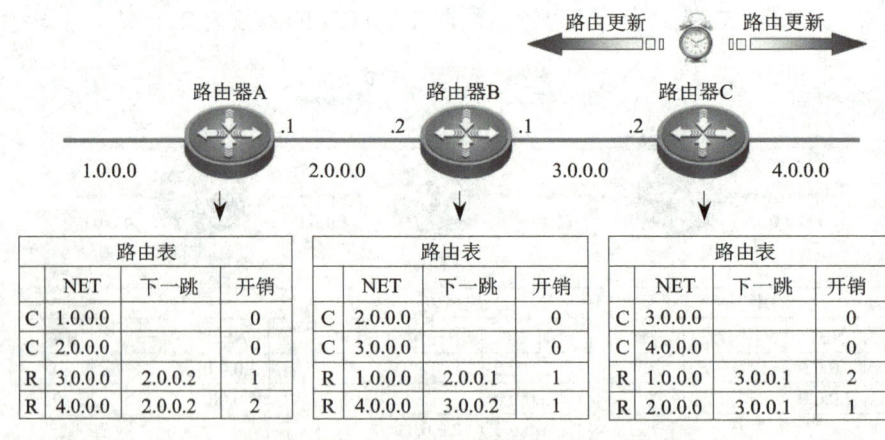

图 2-16　最终的路由表

注意：在比较大的基于 RIP 的自治系统中，所有路由器同时发出更新信息会产生非常大的流量，甚至会对正常的数据传输产生影响。因此，路由器和路由器交错进行更新会更理想一些，所以，每一次更新计时器被复位，一个小的随机变量（典型值在 5s 以内）都会附加到时钟上，让不同 RIP 路由器的更新周期在 25 ～ 35s 之间变化。

如果更新并没有如希望的一样出现，说明互连网络中的某个地方发生了故障或错误。

故障可能是简单地把包含更新内容的报文丢掉了，也可能是严重的路由器故障，或者是介于这两个极端事件之间的情况。显然，针对不同的故障应当采取不同的措施。仅仅因为更新报文丢失而作废一系列路由是不明智的（尤其是 RIP 为了减少开销，使用不可靠的 UDP 传输协议发送更新报文）。因此，当一个更新丢失时，不采取更正行为是合理的。为了帮助区别故障和错误的重要程度，RIP 使用多个计时器来标识无效路由。

路由器成功建立一条 RIP 路由条目后，将为它加上一个 180s 的无效计时器（Invalid Timer），也就是 6 倍的更新计时器时间。当路由器再次收到同一条路由信息的更新后，无效计时器会被重置为初始值 180s。如果在 180s 到期后还未收到针对该路由信息的更新，则该路由的度量将被标记为 16 跳，表示不可达。此时并不会将该路由条目从路由表中删除。

不过，无效的路由条目在路由表中的存在时间很短。一旦一条路由被标记为不可达，RIP 路由器会立即启动另外一个计时器——刷新计时器（Flush Timer，也称为清除计时器）。锐捷路由器中按照 RFC 1058 的规定将这个计时器的时间设置为 120s。一条路由进入无效状态时，刷新计时器就开始计时，超时后处于无效状态的路由将从路由表中删除。在此期间，即使路由条目保持在路由表中，报文也不能发送到那个条目的目的地址，因为这个目的地是无效的。

如果在刷新计时器超时之前收到了这条路由的更新信息，则路由会重新标记成有效，计时器也将清零。

当 RIP 路由器收到其他路由器发出的 RIP 路由更新报文时，它将开始处理附加在更新报文中的路由更新信息，可能遇到的情况有以下 3 种。

1）如果路由更新中的路由条目是新的，路由器则将新的路由连同通告路由器的地址（作为路由的下一跳地址）一起加入到自己的路由表中。这里通告路由器的地址可以从更新数据包的源地址字段读取。

2）如果目的网络的 RIP 路由已经在路由表中，那么只有在新的路由拥有更小的跳数时才能替换原来存在的路由条目。

3）如果目的网络的 RIP 路由已经在路由表中，但是路由更新通告的跳数大于或等于路由表中已记录的跳数，这时 RIP 路由器将判断这条更新是否来自于已记录条目的下一跳路由器（也就是来自于同一个通告路由器），使得该路由将被接受，然后路由器更新自己的路由表，重置更新计时器；否则这条路由将被忽略。图 2-17 所示是这个过程的流程图，从中可以清晰地看到这个接收更新路由的判断过程。

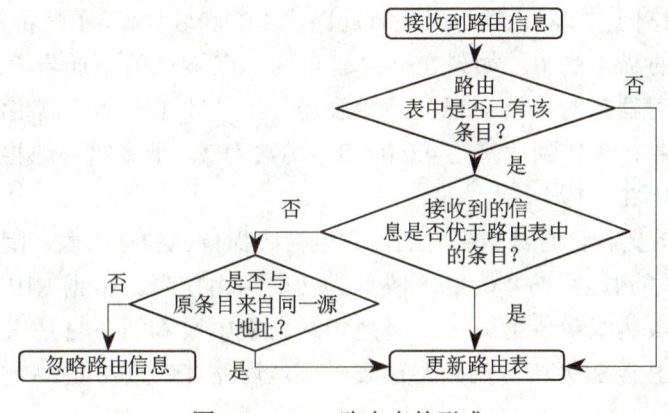

图 2-17　RIP 路由表的形成

距离矢量路由协议使用毒化路由的方法传播关于路由失效的坏消息。路由毒化也是路由更新的一个实例，但它的度量值是特殊的，称为无穷大。简单地说，路由器认为度量值为无穷大的路由信息代表该路由已经失效。注意：每种距离矢量路由协议都使用一个明确的度量值来代表无穷大，RIP 定义的无穷大为 16 跳。

图 2-18 所示是 RIP 的路由毒化的例子。当路由器 C 所连的 4.0.0.0/8 网络故障，即路由器 C 上关于 4.0.0.0/8 的路由失效后，它会首先把 4.0.0.0/8 的直连路由从路由表中移除，然后使用毒化路由的方式来发布这条更新。其余收到这条毒化路由的路由器，都会在路由表中将相应的路由项标记为度量值无穷大。

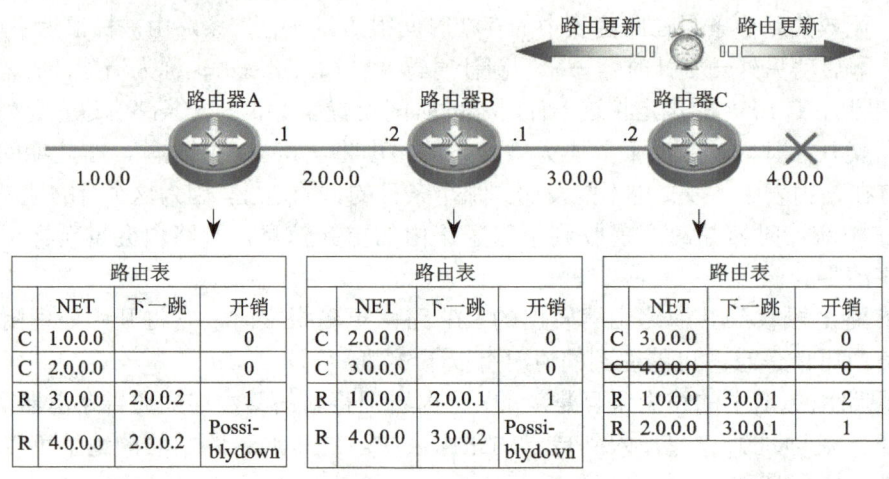

图 2-18　路由毒化

这里需要注意的是，尽管 RIP 使用度量值 16 对路由进行毒化，但是用 show ip route 命令并不会看到这个度量值，而是使用短语 "possibly down"（可能失效）来替代。

此外，任何一个低于无穷大的度量值都可以作为有效的度量用于有效的路由。在 RIP 中，15 跳的路由就是有效的路由。

路由毒化是防止路由环路进程的一个部分。当路由失效时，在网络中的每台路由器都知道和相信那条路由失效之前，距离矢量路由协议有可能会导致路由环路。

例如，在上面的例子中，路由器 C 发现直连路由 4.0.0.0/8 故障，于是将其从路由表中移除，然后向外通告相应的毒化路由。如果在路由器 C 将这条毒化路由通告给路由器 B 之前，路由器 B 恰好更新计时器超时，将自己的路由表通告给了路由器 A 和路由器 C，这时路由器 C 将认为可以通过路由器 B 到达网络 4.0.0.0/8，跳数为 2，于是错误地将这条路由添加到了自己的路由表中，如图 2-19 所示。

等到路由器 C 的更新计时器也超时后，它也会广播自己的路由表，因此，路由器 B 又从路由器 C 那里收到了到达网络 4.0.0.0/8 跳数为 2 的路由信息。根据 RIP 路由器更新路由表的原则，这条路由虽然度量值增大了，但是和路由表中原本的条目是来自于同一个源，应当接受，因此，路由器 B 更新自己的路由表，到达网络 4.0.0.0/8 的跳数成了 3，如图 2-20 所示。

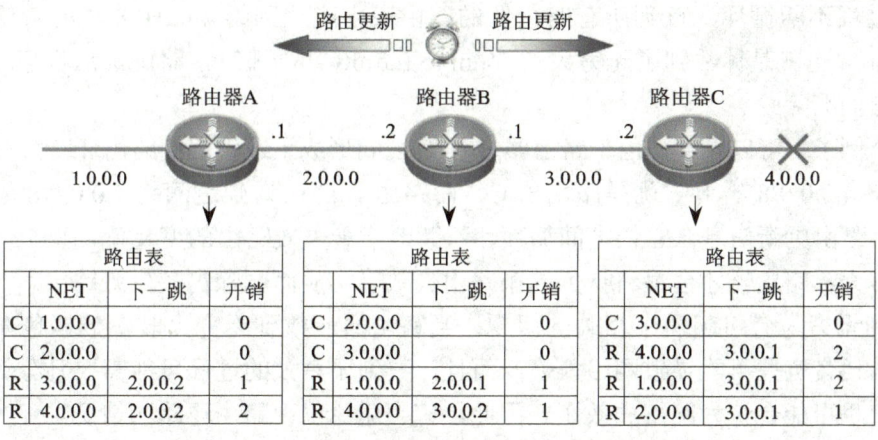

图 2-19 路由器 C 错误地构造了路由表

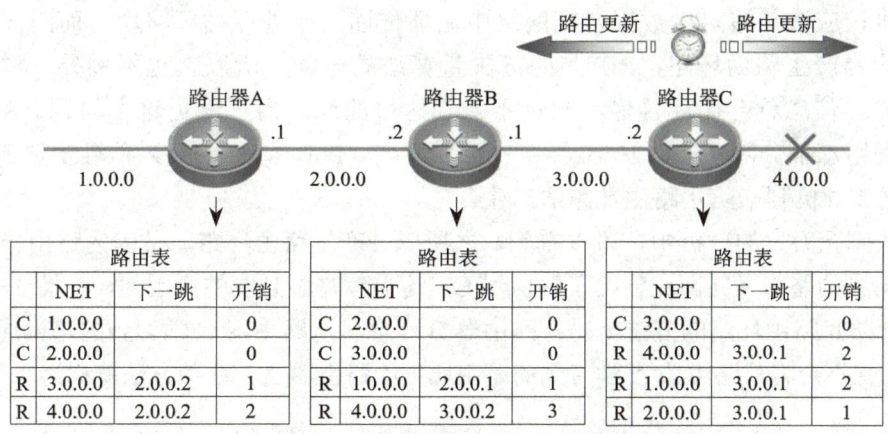

图 2-20 路由器 C 通告错误的路由更新信息

最后，等到路由器 B 的更新计时器超时后，它也向外广播了错误的路由更新信息，导致路由器 A 和 C 都将自己路由表中到达网络 4.0.0.0/8 的跳数更新成了 4，如图 2-21 所示。

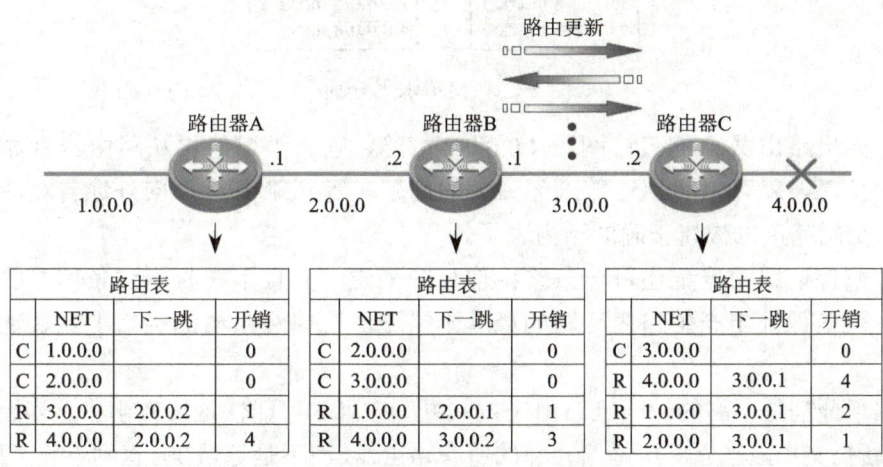

图 2-21 路由器计数到无穷大

这个过程不断循环，直到所有路由器的路由表中到达网络 4.0.0.0/8 的度量值都变成了 16 才会停止，也就是计数到了无穷大（Count to Infinity）。那时，路由信息将超时，会从路由表中把它们删除。

从这个例子中可以看到，由于路由器 B 和 C 之间形成了逻辑上的路由环路，路由器 B 认为到达网络 4.0.0.0/8 的下一跳是路由器 C，而路由器 C 认为到达网络 4.0.0.0/8 的下一跳是路由器 B。路由更新信息在它们之间循环，不断改变着失效路由的度量值，直至度量值缓慢增长至无穷大，路由器才会最终认为这条路由失效了，从而删除这条失效路由。

计数到无穷大会引起两个相关的问题：当路由器计数到无穷大时，数据包在网络上循环转发，消耗带宽并可能导致网络瘫痪；而且计数到无穷大的过程可能需要几分钟的时间，这期间用户也可能会认为网络失效了。因此，应当避免出现路由环路的情况。

#### 2.5.2.2 防止路由环路

路由协议应该能够阻止数据包在网络中循环传递，或进行循环路由。而距离矢量路由算法比较容易产生路由环路，RIP 是距离矢量算法的一种，所以它也不例外。如果网络上有路由环路，信息就会循环传递，永远不能到达目的地。为了避免这个问题，RIP 等距离矢量算法采用水平分割（Split Horizon）、毒性逆转（Poison Reverse）、触发更新（Trigger Update）这 3 种机制来防止路由环路的产生。

在计数到无穷大的分析中，可以看到，之所以会产生路由环路，是因为路由器 B 将从路由器 C 学习到的路由又向回通告给了路由器 C，这显然是不必要的。因此，在图 2-22 中，我们看到一个防止路由环路的方法就是：路由器 B 不会将从路由器 C 学习到的路由通告给路由器 C，同样也不会将从路由器 A 学习到的路由通告给路由器 A。这种方法就称为水平分割。

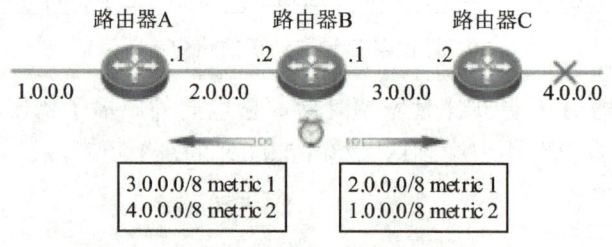

图 2-22　简单水平分割

这样，如果路由器 C 的直连网段 4.0.0.0/8 故障，它将不可能再从路由器 B 学习到达该网段的路由信息，就可以阻止计数到无穷大的问题。等到路由器 C 向外通告相应的毒化路由信息时，全网就可以构建正确的路由表了。

水平分割保证路由器记住每一条路由信息的来源，并且不在收到这条信息的接口上再次发送它。这是保证不产生路由环路的最基本措施。锐捷路由器的接口上默认地启用水平分割。

只有水平分割是不够的，一旦路由失效，更新应当尽可能快地发布出去。当路由表发生变化时，更新报文也应当立即广播给相邻的所有路由器，而不是等待 30s 直到下一个更新周期。这样，才能让每台路由器都尽快地学习到路由表的变化，以防止计数到无穷大的问题。

同样，当一个路由器刚启动 RIP 时，它广播请求报文。收到此广播的相邻路由器立即应答一个更新报文，而不必等到下一个更新周期。这样，网络拓扑的变化会最快地在网络上传播开，减少了路由循环产生的可能性。

RIP 使用一种称为触发更新的技术来加速收敛过程。触发更新是协议中的一个规则，它要求 RIP 路由器在改变一条路由度量时立即广播一条更新消息，而不管 30s 更新计时器还剩多少时间。这样，当路由失效时，会立即触发，发布毒化路由更新，以减少发生计数到无穷大的机会。

毒性逆转是指当路由器学习到一条毒化路由（度量值为 16）时，对这条路由忽略水平分割的规则，并通告毒化的路由。

例如，在图 2-23 中，路由器 C 失去了到网段 4.0.0.0/8 的连接，它会立即发送一个触发的部分更新，仅包含变化的信息，也就是 4.0.0.0/8 的毒化路由。路由器 B 会响应这个更新，修改自己的路由表，并立即回送（触发）包含 4.0.0.0/8、度量值为 16 的更新，这就是毒性逆转。

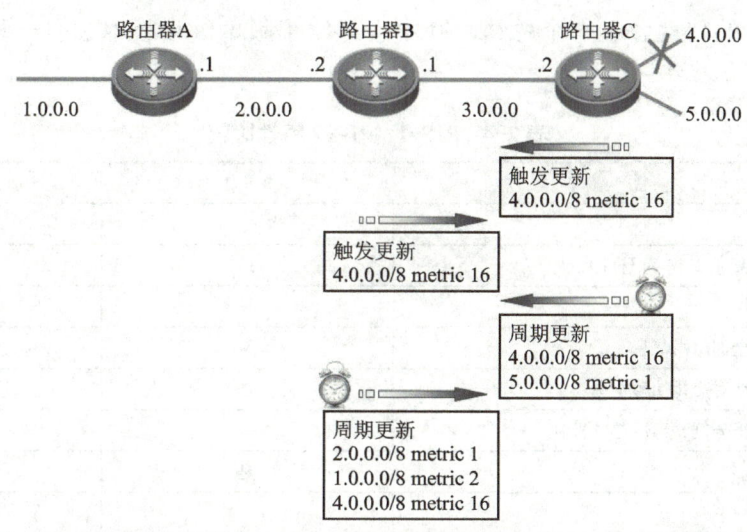

图 2-23　触发更新和毒性逆转

到了路由器 C 的下一个更新周期，它会通告所有路由，包括 4.0.0.0/8 的毒化路由。同样的，在路由器 B 到达下一个更新周期时，也会通告包括 4.0.0.0/8 的毒性逆转路由在内的所有路由。

路由器 C 通告的毒化路由不被认为是毒性逆转路由，因为它本来就应当通告这条路由。而路由器 B 通告的毒化路由则被认为是毒性逆转路由，因为它把这条路由又通告给了路由器 C，这条失效路由原本就是从那里学习到的。

### 2.5.2.3　RIP 版本

在 TCP/IP 的历史上，第一个 IP 网络使用的动态路由协议就是 RIP 版本 1（RIPv1），因为当时 RIPv1 是第一个也是唯一的一个路由协议。随着时间的推移，路由器更加强大，CPU 更快，内存更大，传输速率也越来越快，所有这些推进了更高级的路由算法和路由协议的发展，如 OSPF（Open Shortest Path First，开放式最短路径优先）等。同时，其他的开发者则增强了 RIP 的标准，称为 RIP 版本 2（RIPv2）。

RIPv1 使用广播的方式发送路由更新，而且不支持 VLSM，因为它的路由更新信息中不携带子网掩码，所以 RIPv1 没有办法来传送不同网络中变长子网掩码的详细信息。因此，RIPv1 是一个有类路由协议。

RIPv2 没有完全更改 RIPv1 的内容，只是增加了一些高级功能，这些新特性使 RIPv2 可以将更多的信息加入路由更新中。

RIPv1 不支持 VLSM，使得用户不能通过划分更小网络地址的方法来更高效地使用有限的 IP 地址空间。RIPv2 对此作了改进，在每一条路由信息中加入了子网掩码，所以 RIPv2 是无类的路由协议。

此外，RIPv2 发送更新报文的方式为组播，组播地址为 224.0.0.9（代表所有的 RIPv2 路由器）。

RIPv2 还支持认证，这可以让路由器确认它所学到的路由信息来自于合法的邻居路由器。

下面对 RIP 的特性做了一个总结，其中也对比了版本 1 和版本 2 的一些不同之处，见表 2-4。

表 2-4　RIPv1、RIPv2 特性比较

| 特　　性 | RIPv1 | RIPv2 |
| --- | --- | --- |
| 采用跳数为度量值 | 是 | 是 |
| 15 是最大的有效度量值，16 为无穷大 | 是 | 是 |
| 默认 30s 更新周期 | 是 | 是 |
| 周期性更新时发送全部路由信息 | 是 | 是 |
| 拓扑改变时发送只针对变化的触发更新 | 是 | 是 |
| 使用路由毒化、水平分割、毒性逆转机制 | 是 | 是 |
| 使用抑制计时器 | 是 | 是 |
| 发送更新的方式 | 广播 | 组播 |
| 使用 UDP 520 端口发送报文 | 是 | 是 |
| 更新中携带子网掩码，支持 VLSM | 否 | 是 |
| 支持认证 | 否 | 是 |

#### 2.5.2.4　RIP 的配置

RIP 的配置比较简单，启用 RIP 只需要执行两条命令即可。

1）router rip。

2）network network-number。

路由器要运行 RIP，首先需要创建 RIP 路由进程，并定义与 RIP 路由进程关联的网络。router rip 命令可以创建 RIP 路由进程，使用户从全局配置模式进入 RIP 配置模式，提示符为 Router (config-router) #。然后使用 network 命令定义关联网络，关联网络有两层意思：① RIP 只对外通告关联网络的路由信息。② RIP 只向关联网络所属接口通告路由信息。

## 项目 2 构建单核心企业网络

也就是说，network 命令告诉路由器哪个接口开始使用 RIP，然后从这个接口发送路由更新，通告这个接口直连的网络，并从这个接口监听从其他路由器发来的 RIP 更新。

需要注意的是，network 命令需要一个有类网络号（没有子网掩码），即 A、B、C 三类网络（版本 1 和版本 2 都是如此）。如果在 network 命令中使用了一个子网号或者一个 IP 地址，路由器也会接受这个命令，但会修改 network 命令为 A、B、C 三类网络号。

下面看一下，从特权命令模式开始，如何在锐捷路由器上进行 RIP 的配置。

1）Router#configure terminal：进入全局配置模式。

2）Router (config) # **router rip**：创建 RIP 路由进程。

3）router (config-router) # **network** *network- number*：定义关联网络。

4）Router (config-router) # **version** {**1**|**2**}（可选）：定义 RIP 的版本。

默认情况下，锐捷路由器上启用 RIP 后就可以接收 RIPv1 和 RIPv2 的数据包，但是只发送 RIPv1 的数据包。如果要配置软件只接收和发送指定版本的数据包，例如只接收和发送 RIPv1 的数据包，或者只接收和发送 RIPv2 的数据包，就需要使用 version 命令进行配置。

5）Router (config-router) # **no auto-summary**（RIPv2 可选）：关闭路由自动汇总。

RIP 路由自动汇总是指当子网路由穿越有类网络边界时，将自动汇总成有类网络路由。RIPv2 默认进行路由自动汇聚，RIPv1 不支持该功能。

RIPv2 路由自动汇总的功能，提高了网络的伸缩性和有效性。如果有汇总路由存在，在路由表中将看不到包含在汇总路由内的子路由，这样可以大大缩小路由表的规模。

通告汇总路由会比通告单独的每条路由更有效率，主要有以下原因：

① 当查找 RIP 数据库时，汇总路由会得到优先处理。

② 当查找 RIP 数据库时，忽略子网路由可以减少处理时间。

不过，当网络中全部采用 VLSM 来划分子网时，可能希望学到具体的子网路由，而不愿意只看到汇总后的网络路由，这时需要使用 no auto-summary 命令关闭路由自动汇总功能。

6）Router (config-router) # **timers basci update invalid flush**（可选）：修改 RIP 定时器。

RIP 提供了时钟调整的功能，可以根据网络的具体情况进行时钟调整，使 RIP 能够运行得更好。

默认情况下，更新时间为 30s，无效时间为 180s，刷新时间为 120s。通过调整以上时钟，可能会加快路由协议的收敛时间以及故障恢复时间。

需要注意的是，连接在同一网络上的设备，RIP 时钟值一定要一致。

7）Router (config-if) # **no ip split-horizon**（可选）：关闭水平分割。

在 RIP 中，默认是打开水平分割的。如果需要关闭，则可以在接口模式下使用 no ip split-horizon 命令关闭该接口上的水平分割功能。相应地，ip split-horizon 命令用于打开水平分割。

8）配置完成后，可以使用如下命令进行检查，查看 RIP 的配置是否正确。

Router#**show running-config**

可以使用如下命令，查看路由表中是否正确地学习到了 RIP 路由。

Router#**show ip route**

### 2.5.2.5 单播更新和被动接口

在如图 2-24 所示的拓扑图中，3 台路由器连接在一个广播网络上，默认情况下，每台路由器都会发出广播的更新报文，并且这些更新报文都能够被其他的路由器接收。

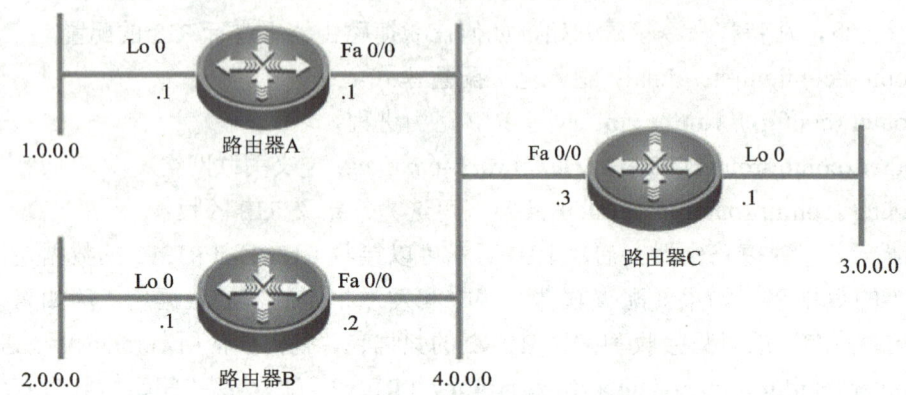

图 2-24　配置单播更新和被动接口拓扑图

如果希望 RIP 路由器的某个接口仅仅学习 RIP 路由，并不进行 RIP 路由通告，可以通过配置 RIP 被动接口来实现，方法是在 RIP 配置模式中使用如下命令：

Router(config-router)#**passive-interface** {**default** |*interface-type interface-num*}

被动接口接收到 RIP 更新请求后，不会进行响应，但在收到非 RIP（如路由诊断程序等）请求后，会进行响应，因为这些请求程序希望了解所有设备的路由情况。

RIP 报文通常是广播的，但有时需要限制一个接口通告广播时的路由更新报文，以实现更灵活的 RIP 工作方式。例如，在这个拓扑中想要实现路由器 A 发出的更新报文只能被路由器 B 所接收，而不能被路由器 C 所收到，那么可以在配置了被动接口的情况下，配合以 RIP 报文单播更新来实现。

配置单播更新的方法是在 RIP 配置模式中使用如下命令：

Router(config-router)# **neighbor** *ip-address*

如果 RIP 路由信息需要通过非广播网络传输，也需要配置 RIP 的单播更新，以便支持 RIP 利用单播通告路由信息更新报文。

### 2.5.2.6　**RIP 的检验与排错**

可以在路由器上使用一些命令进行 RIP 的检验与排错。

对一个路由协议进行排错，最重要的命令就是 show ip route。这个命令显示路由器的 IP 路由表内容，包括当前用做转发数据包的所有路由。通过查看路由表，可以知道路由协议是否如希望地正确工作。

另外，show running-config 命令也经常被使用，用于检查路由器的整体配置是否正确。

除此之外，还可以使用下面这几个非常有用的命令，有针对性地检查 RIP 和接口的配置情况。

1）show ip rip。

2）show ip rip database。

3）show ip interface brief。

这些命令的输出结果可以提供大量信息。通过这些命令可以看到 RIP 进程是否已经正确运行，关联接口是否激活，计时器是否合适等重要信息。

show ip interface brief 命令可以罗列出路由器上所有接口的状态。如果想要获得各个接口的详细信息，可以使用 **show interface** 命令获得接口的 IP 地址、描述和大量的统计结果等，但最重要的还是接口的状态。

debug 命令是一个调试排错命令，它具有很多选项，RIP 只是其中之一。debug 命令的作用是让路由器执行以下动作。

1）监视内部过程（如 RIP 发送和接收的更新）。

2）当某些进程发生一些事件后，产生日志信息。

3）持续产生日志信息，直到用 no debug 命令关闭。

当发现路由协议不能正常工作时，可以用 debug 命令观察它的内部工作过程，以便发现存在的问题。例如，是否正确发送了路由更新，能否接收到路由更新等，然后找出原因。

调试排错结束后，应当关闭 debug。由于 debug 非常消耗路由器资源，在一个生产性网络里面要尽量少使用，并且一定要及时关闭。要关闭 debug，可以使用相同的 debug 命令和参数，前面加上 no 即可。例如，要关闭 debug ip rip，可以使用 no debug ip rip 命令。也可以使用 no debug all 命令，关闭所有正在进行中的 debug 命令。

## 2.5.3　Linux 操作系统

### 2.5.3.1　Linux 操作系统概述

Linux 操作系统核心最早是由芬兰的 Linus Torvalds 于 1991 年 8 月在芬兰赫尔辛基大学上学时发布的，后来经过众多世界顶尖的软件工程师的不断修改和完善，得以在全球普及开来。Linux 在服务器领域及个人桌面版得到越来越多的应用，在嵌入式开发方面更是具有其他操作系统无可比拟的优势。每年 100% 的用户递增量显示了 Linux 强大的力量。

Linux 是一套免费的 32 位多用户多进程的操作系统，运行方式与 UNIX 系统很像，但 Linux 系统的稳定性、多工能力与网络功能是许多商业操作系统无法比拟的。Linux 最大的特色在于源代码完全公开，在符合 GNU GPL（General Public License，通用公共许可证）的原则下，任何人皆可自由取得、发布，甚至修改源代码。

与其他操作系统相比，Linux 还具有以下特点。

1）采用阶层式目录结构，文件归类清楚，容易管理。

2）支持多种文件系统，如 Ext2FS、ISOFS，以及 Windows 的文件系统 FAT 16、FAT 32、NTFS 等。

3）具有可移植性。系统核心只有小于 10% 的源代码采用汇编语言编写，其余均是采用 C 语言编写，因此具备高度可移植性。

4）可与其他的操作系统如 Windows 98、Windows 2000、Windows XP 等并存于同一台计算机上。

就 Linux 的本质来说，它只是操作系统的核心，负责控制硬件、管理文件系统、程序进程等。Linux Kernel（内核）并不负责提供用户强大的应用程序，没有编译器、系统管理工具、网络工具、Office 套件、多媒体、绘图软件等，这样的系统也就无法发挥其强大功能，用户也无法利用这个系统工作。因此，有人便提出以 Linux Kernel 为核心再集成搭配各式各样的系统程序或应用工具程序组成一套完整的操作系统，经过如此组合的 Linux 套件即称为 Linux 发行版。

国外封装的 Linux 以 Red Hat（又称为"红帽 Linux"）、OpenLinux、SuSE、TurboLinux 等最为成功。

Red Hat 是个商业气息颇为浓厚的公司，不仅展现开创 Linux 商业软件的企图心，而且于 1999 年在美国科技股为主的纳斯达克成功上市，Red Hat 渐渐成为 Linux 商业界龙头。

Red Hat 是目前销售量最高、安装最简便、最适合初学者的 Linux 发行版，也是目前世界上最流行的 Linux 发行套件。它的市场营销、包装及服务做得相当不错。Red Hat 自行开发了 RPM 套件管理程序及 X 桌面环境 Gnome 的众多软件，并将其源代码回馈给 Open Source Community（开放源代码社区）。

也正是因为 Red Hat 的方便性，安装程序将系统的构架或软件安装方式全部做了包装，用户学到的都是 GUI 界面（图形用户界面）上输入一些设置值的粗浅知识，至于软件安装了哪些文件，以及安装到了哪个文件目录下，系统做了哪些设置等，使用者则一无所知。因此，一旦系统程序发生问题时，要解决问题也就比较困难。

Caldera 将 OpenLinux 这套系统定位为容易使用与设置的发行版，以集成使用环境与最终用户办公环境，容易安装、使用与简便管理为系统目标，有望成为最流行的公司团体台式 Linux 操作系统，适合初学者使用，全部安装需要 1GB 的硬盘空间。

Caldera 有自行研发的图形界面的安装程序向导，安装过程中可以玩游戏俄罗斯方块，提供完整的 KDE 桌面环境，附赠功能强大的商业软件，如 StarOffice、图形界面的硬盘分割工具 Partition Magic 等。

SuSE 是欧洲最流行的 Linux 发行版，而且 SuSE 是软件国际化的先驱，让软件支持各国语系，贡献颇丰。SuSE 也是用 RPM 作为软件安装管理程序，不过 SuSE 并不适合新手使用。SuSE 提供了非常多的工具软件，全部安装需 4.5GB 的硬盘空间，安装过程也较为复杂。

TurboLinux 是日本制作的 Linux 发行版，其最大特色便是以日文版、中文简/繁体版、英文版 3 种形式发行，对软件国际化的推动经验丰富。TurboLinux 安装的简易性与系统设置的难度与 Red Hat 差不多，且安装界面是汉化的，又因系统本身支持中文简体，故在中国国内有广大的用户群。

国内 Linux 发行版做得相对比较成功的是红旗和中软两个版本，其界面做得都非常美观，安装也比较容易，新版本逐渐屏蔽了一些底层的操作，适合于新手使用。这两个版本都是源于中国科学院软件研究所承担的国家 863 计划的 Linux 项目，但无论稳定性与兼容性与国外的版本相比都有一定的差距，操作界面与习惯与 Windows 很像，提供一定技术支持和售后服务，适宜于国内做低价的操作系统解决方案。

CentOS（Community ENTerprise Operating System）是 Linux 发行版之一，它是由来自于 Red Hat Enterprise Linux 依照开放源代码规定释出的源代码编译而成的。由于出自同样的源代码，因此有些要求高度稳定性的服务器以 CentOS 替代商业版的 Red Hat Enterprise Linux 使用。两者的不同在于 CentOS 并不包含封闭源代码软件。

CentOS 具有以下特点：

1）可以把 CentOS 理解为 Red Hat AS 系列，它完全就是对 Red Hat AS 进行改进后发布的，各种操作、使用和 Red Hat 没有区别。

2）CentOS 完全免费，不存在 Red Hat 需要序列号的问题。

3）CentOS 独有的 yum 命令支持在线升级，可以即时更新系统，不像 Red Hat 那样，需要购买支持服务。

4）CentOS 修正了许多 Red Hat 的 BUG。

CentOS 3.1 版本等同于 Red Hat AS3 Update1 版本，CentOS 3.4 版本等同于 Red Hat AS3 Update4 版本，CentOS 4.0 版本等同于 Red Hat AS4 版本。

### 2.5.3.2 网络配置管理

在 Linux 系统中，TCP/IP 网络是通过若干文本文件进行配置的，也许需要编辑这些文件来完成联网工作，但是这些配置文件大都可以通过配置命令 linuxconf 来实现（其中网络部分的配置可以通过 netconf 命令来实现）。下面介绍基本的 TCP/IP 网络配置文件。

（1）"/etc/HOSTNAME" 文件

该文件包含了系统的主机名称，包括完全的域名，如 deep.openarch.com。

（2）"/etc/sysconfig/network-scripts/ifcfg-ethN" 文件

在 Red Hat 中，系统网络设备的配置文件保存在 "/etc/sysconfig/network-scripts" 目录下，ifcfg-eth0 包含第一块网卡的配置信息，ifcfg-eth1 包含第二块网卡的配置信息。

"/etc/sysconfig/network-scripts/ifcfg-eth0" 文件示例如下：

```
DEVICE=eth0
IPADDR=208.164.186.1
NETMASK=255.255.255.0
NETWORK=208.164.186.0
BROADCAST=208.164.186.255
ONBOOT=yes
BOOTPROTO=none
USERCTL=no
```

若希望手工修改网络地址或在新的接口上增加新的网络界面，可以通过修改对应的文件（ifcfg-ethN）或创建新的文件来实现。

```
DEVICE=name              #name 表示物理设备的名字
IPADDR=addr              #addr 表示赋给该卡的 IP 地址
NETMASK=mask             #mask 表示网络掩码
NETWORK=addr             #addr 表示网络地址
BROADCAST=addr           #addr 表示广播地址
ONBOOT=yes/no            # 启动时是否激活该卡
none：无须启动协议
bootp：使用 bootp 协议
dhcp：使用 dhcp 协议
USERCTL=yes/no           # 是否允许非 root 用户控制该设备
```

（3）"/etc/resolv.conf"文件

该文件是由域名解析器（resolver，一个根据主机名解析 IP 地址的库）使用的配置文件。"/etc/resolv.conf"文件示例如下：

```
search openarch.com
nameserver 208.164.186.1
nameserver 208.164.186.2
```

其中，"search domainname.com"表示当提供了一个不包括完全域名的主机名时，在该主机名后添加 domainname.com 的后缀；"nameserver"表示解析域名时使用该地址指定的主机为域名服务器。域名服务器是按照文件中出现的顺序来查询的。

（4）"/etc/host.conf"文件

该文件指定如何解析主机名。Linux 通过解析器库来获得主机名对应的 IP 地址。"/etc/host.conf"文件示例如下：

```
order bind,hosts
multi on
ospoof on
```

其中，"order bind,hosts"指定主机名查询顺序。这里规定先使用 DNS 来解析域名，然后再查询"/etc/hosts"文件（也可以相反）。"multi on"指定是否"/etc/hosts"文件中指定的主机可以有多个地址，拥有多个 IP 地址的主机一般称为多穴主机。"nospoof on"指不允许对该服务器进行 IP 地址欺骗。IP 欺骗是一种攻击系统安全的手段，通过把 IP 地址伪装成别的计算机来取得其他计算机的信任。

（5）"/etc/sysconfig/network"文件

该文件用来指定服务器上的网络配置信息。"/etc/sysconfig/network"文件示例如下：

```
NETWORK=yes
RORWARD_IPV4=yes
HOSTNAME=deep.openarch.com
GAREWAY=0.0.0.0
GATEWAYDEV=
NETWORK=yes/no                              # 网络是否被配置
```

```
FORWARD_IPV4=yes/no              # 是否开启 IP 转发功能
HOSTNAME=hostname hostname       # 表示服务器的主机名
GAREWAY=gw-ip                    gw-ip# 表示网络网关的 IP 地址
GAREWAYDEV=gw-dev                #gw-dw 表示网关的设备名，如 etho 等
```

为了和老版本的软件相兼容，"/etc/HOSTNAME"文件应该用与 HOSTNAME=hostname 相同的主机名。

（6）"/etc/hosts"文件

当机器启动时，在可以查询 DNS 以前，机器需要查询一些主机名到 IP 地址的匹配。这些匹配信息存放在"/etc/hosts"文件中。在没有域名服务器情况下，系统上的所有网络程序都通过查询该文件来解析对应于某个主机名的 IP 地址。"/etc/hosts"文件示例如下：

```
IP Address        Hostname                  Alias
127.0.0.1         Localhost                 Gate.openarch.com
208.164.186.1     gate.openarch.com Gate
```

最左边一列是主机 IP 信息，中间一列是主机名，最后面的列是该主机的别名。一旦配置完机器的网络配置文件，应该重新启动网络以使修改生效。使用 /etc/rc.d/init.d/network restart 命令可以重新启动网络。

（7）"/etc/hosts.allow"文件

对于 Telnet、FTP 等服务，如果将其一同关闭，那么对于管理员需要远程管理时，将非常不方便。Linux 提供另外一种更为灵活和有效的方法来实现对服务请求用户的限制，从而可以在保证安全性的基础上，使可信任用户使用各种服务。Linux 提供了一个称为 TCP wrapper 的程序。在大多数发布版本中，该程序往往是默认被安装的。利用 TCP wrapper，可以限制用户访问前面提到的某些服务。而且 TCP wrapper 的记录文件记录了所有企图访问系统的行为。通过 last 命令查看该程序的 log，管理员可以获知谁曾经或者企图连接系统。

在 /etc 目录下，有两个文件：hosts.deny 和 hosts.allow。通过配置这两个文件，可以指定哪些机器可以使用这些服务，哪些不可以使用这些服务。

当服务请求到达服务器时，TCP wrapper 就按照下列顺序查询这两个文件，直到遇到一个匹配为止。

1）当在 /etc/hosts.allow 中有一项与请求服务的主机地址项匹配，那么就允许该主机获取该项服务。

2）如果在 /etc/hosts.deny 中有一项与请求服务的主机地址项匹配，就禁止该主机使用该项服务。

3）如果相应的配置文件不存在，访问控制软件就认为是一个空文件，所以可以通过删除或者移走配置文件实现清除所有设置的目的。在文件中，空白行或者以 # 开头的行被忽略，可以通过在行前加#实现注释功能。

配置这两个文件是通过一种简单的访问控制语言来实现的，访问控制语句的基本格式为
程序名列表：主机名/IP 地址列表

程序名列表指定一个或者多个提供相应服务的程序的名字，名字之间用逗号或者空格分割，可以在 inetd.conf 文件中查看提供相应服务的程序名。例如，在上面的文件示例中，telent 所在行的最后一项就是所需的程序名：in.telnetd。

主机名/IP 地址列表指定允许或者禁止使用该服务的一个或者多个主机的标识，主机名之间用逗号或空格分隔。程序名和主机地址都可以使用通配符，方便地指定多项服务和多个主机。

Linux 提供了以下几种灵活的方式指定进程或者主机列表。

1）一个以"."起始的域名串，如 .amms.ac.cn，与 www.amms.ac.cn 这一项匹配。

2）以"."结尾的 IP 串，如 202.37.152.，IP 地址包括 202.37.152. 的主机都与这一项匹配。

3）"n.n.n.n/m.m.m.m"格式表示网络/掩码，如果请求服务的主机的 IP 地址和掩码的位与的结果等于 n.n.n.n，那么该主机与该项匹配。

4）ALL 表示匹配所有可能性。

5）EXPECT 表示除去后面所定义的主机。例如，list_1 EXCEPT list_2 表示 list_1 主机列表中除去 List_2 所列出的主机。

6）LOCAL 表示匹配所有主机名中不包含"."的主机。

以上方式只是 Linux 提供的方式中的几种，但对于一般应用来说是足够了。下面通过一个例子来说明这个问题。

假设只希望允许同一个局域网的机器使用服务器的 FTP 功能，而禁止广域网上面的 FTP 服务请求，本地局域网由 202.39.154.、202.39.153. 和 202.39.152. 这 3 个网段组成。

在 hosts.deny 文件中，定义禁止所有机器请求所有服务。

ALL:ALL

在 hosts.allow 文件中，定义只允许局域网访问 FTP 功能。

in.ftpd -l –a: 202.39.154 202.39.153. 202.39.152.

这样，当非局域网的机器请求 FTP 服务时，就会被拒绝。而局域网的机器可以使用 FTP 服务。此外，应该定期检查 /var/log 目录下的记录文件，以便及时发现对系统安全有威胁的登录事件，last 命令可以有效地查看系统登录事件，并发现问题所在。

最后使用 tcpdchk 命令检查 TCP_WAPPERS 配置的程序。该命令检查 TCP_WAPPERS 的配置，并报告它可以发现的问题或潜在的问题。在所有的配置都完成之后，运行 tcpdchk 程序。

[root@deep]# tcpdchk

（8）"/etc/services"文件

端口号和标准服务之间的对应关系在 RFC 1700 "Assigned Numbers" 文件中有详细的定义。"/etc/services" 文件使得服务器和客户端的程序能够把服务的名字转成端口号，这张表在每一台主机上都存在，其文件名为 "/etc/services"。只有 "root" 用户才有权限修改这个文件，而且在通常情况下这个文件是没有必要修改的，因为这个文件中已经包含了常用的服务所对应的端口号。

### 2.5.3.3　FTP 服务配置与管理

FTP（File Transfer Protocol，文件传输协议）用于 Internet 上的控制文件的双向传输。同时，它也是一个应用程序。基于不同的操作系统有不同的 FTP 应用程序，而所有这些应用程序都遵守同一种协议传输文件。在 FTP 的使用当中，用户经常会遇到两个概念：下载（Download）和上传（Upload）。下载文件就是从远程主机复制文件到自己的计算机上；上传文件就是将文件从自己的计算机中复制到远程主机上。用 Internet 语言来说，用户可通过客户机程序向（从）远程主机上传（下载）文件。

FTP 是用于进行文件传输的网络协议，FTP 服务中分为服务器和客户机两个角色。

FTP 服务器有两种传输模式：主动模式，由服务器主动连接客户机建立数据链路；被动模式，FTP 服务器等待客户机建立数据链路。

主动模式的简要工作过程如下：

1）客户端随机用一个大于 1024 的端口经过 3 次握手后连接服务器的 21 端口（命令端口），然后通过这个连接对服务器下达指令。

2）当需要传输数据时，客户端再开放一个大于 1024 的端口 Y，并通过控制传输通道通知服务器来连接。

3）服务器就用 20 端口去连接客户端开放的 Y 端口，简单来说就是服务器主动连接客户端。

基于上面的连接方式，数据通道只是在有数据传输时才会建立。如果客户端有防火墙，需要打开此端口，否则服务器的 20 端口就无法连接，从而导致连接失败。

被动模式的简要工作过程如下：

1）客户端开启大于 1024 的 X 端口连接服务器的 21 端口，建立起命令通道。

2）当 21 端口连接成功后，客户端会发送 PASV 连接要求，通知服务器自己处于被动模式。

3）服务器收到这个消息后，就会开放一个大于 1024 的端口 Y 通知客户端。

4）客户端接到通知后就会用一个大于 1024 的端口来连接服务器的 Y 端口，建立数据传输通道。简单地说就是客户端主动连接服务器，在这个模式下没有使用 20 端口。一般使用的是主动模式。

vsftpd 是一款在 Linux 发行版中最受推崇的 FTP 服务器程序，其特点是小巧轻快，安全易用。

系统中默认没有安装 vsftpd 服务器，可以使用 rpm-ivh 命令安装此软件。vsftpd.conf 是 vsftpd 服务器的主配置文件，其路径为 /etc/vsftpd/vsftpd.conf。

vsftpd.conf 文件中的默认配置如下：

1）anonymous_enable 设置为"yes"时，FTP 服务器允许匿名登录。

2）local_enable 设置为"yes"时，允许本地用户登录。

3）write_enable 设置为"yes"时，FTP 服务器开放对本地用户的写权限。

4）local_umask 设置项设置本地用户的文件生成掩码。

5）dirmessage_enable 设置为"yes"时，当切换到 FTP 服务器中的某个目录时，将显示该目录下的 .message 隐含文件的内容。

6）xferlog_enable 设置为"yes"时，FTP 服务器将启用上传和下载日志。

7）connect_from_port_20 设置为"yes"时，FTP 服务器将启用 FTP 数据端口的连接请求。

8）xferlog_std_format 设置为"yes"时，FTP 服务器将使用标准的 ftpd xferlog 日志格式。

9）pam_service_name 用于设置 PAM 认证服务的配置文件名称。

10）userlist_enable 设置为"yes"时，FTP 服务器将检查 userlist_file 设置文件中指定的用户是否可以访问 vsftpd 服务器。

11）listen 设置为"yes"时，FTP 服务器将处于独立启动模式。

12）tcp_wrappers 设置为"yes"时，FTP 服务器将使用 tcp_wrappers 作为主机访问控制方式。

配置文件 vsftpd.ftpusers 用于保存不允许进行 FTP 登录的本地用户账户，提高了系统的安全性。

vsftpd 服务器提供了匿名用户登录的功能。匿名用户使用的登录用户名是 anonymous 和 ftp，匿名 FTP 用户登录的密码通常是使用用户的 E-mail 地址，在 vsftpd 中输入任何字符串或直接按回车键都可以登录，所有匿名用户都登录到相同的目录（/var/ftp）中。

服务器启动脚本 /etc/init.d/vsftpd，vsftpd 服务需要设置在运行级别 3 和 5 自动启动，可以使用 chkconfig-level 35 vsftpd on 命令来设置。可以使用 service vsftpd start 命令启动服务，使用 service vsftpd stop 命令停止服务，使用 service vsftpd status 命令查看服务状态。

vsftpd 虚拟用户账户的设置步骤如下：

1）建立虚拟用户密码库文件。

2）生成 vsftpd 的认证文件。

3）建立虚拟用户账户所需的 PAM 配置文件。

4）建立虚拟用户账户所要访问的目录并设置相应权限。

5）设置 vsftpd.conf 配置文件。

可以对 vsftpd 服务器中的资源使用进行限制，具体如下：

max_clients=100　表示允许最大客户端连接数，0 表示不限制
max_per_ip=5　表示同一 IP 地址允许最大客户端连接数，0 表示不限制
local_max_rate=500000　表示本地用户的最大传输速率，单位为 B/s，0 表示不限制
anon_max_rate=200000　表示匿名用户的最大传输速率，单位为 B/s，0 表示不限制

## 2.6 项目实施

### 2.6.1 实施流程

项目实施流程如图 2-25 所示。

## 项目 2 构建单核心企业网络

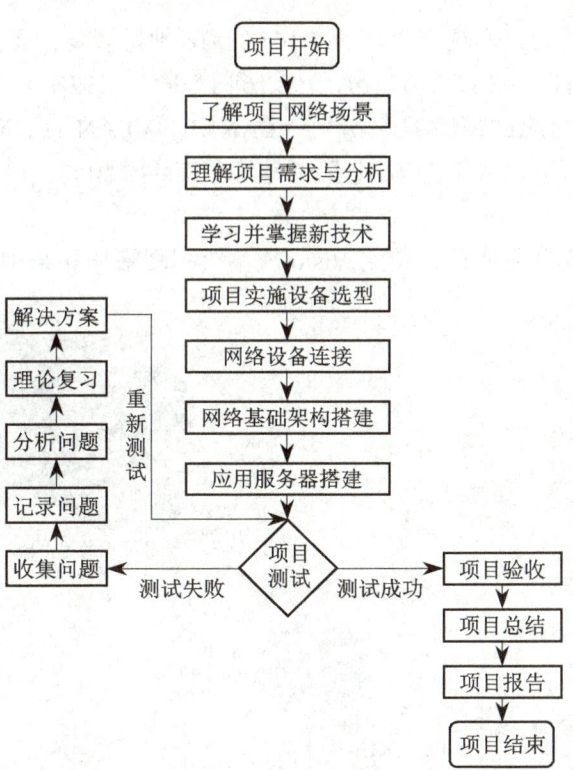

图 2-25 项目实施流程图

### 2.6.2 实施设备

在本项目中,网络设备采用锐捷系列产品,具体情况见表 2-5。

表 2-5 设备清单

| 设备名称 | 设备品牌 | 设备型号 | 设备数量/台 |
|---|---|---|---|
| 路由器 | 锐捷 | RSR20-04 | 2 |
| 三层交换机 | 锐捷 | RG-S3760E | 2 |
| 二层交换机 | 锐捷 | RG-2328G | 1 |
| 服务器 | IBM | IBM(双核) | 4 |
| 计算机 | 联想 | 联想 | 4 |

本项目使用的操作系统为 Windows Server,具体情况见表 2-6。

表 2-6 软件清单

| 软件名称 | 软件品牌 | 软件型号 | 软件数量 |
|---|---|---|---|
| Windwos Server | 微软 | Windows Server 2003 R2 | 3 |
| Windows XP | 微软 | Windows XP SP3 | 4 |
| Linux | CentOS | CentOS 5.5 | 1 |

### 2.6.3 项目任务一:完成企业网络底层架构的构建

**1. 网络拓扑设计**

根据企业应用的需求,绘制出网络拓扑结构图,并对企业进行 IP 地址规划和 VLAN 规划。

根据 IP 地址规划原则，本项目采用 192.168.0.0/16 地址段。由于企业有 4 个部门和一个服务器群，其网段分别为 192.168.10.0/24、192.168.11.0/24、192.168.12.0/24、192.168.13.0/24 和 192.168.14.0/24，其相应的 VLAN 划分为 VLAN 10、VLAN 11、VLAN 12、VLAN 13 和 VLAN 14，其各个部门的 VLAN ID 与其子 IP 地址第三字节相同。设备之间互连的接口地址采用 30 位子网掩码。

IP 地址和 VLAN 规划完成后，使用 Visio 软件绘制网络拓扑结构图，如图 2-26 所示。

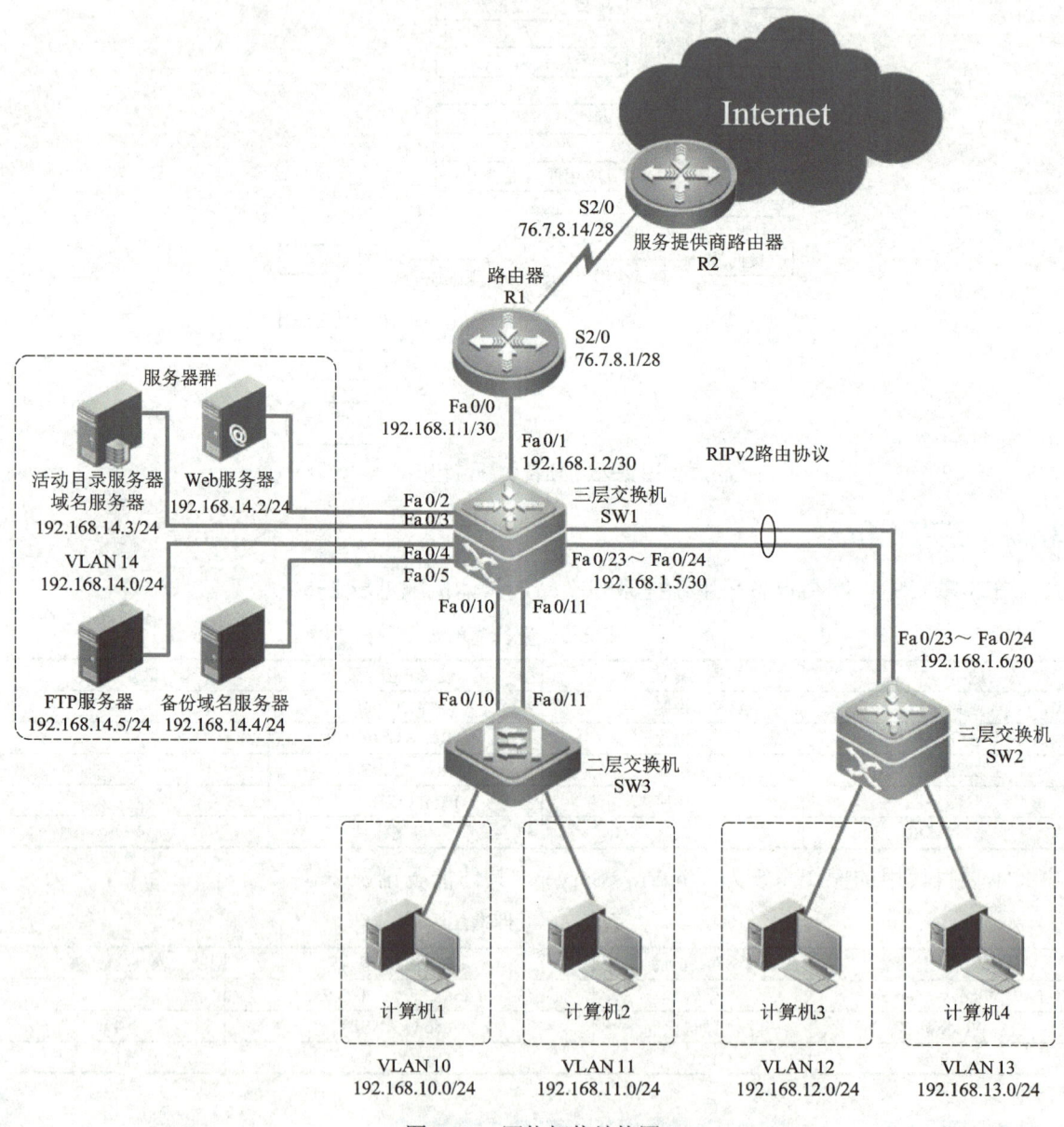

图 2-26 网络拓扑结构图

## 2. 网络接入层设备配置

利用交换机附带的 Console 线缆将交换机的 Console 端口与主机的串口连接起来，启

## 项目 2　构建单核心企业网络

动交换机，使用超级终端配置交换机，具体配置如下：

| | |
|---|---|
| Switch(config)#hostname SW2 | # 为交换机命名 |
| SW2(config)#vlan 12 | # 创建 VLAN 12 |
| SW2(config-vlan)#name yunweibu | # 为 VLAN 12 命名 |
| SW2(config)#vlan 13 | # 创建 VLAN 13 |
| SW2(config-vlan)#name guanlibu | # 为 VLAN 13 命名 |
| SW2(config)#interface FastEthernet 0/23 | # 进入接口模式 |
| SW2(config-if-FastEthernet 0/23)#portgroup 1 | # 将接口配置成 AP 的成员端口 |
| SW2(config)#interface FastEthernet 0/24 | # 进入接口模式 |
| SW2(config-if-FastEthernet 0/23)#portgroup 1 | # 将接口配置成 AP 的成员端口 |
| SW2(config)#interface Aggregateport 1 | # 进入聚合接口模式 |
| SW2(config-if- aggregateport 1)#switchport mode trunk | # 将聚合接口配置为干道模式 |
| SW2(config)#interface range FastEthernet 0/1-10 | # 进入接口范围模式 |
| SW2(config-if-range)#switchport mode access | # 将接口配置为接入模式 |
| SW2(config-if-range)#switchport access vlan 12 | # 将接口加入到 VLAN 12 |
| SW2(config-if-range)#switchport port-security | # 启用端口安全 |
| SW2(config-if-range)#switchport port-security maximum 1 | # 配置接口接入主机的数量 |
| SW2(config-if-range)#switchport port-security violation shutdown | # 配置违规时的处理方式 |
| SW2(config)#interface range FastEthernet 0/11-20 | # 进入接口范围模式 |
| SW2(config-if-range)#switchport mode access | # 将接口配置为接入模式 |
| SW2(config-if-range)#switchport access vlan 13 | # 将接口加入到 VLAN 13 |
| SW2(config-if-range)#switchport port-security | # 启用端口安全 |
| SW2(config-if-range)#switchport port-security maximum 1 | # 配置接口接入主机的数量 |
| SW2(config-if-range)#switchport port-security violation shutdown | # 配置违规时的处理方式 |
| Switch(config)#hostname SW3 | # 为交换机命名 |
| SW3(config)#vlan 10 | # 创建 VLAN 10 |
| SW3(config-vlan)#name gongchengbu | # 为 VLAN 10 命名 |
| SW3(config)#vlan 11 | # 创建 VLAN 11 |
| SW3(config-vlan)#name shichangbu | # 为 VLAN 11 命名 |
| SW3(config)#interface range FastEthernet 0/10-11 | # 进入接口范围模式 |
| SW3(config-if-range)#switchport mode trunk | # 配置为干道模式 |

```
SW3(config)#interface range FastEthernet 0/1-9        # 进入接口范围模式
SW3(config-if-range)#switchport mode access           # 将接口配置为接入模式
SW3(config-if-range)#switchport access vlan 10        # 将接口加入到 VLAN 12
SW3(config-if-range)#switchport port-security         # 启用端口安全
SW3(config-if-range)#switchport port-security maximum 1
                                                      # 配置接口接入主机的数量
SW3(config-if-range)#switchport port-security violation shutdown
                                                      # 配置违规时的处理方式
SW3(config)#interface range FastEthernet 0/12-20      # 进入接口范围模式
SW3(config-if-range)#switchport mode access           # 将接口配置为接入模式
SW3(config-if-range)#switchport access vlan 11        # 将接口加入到 VLAN 12
SW3(config-if-range)#switchport port-security         # 启用端口安全
SW3(config-if-range)#switchport port-security maximum 1
                                                      # 配置接口接入主机的数量
SW3(config-if-range)#switchport port-security violation shutdown
                                                      # 配置违规时的处理方式
SW3(config)#spanning-tree
SW3(config)#spanning-tree mode rstp
```

### 3．网络核心层设备配置

使用超级终端登录至三层交换机，并进行如下配置：

```
Switch(config)#hostname SW1                           # 为交换机命名
SW1(config)#vlan 10                                   # 创建 VLAN 10
SW1(config-vlan)#name gongchengbu                     # 为 VLAN 10 命名
SW1(config)#vlan 11                                   # 创建 VLAN 11
SW1(config-vlan)#name shichangbu                      # 为 VLAN 11 命名
SW1(config)#vlan 12                                   # 创建 VLAN 12
SW1(config-vlan)#name yunweibu                        # 为 VLAN 12 命名
SW1(config)#vlan 13                                   # 创建 VLAN 13
SW1(config-vlan)#name guanlibu                        # 为 VLAN 13 命名
SW1(config)#vlan 14                                   # 创建 VLAN 14
SW1(config-vlan)#name fuwuqiqun                       # 为 VLAN 14 命名
SW1(config)#interface FastEthernet 0/23               # 进入接口模式
SW1(config-if-FastEthernet 0/23)#portgroup 1          # 将接口配置成 AP 的成员端口
SW1(config)#interface FastEthernet 0/24               # 进入接口模式
SW1(config-if-FastEthernet 0/23)#portgroup 1          # 将接口配置成 AP 的成员端口
SW1(config)#interface Aggregateport 1                 # 进入聚合接口模式
```

```
SW1(config-if- aggregateport 1)#switchport mode trunk
                                                      # 将聚合接口配置为干道模式

SW1(config)#interface range FastEthernet 0/2-5        # 进入接口范围模式
SW1(config-if-range)#switchport mode access           # 将接口配置为接入模式
SW1(config-if-range)#switchport access vlan 14        # 将接口划分到 VLAN 14

SW1(config)#interface FastEthernet 0/1                # 进入接口模式
SW1(config-if-FastEthernet 0/1)#no switchport         # 启用三层功能
SW1(config-if-FastEthernet 0/1)#ip address 192.168.1.2 255.255.255.252
                                                      # 配置接口 IP 地址
SW1(config-if-FastEthernet 0/1)#no shutdown           # 启动接口

SW1(config)#interface vlan 10                         # 进入 VLAN 接口
SW1(config-if-vlan 10)#ip add 192.168.10.1 255.255.255.0
                                                      # 配置接口 IP 地址
SW1(config-if-vlan 10)#no shutdown                    # 启用接口
SW1(config)#interface vlan 11                         # 进入 VLAN 接口
SW1(config-if-vlan 11)#ip add 192.168.11.1 255.255.255.0
                                                      # 配置接口 IP 地址
SW1(config-if-vlan 11)#no shutdown                    # 启用接口
SW1(config)#interface vlan 12                         # 进入 VLAN 接口
SW1(config-if-vlan 12)#ip add 192.168.12.1 255.255.255.0
                                                      # 配置接口 IP 地址
SW1(config-if-vlan 12)#no shutdown                    # 启用接口
SW1(config)#interface vlan 13                         # 进入 VLAN 接口
SW1(config-if-vlan 13)#ip add 192.168.13.1 255.255.255.0
                                                      # 配置接口 IP 地址
SW1(config-if-vlan 13)#no shutdown                    # 启用接口
SW1(config)#interface vlan 14                         # 进入 VLAN 接口
SW1(config-if-vlan 14)#ip add 192.168.14.1 255.255.255.0
                                                      # 配置接口 IP 地址
SW1(config-if-vlan 14)#no shutdown                    # 启用接口
SW1(config)#router rip                                # 启动 RIP 路由进程
SW1(config-router)#network 192.168.1.0                # 宣告路由
SW1(config-router)#network 192.168.10.0               # 宣告路由
SW1(config-router)#network 192.168.11.0               # 宣告路由
SW1(config-router)#network 192.168.12.0               # 宣告路由
SW1(config-router)#network 192.168.13.0               # 宣告路由
```

SW1(config-router)#network 192.168.14.0            # 宣告路由
SW1(config-router)#version 2                       # 配置 RIP 版本号
SW1(config-router)#no auto-summary                 # 关闭自动汇总

SW1(config)#ip route 0.0.0.0 0.0.0.0 192.168.1.1   # 配置默认路由

### 4. 网络出口设备配置

使用超级终端登录至路由器，并进行如下配置：

Router(config)#hostname R1                         # 为路由器命名
R1(config)#interface FastEthernet 0/1              # 进入接口模式
R1(config-if-FastEthernet 0/1)#ip address 192.168.1.1 255.255.255.252
                                                   # 配置接口 IP 地址
R1(config-if-FastEthernet 0/1)#no shutdown         # 启用接口

R1(config)#interface Serial 2/0                    # 进入接口模式
R1(config-if-Serial 2/0)#ip address 76.7.8.1 255.255.255.240
                                                   # 配置接口 IP 地址
R1(config-if-Serial 2/0)#no shutdown               # 启用接口

R1(config)#interface FastEthernet 0/1              # 进入接口模式
R1(config-if-FastEthernet 0/1)#ip nat inside       # 定义接口为内部接口
R1(config)#interface Serial 2/0                    # 进入接口模式
R1(config-if-Serial 2/0)#ip nat outside            # 定义接口为外部接口

R1(config)#time-range work-time                    # 创建时间访问列表
R1(config-time-range)#periodic weekdays 09:00 to 18:00
                                                   # 定义周期时间
R1(config)#access-list 10 permit 192.168.10.0 0.0.0.255 time-range work-time
                                                   # 创建访问控制列表，并应用时间限制
R1(config)#access-list 11 permit 192.168.11.0 0.0.0.255 time-range work-time
                                                   # 创建访问控制列表，并应用时间限制
R1(config)#access-list 12 permit 192.168.12.0 0.0.0.255 time-range work-time
                                                   # 创建访问控制列表，并应用时间限制
R1(config)#access-list 13 permit 192.168.13.0 0.0.0.255 time-range work-time
                                                   # 创建访问控制列表，并应用时间限制
R1(config)#ip nat pool vlan11 88.1.1.2 88.1.1.2 network 255.255.255.240
                                                   # 配置 NAT 地址池
R1(config)#ip nat pool vlan12 88.1.1.3 88.1.1.3 network 255.255.255.240
                                                   # 配置 NAT 地址池

## 项目 2　构建单核心企业网络

```
R1(config)#ip nat pool vlan13 88.1.1.4 88.1.1.4 network 255.255.255.240
                                    # 配置 NAT 地址池
R1(config)#ip nat inside source list 10 interface Serial 2/0 overload
                                    # 配置动态 NAT，允许内网访问互联网
R1(config)#ip nat inside source list 11pool vlan11 overload
                                    # 配置动态 NAT，允许内网访问互联网
R1(config)#ip nat inside source list 12pool vlan12 overload
                                    # 配置动态 NAT，允许内网访问互联网
R1(config)#ip nat inside source list 13pool vlan13 overload
                                    # 配置动态 NAT，允许内网访问互联网
R1(config)#ip nat inside source static tcp 192.168.14.2 80 76.7.8.5 80
                                    # 配置静态 NAT，将内部 Web 服务器发布到互联网
R1(config)#ip nat inside source static tcp 192.168.14.2 20 76.7.8.520
                                    # 配置静态 NAT，将内部 FTP 服务器发布到互联网
R1(config)#ip nat inside source static tcp 192.168.14.2 2176.7.8.521
                                    # 配置静态 NAT，将内部 FTP 服务器发布到互联网
R1(config)#router rip               # 启动 RIP 路由进程
R1(config-router)#network 192.168.1.0  # 宣告路由
R1(config-router)#version 2         # 定义版本号
R1(config-router)#no auto-summary   # 关闭自动汇总

R1(config)#ip route 0.0.0.0 0.0.0.0 Serial 2/0    # 配置默认路由
```

### 5．运营商路由器配置

使用超级终端登录至路由器，并进行如下配置：

```
Router(config)#hostname R2          # 路由器命名

R2(config)#interface Serial 2/0     # 进入接口模式
R2(config-if-Serial 2/0)#ip address 67.7.8.14 255.255.255.240
                                    # 配置接口 IP 地址
R2(config-if-Serial 2/0)#no shutdown    # 启用接口
R2(config)#ip route 0.0.0.0 0.0.0.0 Serial 2/0    # 配置默认路由
```

### 2.6.4　项目任务二：安装与配置活动目录服务器

#### 1．安装操作系统

本项目中活动目录服务器安装的操作系统是 Windows server 2003 R2 版本，请参照 1.6.4 小节介绍的项目 1 的活动目录服务器的操作系统安装步骤进行安装，由于篇幅有限，这里不做重复介绍。

## 2. 安装活动目录服务

活动目录服务器的操作系统安装完成后，需要正确配置服务器 IP 地址。在网络规划时，活动目录服务器的 IP 地址是 192.168.14.3/24。

1）选择"开始"→"控制面板"→"网络连接"→"本地连接"→"属性"→"常规"→"Internet 协议（TCP/IP）"命令，打开"Internet 协议（TCP/IP）属性"对话框，输入 IP 地址、子网掩码、网关地址和 DNS 服务器地址，如图 2-27 所示。

2）活动目录服务器的 IP 地址配置完成后，安装活动目录服务。选择"开始"→"运行"命令，打开"运行"对话框，输入"dcpromo"，单击"确定"按钮后会弹出 Active Directory 安装向导，在"域控制器类型"对话框中选择"新域的域控制器"单选按钮，单击"下一步"，如图 2-28 所示。

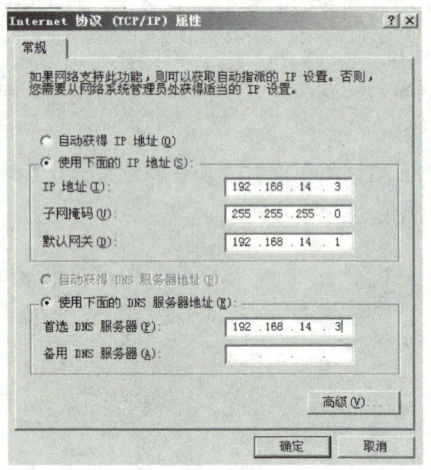

图 2-27 配置本地 IP 地址

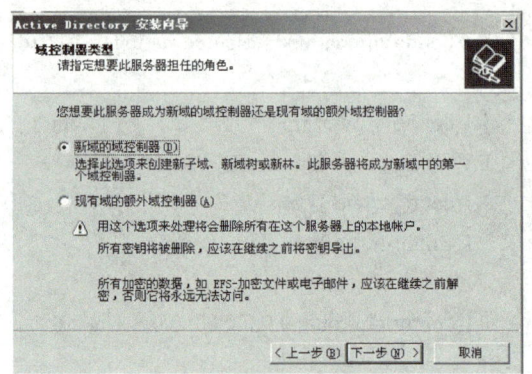

图 2-28 选择域控制器类型

3）在"创建一个新域"对话框选择"在新林中的域"单选按钮，单击"下一步"按钮，如图 2-29 所示。

4）在"新的域名"对话框中输入新域的 DNS 全名"maiteng.net"，单击"下一步"按钮，如图 2-30 所示。

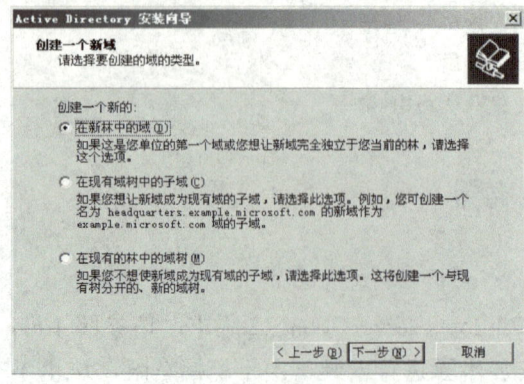

图 2-29 选择要创建域的类型

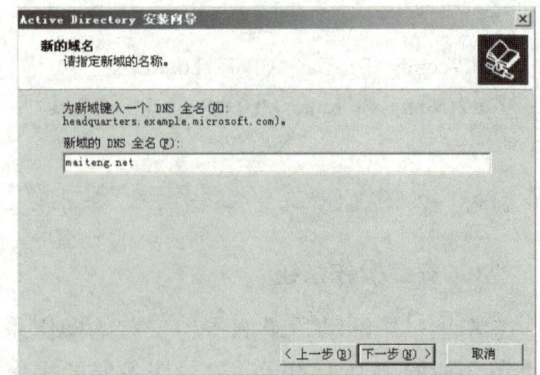

图 2-30 指定新域的 DNS 名称

5）在"NetBIOS 域名"对话框中采用默认配置，单击"下一步"按钮；在"数据库和日志文件文件夹"对话框中也采用默认配置，单击"下一步"按钮；在"共享的系统卷"对话框中也采用默认配置，单击"下一步"按钮。

6）在"DNS 注册诊断"对话框中选择"在这台计算机上安装并配置 DNS 服务器，并将这台 DNS 服务器设为这台计算机的首选 DNS 服务器"单选按钮，将此服务器配置为主 DNS 服务器，单击"下一步"按钮，如图 2-31 所示。

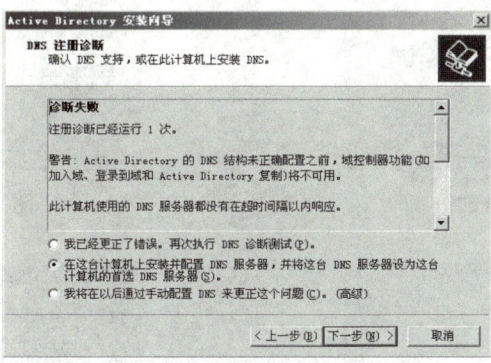

图 2-31　确认 DNS 注册

7）在"权限"对话框中采用默认配置，单击"下一步"按钮；在"目录服务还原模式的管理同密码"对话框中输入还原密码，单击"下一步"按钮，开始安装活动目录。安装完成后，需要重新启动计算机。

### 3．创建用户账户

活动目录安装完成后，需要为域内的用户创建账户，创建账户之前需要创建全局和安全组，然后将域用户加入到组中。组账户与用户账户的创建规则，请参照项目 1 的理论知识描述部分。

1）选择"开始"→"程序"→"管理工具"命令，打开"Active Directory 用户和计算机"对话框，选择"Users"选项，在其右侧窗格中单击鼠标右键，在弹出的快捷菜单中选择"新建"→"组"命令，建立 4 个部门的组，如图 2-32～图 2-35 所示。

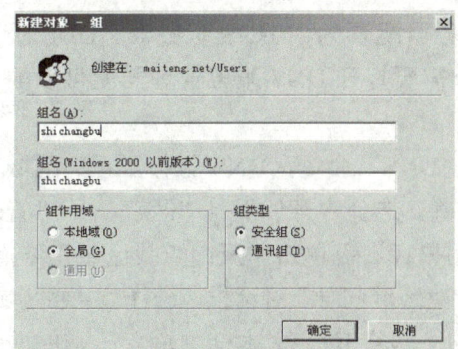

图 2-32　创建市场部组

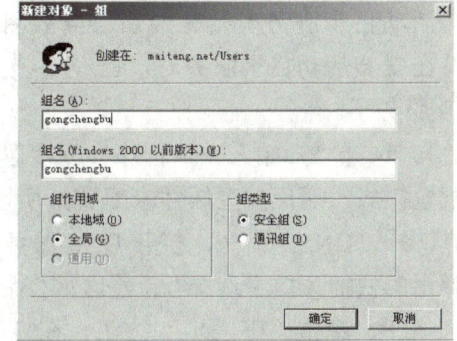

图 2-33　创建工程部组

2）在"Active Directory 用户和计算机"对话框中选择"Users"选项，在其右侧窗格中单击鼠标右键，在弹出的快捷菜单中选择"新建"→"用户"命令，建立相关的用户。

注意：用户名是由员工姓名的汉语拼音＋部门名称的汉语拼音大写首字母组成的，如图 2-36 所示。单击"下一步"按钮，在打开的对话框中设置用户账户密码，如图 2-37 所示。

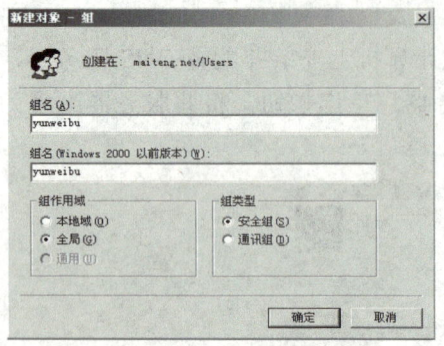

图 2-34　创建运维部组

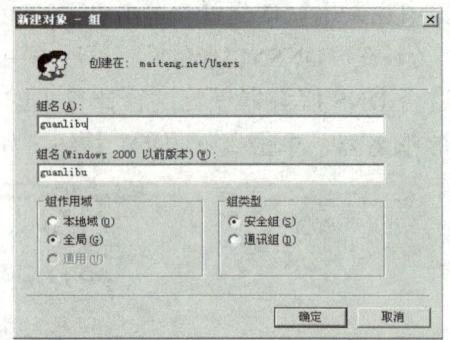

图 2-35　创建管理部组

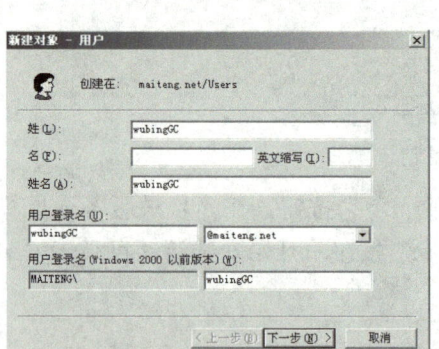

图 2-36　创建工程部用户

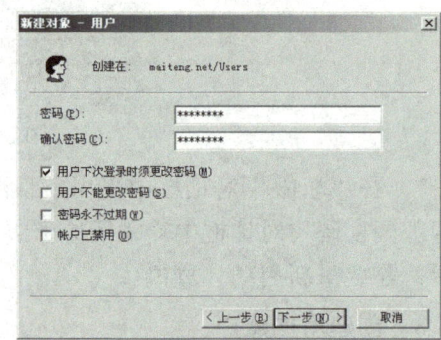

图 2-37　设置用户口令

3）其他用户都依照此方法创建用户账户和密码，这里不再重复介绍。

### 2.6.5　项目任务三：安装与配置 DNS 服务器

#### 1．配置主 DNS 服务器

活动目录服务安装完成后，需要将活动目录服务器配置为主 DNS 服务器。DNS 服务组件在安装活动目录服务时，已经安装完成，这时只需要打开 DNS 服务管理器就可以配置 DNS 服务了。

1）选择"开始"→"程序"→"管理工具"→"DNS"命令，DNS 服务器正向区域默认配置完成，而反向区域并未配置，所以需要手工配置。选择"开始"→"程序"→"管理工具"→"DNS"命令，打开 DNS 服务管理器，使用鼠标右键单击"反向查找区域"结点，在弹出的快捷菜单中选择"新建区域"命令，弹出"新建区域向导"对话框，选择"主要区域"单选按钮，单击"下一步"按钮，在打开的对话框的"网络 ID"文本框中输入子网的网络地址，单击"下一步"按钮，在"区域文件"对话框中采用默认配置，单击"下一步"按钮，完成 DNS 反向区域配置。

本项目中有 5 个子网，所以需建立 5 个相应的反向区域，如图 2-38 所示。

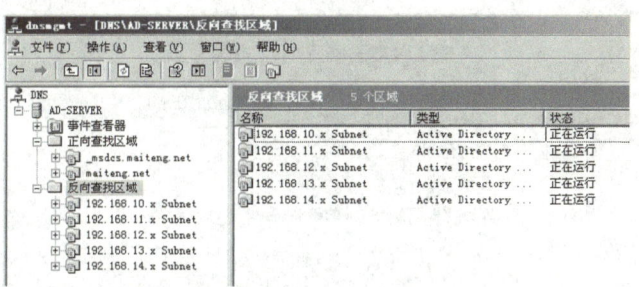

图 2-38　DNS 反向区域

需要注意的是，系统默认配置的 SOA 记录和主机记录，并没有创建相应的反向记录，这时使用服务器查询域名解析时，会出现如图 2-39 所示的情况。因此，需要重新创建相应的反向记录。

图 2-39　DNS 解析问题

2）在 DNS 服务管理器的右窗格中，单击鼠标右键，在弹出的快捷菜单中选择"新建主机"命令，在打开的"新建主机"对话框中输入名称及 IP 地址，并选择"创建相关的指针（PTR）记录"复选框，如图 2-40 和图 2-41 所示。

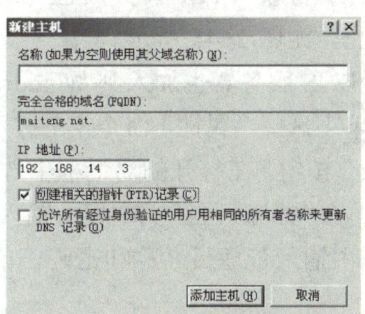

图 2-40　创建主机记录（一）

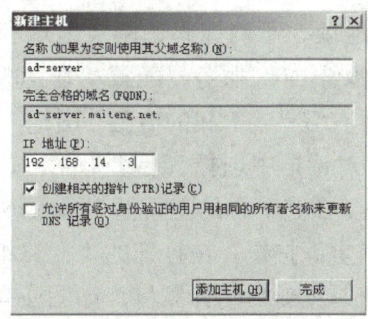

图 2-41　创建主机记录（二）

3）根据本项目的要求，还需要创建 Web 服务器、FTP 服务器和 DNS 服务器的主机记录，按照上一步的方法，分别创建这 3 个服务器的主机记录，如图 2-42～图 2-44 所示。

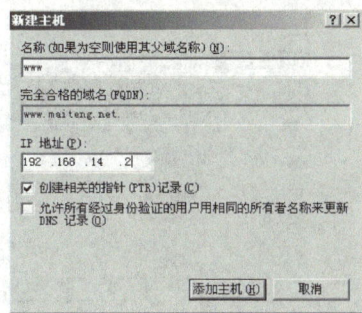

图 2-42　创建 Web 服务器主机记录

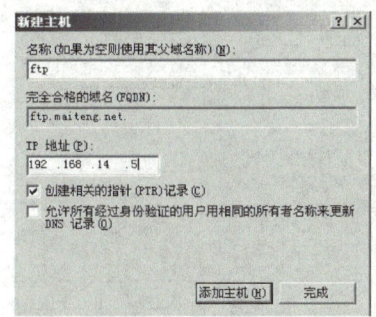

图 2-43　创建 FTP 服务器主机记录

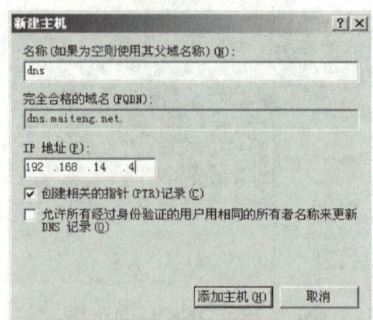

图2-44　创建DNS服务器主机记录

### 2．安装备份DNS服务器操作系统

本项目中备份DNS服务器安装的操作系统是Windows server 2003 R2版本，请参照1.6.4小节介绍的项目1的活动目录服务器的操作系统安装步骤进行安装，由于篇幅有限，这里不做重复介绍。

### 3．安装备份DNS服务器的DNS服务组件

备份DNS服务器操作系统安装完成后，需要正确配置该服务器的IP地址。在网络规划时，DNS服务器的IP地址是192.168.14.4/24。

1）选择"开始"→"控制面板"→"网络连接"→"本地连接"→"属性"→"常规"→"Internet协议（TCP/IP）"命令，打开"Internet协议（TCP/IP）属性"对话框，输入IP地址、子网掩码、网关地址和DNS服务器地址，如图2-45所示。

2）备份DNS服务器配置基本完成后，需要将备份DNS服务器也加入到Windows域中。使用鼠标右键单击"我的电脑"图标，在弹出的快捷菜单中选择"属性"命令，在打开的"系统属性"对话框中选择"计算机名"选项卡，单击"更改"按钮，在打开的对话框中选择"域"单选按钮，在其下方的文本框中输入域名"maiteng.net"，在"计算机名"文本框中输入"dns"，单击"确定"按钮。在打开的"计算机名更改"对话框中输入管理员名称和密码，单击"确定"按钮，重新启动计算机，如图2-46所示。

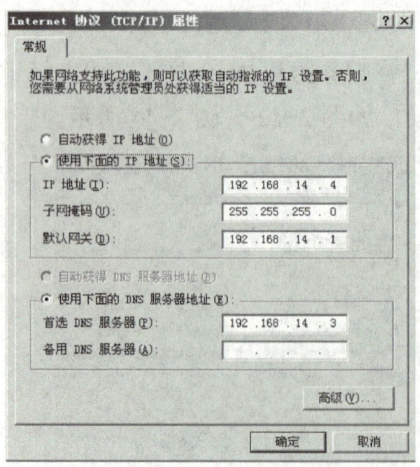

图2-45　配置DNS服务器的IP地址

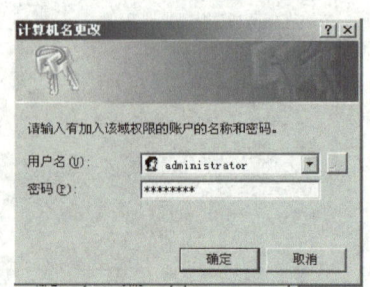

图2-46　计算机加入域

## 项目 2　构建单核心企业网络

3）备份 DNS 服务器加入域后，需要安装 DNS 服务组件。选择"开始"→"控制面板"→"添加/删除程序"→"添加/删除 Windows 组件"命令，打开"Windows 组件向导"对话框，选择"网络服务"复选框，单击"详细信息"按钮，在打开的对话框中选择"域名系统（DNS）"复选框，单击"确定"→"下一步"按钮，开始安装 DNS 服务组件。

### 4. 创建备份 DNS 服务器的辅助区域

1）备份 DNS 服务组件安装完成后，选择"开始"→"程序"→"管理工具"→"DNS"命令，打开 DNS 服务管理器，使用鼠标右键单击"正向查找区域"结点，在弹出的快捷菜单中选择"新建区域"命令，如图 2-47 所示。

2）系统会弹出"新建区域向导"对话框，选择"辅助区域"单选按钮，单击"下一步"按钮。在打开的"区域名称"对话框中输入"maiteng.net"，单击"下一步"按钮。在打开的"主 DNS 服务器"对话框中输入主 DNS 服务器 IP 地址，单击"下一步"按钮，完成备份 DNS 辅助区域配置，如图 2-48 ～图 2-50 所示。

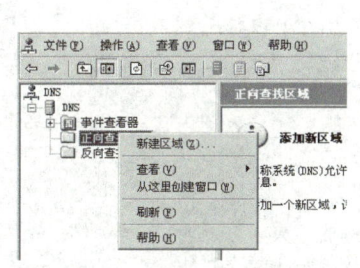

图 2-47　创建正向区域

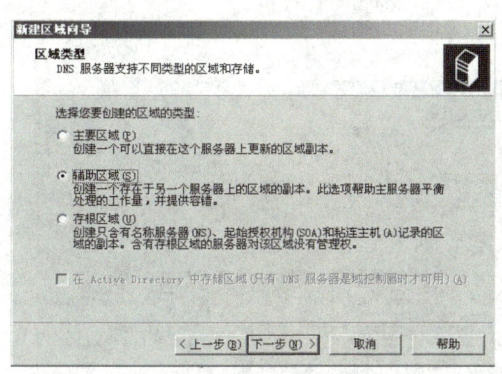

图 2-48　选择区域类型

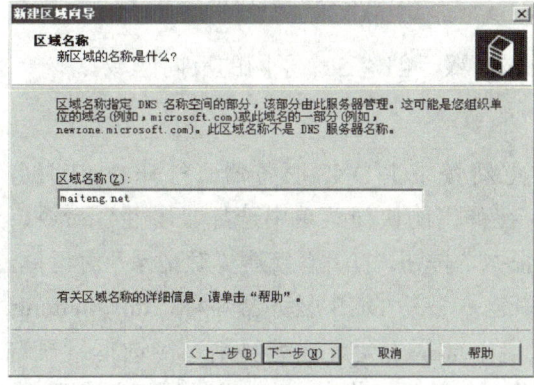

图 2-49　输入区域名称

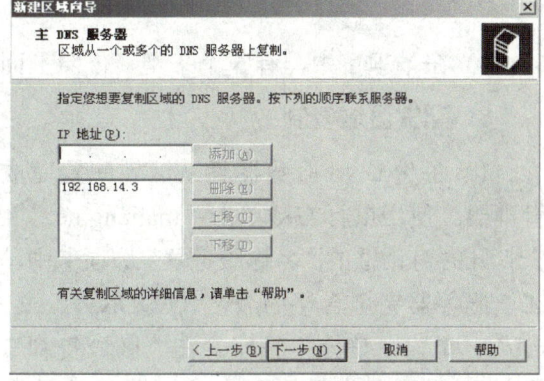

图 2-50　设置主 DNS 服务器 IP 地址

3）正向查找区域配置完成后，进行反向查找区域的配置。使用鼠标右键单击"反向查找区域"结点，在弹出的快捷菜单中选择"新建区域"命令，如图 2-51 所示。

4）系统会弹出"新建区域向导"对话框，选择"辅助区域"单选按钮，单击"下一步"

按钮，在打开的对话框的"网络 ID"文本框中输入子网的网络地址，单击"下一步"按钮，在打开的"主 DNS 服务器"对话框中输入主 DNS 服务器 IP 地址，单击"下一步"按钮，完成 DNS 反向区域配置，如图 2-52～图 2-54 所示。

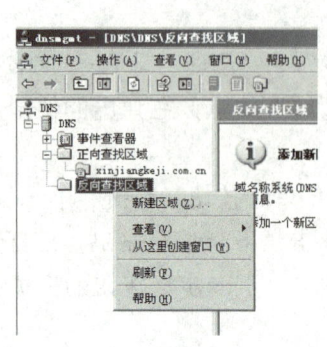

图 2-51 创建反向区域

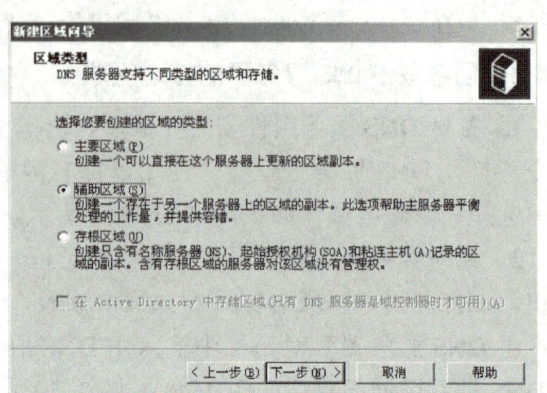

图 2-52 区域类型

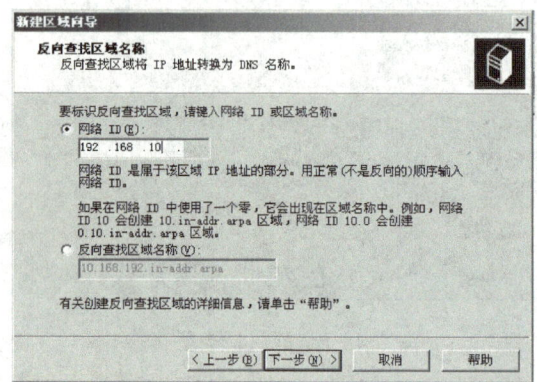

图 2-53 网络 ID

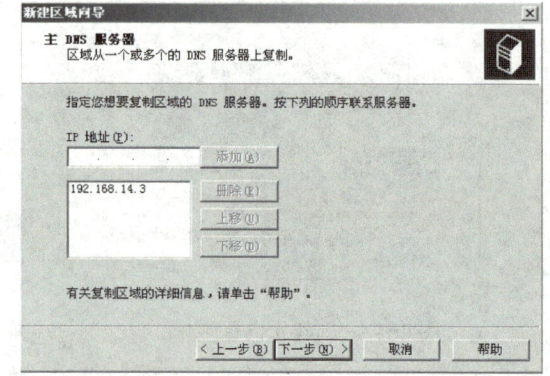

图 2-54 主 DNS 服务器

5）在本项目中，有 5 个子网，依照上面的操作步骤，创建 5 个子网的反向区域。

### 5．配置区域复制

1）备份 DNS 服务器辅助区域配置完成后，重新登录主 DNS 服务器，打开 DNS 服务管理器。使用鼠标右键单击"maiteng.net"结点，在弹出的快捷菜单中选择"属性"命令，在打开的对话框的"名称服务器"选项卡中单击"添加"按钮，打开"新建资源记录"对话框。在"服务器完全合格的域名（FQDN）"文本框中输入备份 DNS 服务器名称"dns.maiteng.net"，单击"确定"按钮。在"区域复制"选项卡中选择"允许区域复制"复选框，再选择"只有在'名称服务器'选项卡中列出的服务器"单选按钮，单击"确定"按钮，完成配置，如图 2-55～图 2-57 所示。

2）反向区域也需要同样的配置，可以参照上述的配置步骤进行配置，这里不做重复介绍。区域复制配置完成后，回到备份 DNS 服务器，在 DNS 服务管理器的工具栏中单击"刷新"按钮，备份 DNS 服务就会复制到主 DNS 服务器的资源记录，如图 2-58 所示。

## 项目 2　构建单核心企业网络

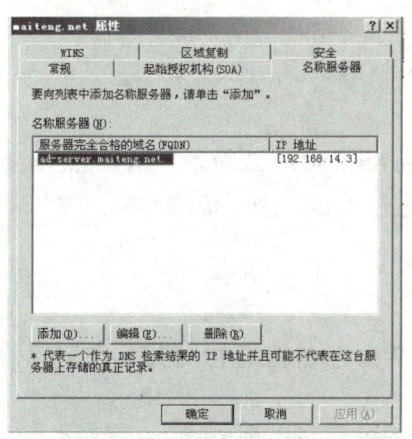

图 2-55　"名称服务器"选项卡

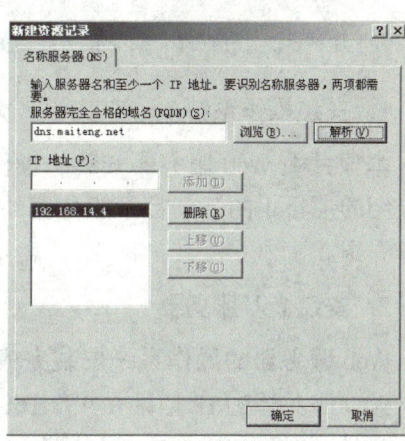

图 2-56　输入服务器完全合格的域名

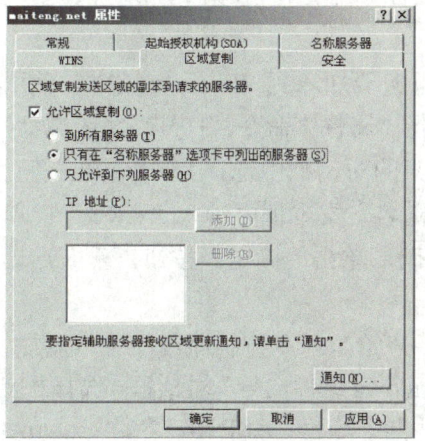

图 2-57　允许区域复制

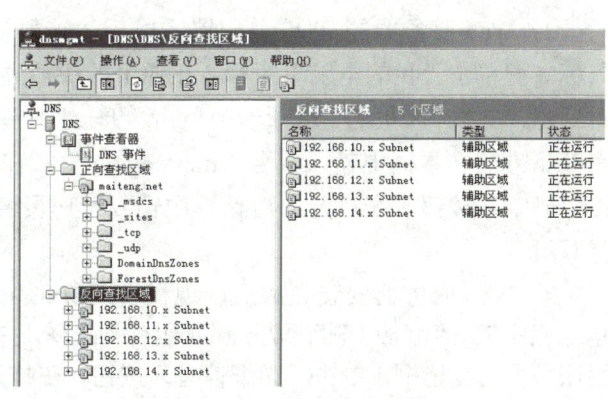

图 2-58　备份 DNS 服务器

### 6. DNS 服务高级配置

打开 DNS 服务管理器，使用鼠标右键单击服务器，在弹出的快捷菜单中选择"属性"命令，打开"DNS 属性"对话框。在"转发器"选项卡中输入转发器 IP 地址，单击"添加"→"确定"按钮，如图 2-59 所示。

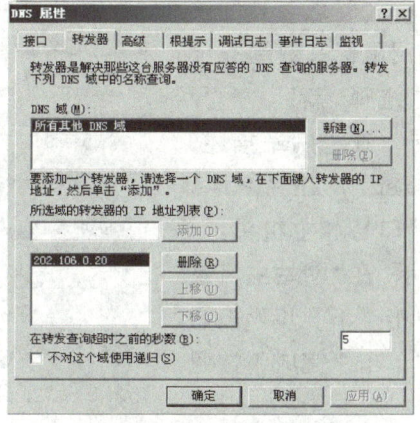

图 2-59　配置 DNS 转发器

### 2.6.6　项目任务四：安装与配置 Web 服务器

#### 1．安装操作系统

本项目中 Web 服务器安装的操作系统是 Windows server 2003 R2 版本，请参照 1.6.4 小节介绍的项目 1 的活动目录服务器的操作系统安装步骤进行安装，由于篇幅有限，这里不做重复介绍。

#### 2．安装 Web 服务器

Web 服务器的操作系统安装完成后，需要正确配置 Web 服务器的 IP 地址。在网络规划时，Web 服务器的 IP 地址是 192.168.14.2/24。

1）选择"开始"→"控制面板"→"网络连接"→"本地连接"→"属性"→"常规"→"Internet 协议（TCP/IP）"命令，打开"Internet 协议（TCP/IP）属性"对话框，输入 IP 地址、子网掩码、网关地址和 DNS 服务器地址。

2）Web 服务器的 IP 地址配置完成后，需要将 Web 服务器加入到 Windows 域中。使用鼠标右键单击"我的电脑"图标，在弹出的快捷菜单中选择"属性"命令，打开"系统属性"对话框，在"计算机名"选项卡中单击"更改"按钮，在打开的对话框中选择"域"单选按钮，在其下方的文本框中输入域名"maiteng.net"，在"计算机名"文本框中输入"www"，单击"确定"按钮，在打开的对话框中输入管理员名称和密码，单击"确定"按钮，重新启动计算机。

3）Web 服务器安装完成后，现在安装 IIS6.0。选择"开始"→"控制面板"→"添加/删除程序"→"添加/删除 Windows 组件"命令，打开"Windows 组件向导"对话框，选择"应用服务器"复选框，单击"详细信息"按钮，在打开的对话框中选择"ASP.NET"、"Internet 信息服务"和"启用网络 COM+ 访问"复选框，单击"确定"→"下一步"按钮，开始安装 IIS 6.0 服务组件。

#### 3．配置 Web 服务

IIS6.0 安装完成后，需要配置 Web 服务的主目录和主页。本项目中 Web 服务器是 C:\web，并创建其默认主页为 index.htm。

选择"开始"→"程序"→"管理工具"→"Internet 信息服务（IIS）管理器"命令，打开 Internet 信息服务管理器。使用鼠标右键单击"网站"结点，在弹出的快捷菜单中选择"新建"→"网站"命令，打开网站创建向导。在"网站描述"对话框中输入"www.maiteng.net"，在"IP 地址和端口设置"对话框中输入端口号和主机头，单击"下一步"按钮如图 2-60 所示。在"网站主目录"对话框中输入主目录路径，单击"下一步"按钮。在"网站访问权限"对话框中单击"完成"按钮，至此，Web 服务器配置完成。

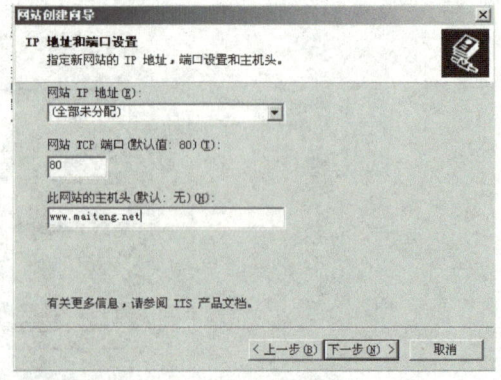

图 2-60　配置 IP 地址和端口号

## 2.6.7 项目任务五：安装与配置 FTP 服务器

### 1．安装操作系统

1）本项目中 FTP 服务器安装的操作系统是 CentOS 5.5 的 Linux 操作系统。将系统光盘放置 CD 光驱中，系统启动方式采用光驱启动，启动计算机，系统会弹出 CentOS 操作系统安装界面，按"Enter"键进行安装，如图 2-61 所示。

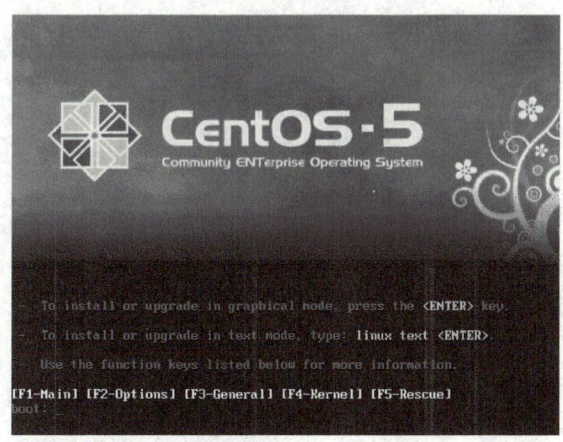

图 2-61　CentOS 5.5 安装界面

2）在"CD Found"对话框中单击"Skip"按钮，操作语言类型中选择"简体中文"，单击"下一步"按钮，键盘选择"美国英式"，单击"下一步"按钮，在弹出的"警告"对话框中单击"是"按钮，如图 2-62 所示。磁盘分区采用默认设置，单击"下一步"按钮，在弹出的"警告"对话框中单击"是"按钮，如图 2-63 所示。在打开的对话框中单击"下一步"按钮。

3）在"网络设备"对话框中单击"编辑"按钮，在打开的"编辑接口"对话框中输入此服务器的 IP 地址和子网掩码，单击"确定"按钮，如图 2-64 所示。

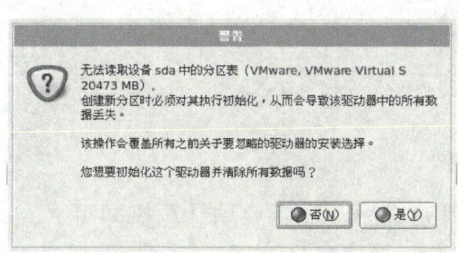

图 2-62　磁盘初始化警告

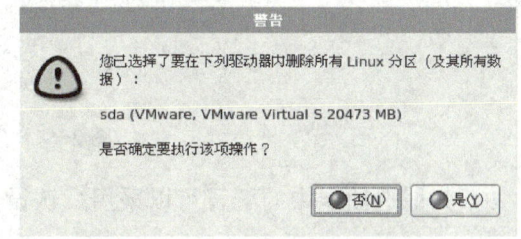

图 2-63　磁盘格式化警告

4）在"网络设备"对话框中手工配置服务器名称，需要输入 FQDN 名称、网关地址和主从 DNS 服务器地址，如图 2-65 所示。

5）选择时间区域为"亚洲/上海"，单击"下一步"按钮；输入管理员密码，单击"下一步"按钮；在软件功能中，选择"Server"复选框，再选择"现在定制"单选按钮，单击"下一步"按钮；如果需要图形界面，则选择安装桌面环境，在"服务器"列表框中选择"FTP 服务器"复选框，如图 2-66 所示。可以根据需要安装相应的软件，单击"下一步"按钮开始操作系统安装。

6）系统安装完成后，单击"重新引导"按钮，重新启动计算机。

7）计算机重新启动后，需要对系统进行配置。在"防火墙"选项卡中选择"禁用"选项。如果启用此选项，在配置服务器时会出现问题，可在服务配置完成后，再启用此选项，如图 2-67 所示。

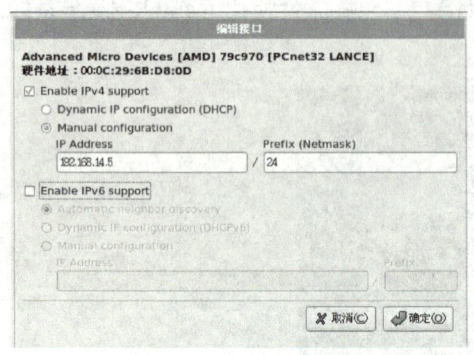

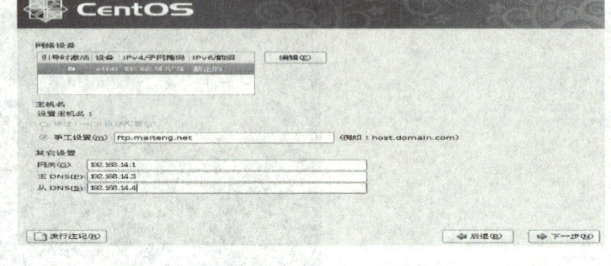

图 2-64　配置 IP 地址　　　　　　　　图 2-65　配置服务器名称、网关、DNS 地址

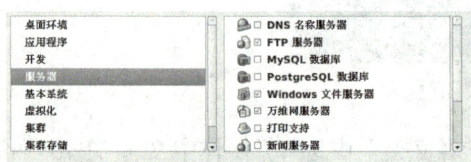

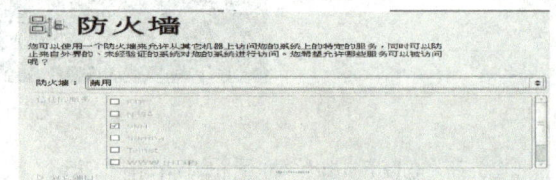

图 2-66　选择 FTP 服务器软件　　　　　　　图 2-67　禁用防火墙

8）在"SELinux"选项卡中选择"禁用"选项。如果启用此选项，在配置服务器时也会出现问题，所以待服务配置完成后再启用此选项，如图 2-68 所示。

图 2-68　禁用 SELinux

9）其他选项卡中的配置可以采用默认设置，配置完成后，重新启动计算机即可。

**2．加入 Windows 域环境**

FTP 服务器的操作系统安装完成后，需要将 FTP 服务器加入到 Windows 域中，具体操作步骤如下。

1）首先确认系统是否安装了 Samba 和 Krb5-Server 软件，可以使用 rpm 命令查询。

```
[root@ftp ~]# rpm -qa |grep smb          # 查看是否安装了 smb 软件
libsmbclient-3.0.33-3.28.el5
pam_smb-1.1.7-7.2.1                       # 已经安装 samba 软件
gnome-vfs2-smb-2.16.2-6.el5
```

```
[root@ftp ~]# rpm -qa |grep krb5-server      # 查看是否安装了 Krb5-Server 软件
krb5-server-1.6.1-36.el5_4.1                  # 已经安装 Krb5-Server 软件
```

如果发现没有安装相应的软件,需要使用 rpm–ivh 命令进行安装。使用如下命令启动 SMB 服务,并设置其开机自动启动。

```
[root@ftp ~]# service smb start               # 启动 smb 系统服务
[root@ftp ~]# chkconfig --level 35 smb on     # 设置运行级别 3 和 5 开机启动
```

2)进入操作系统的图形界面,打开超级终端,在超级终端中输入命令"setup",这时会弹出运行工具界面。在运行工具界面中选择"验证配置"选项,按回车键,如图 2-69 所示。

3)在"验证配置"界面中,使用空格键选择"使用 Winbind"、"使用 Kerberos"、"使用 Winbind 验证"选项,单击"下一步"按钮,如图 2-70 所示。

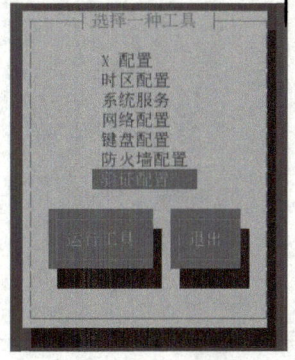

图 2-69 选择"验证配置"选项

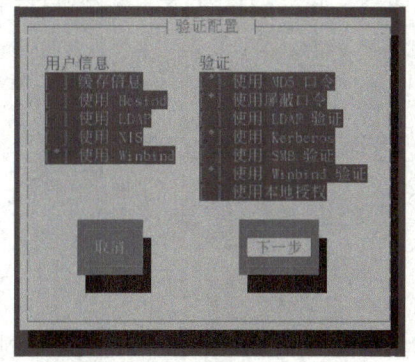

图 2-70 选择验证配置选项

4)在"kerberos 设置"界面中输入域名及活动目录服务器的 IP 地址和端口号。在"域"文本框中输入"MAITENT.NET",在"KDC"文本框中输入"192.168.14.3:88",单击"下一步"按钮,如图 2-71 所示。

5)在"Winbind 设置"界面中输入域和域控制器地址等参数。"安全模型"选择"ads",在"域"文本框中输入"MAITENG",在"域控制器"文本框中输入"192.168.14.3",在"ADS 域"文本框中输入"MAITENG.NET","模板 Shell"选择"/bin/bash",单击"加入域"按钮,如图 2-72 所示。

6)单击"是"按钮,保存配置,如图 2-73 所示。

7)在"加入设置"组合框中输入域管理员的密码,单击"确定"按钮,如图 2-74 所示。

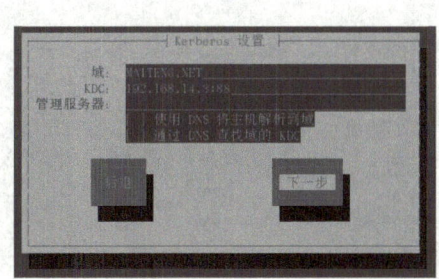

图 2-71 kerberos 设置

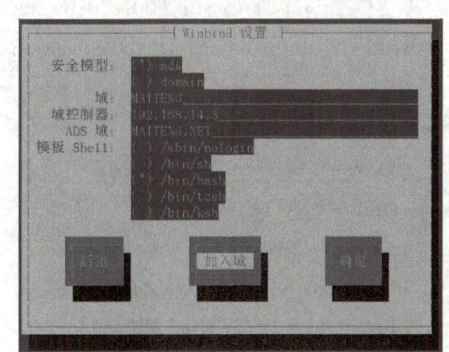

图 2-72 Winbind 设置

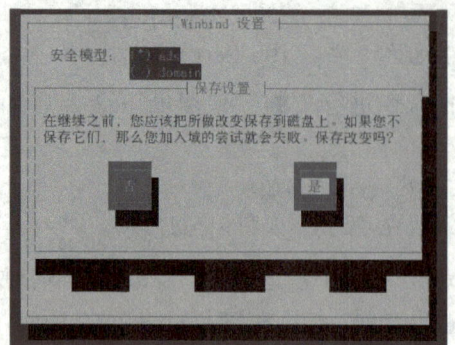

图 2-73　Winbind 保存设置

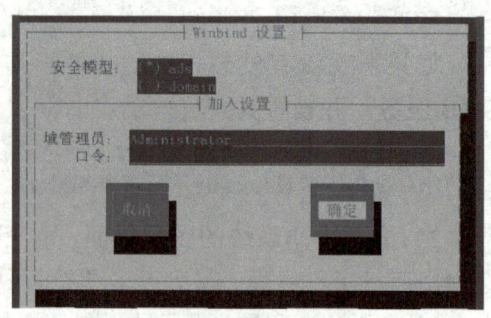

图 2-74　加入设置

8）至此，配置完成，如图 2-75 所示。

```
[root@ftp ~]# setup
[/usr/bin/net join -w MAITENG -S 192.168.14.3 -U Administrator]
Administrator's password:<...>

Using short domain name -- MAITENG
Joined 'FTP' to realm 'MAITENG.NET'

关闭 Winbind 服务：                          [确定]
启动 Winbind 服务：                          [确定]
[root@ftp ~]#
```

图 2-75　加入域成功

9）使用 setup 命令将主机加入到 Windows 域后，这时并没有配置完成，还需要进一步修改配置文件，需要修改的内容如下粗黑体字所示。

```
# 修改第一个文件
[root@ftp ~]# vi /etc/samba/smb.conf              # 打开 samba 主配置文件
# 在全局配置下，修改如下内容
#================ Global Settings ================

[global]
#--authconfig--start-line--

# Generated by authconfig on 2011/08/04 23:25:26
# DO NOT EDIT THIS SECTION (delimited by --start-line--/--end-line--)
# Any modification may be deleted or altered by authconfig in future

   workgroup = MAITENG                            # 域名
   password server = 192.168.14.3                 # 域控制器的 IP 地址
   realm = MAITENG.NET                            # 域名
   security = ads                                 # 安全 ADS 模式
   idmap uid = 16777216-33554431                  # 用户 ID
   idmap gid = 16777216-33554431                  # 组 ID
   winbind separator = /                          #Windbind 分隔符
```

```
    template homedir = /homes/%D/%U          # 临时用户登录目录
    template shell = /bin/bash               # 临时用户登录 shell
    winbind use default domain = true        # 域名为真
    winbind offline logon = true             # 登录为真


# 修改第二个文件
[root@ftp ~]# vi /etc/krb5.conf              # 打开 krb5 主配置文件
[logging]
 default = FILE:/var/log/krb5libs.log
 kdc = FILE:/var/log/krb5kdc.log
 admin_server = FILE:/var/log/kadmind.log


[libdefaults]
default_realm = MAITENG.NET                  # 默认领域
 dns_lookup_realm = false
 dns_lookup_kdc = false
 ticket_lifetime = 24h
 forwardable = yes


[realms]
 EXAMPLE.COM = {
  kdc = 192.168.14.3:88
  admin_server = 192.168.14.3:749
  default_domain = maiteng.net
  kdc = 192.168.14.3
 }


 MAITENG.NET = {
  kdc = 192.168.14.3:88                      #kdc 地址和端口
  kdc = 192.168.14.3                         #kdc 地址
 }

[domain_realm]
 .example.com = MAITENG.NET
 example.com = MAITENG.NET


 maiteng.net = MAITENG.NET
 .maiteng.net = MAITENG.NET
[kdc]
profile = /var/kerveros/krb5kdc/kdc.conf     #kdc 配置文件路径
```

```
[appdefaults]
  pam = {
    debug = false
    ticket_lifetime = 36000
    renew_lifetime = 36000
    forwardable = true
    krb4_convert = false
  }
```

# 修改第三个文件

| | |
|---|---|
| `[root@ftp ~]# vi /etc/nsswitch.conf` | # 打开 nsswitch 主配置文件 |
| **passwd:**    files winbind | # 先读 files 然后再通过 Winbind 认证 |
| **shadow:**    files winbind | # 先读 files 然后再通过 Winbind 认证 |
| **group:**     files winbind | # 先读 files 然后再通过 Winbind 认证 |

### 3. 安装与配置 FTP 服务

FTP 服务器加入到 Windows 域后，使用下面的命令可以查看是否安装了 VSFTPD 服务器。如果没有安装 VSFTPD 软件，需要使用 rpm-ivh 命令进行安装。

| | |
|---|---|
| `[root@ftp ~]# rpm -qa |grep vsftpd` | # 查看是否安装 VSFTP 软件 |
| vsftpd-2.0.5-16.el5_4.1 | |

使用下面的命令启动 VSFTPD 服务。

| | |
|---|---|
| `[root@ftp ~]# service vsftpd start` | # 启动 VSFTPD 服务 |
| 为 vsftpd 启动 vsftpd：[ 确定 ] | |
| `[root@ftp ~]#` | |

创建密码库文件，输入用户名和密码，奇数行设置用户名，偶数行设置密码，如下所示。

| | |
|---|---|
| `[root@ftp ~]# vi logins.txt` | # 创建密码库文件 |
| ftpuser1 | # 用户名 |
| maitengftp | # 密码 |
| ftpuser2 | # 用户名 |
| maitengftp | # 密码 |
| ftpuser3 | # 用户名 |
| maitengftp | # 密码 |

因为没有安装 db_load 组件，所以需要从系统盘中进行安装。首先挂载光驱到本地磁盘。

| | |
|---|---|
| `[root@ftp ~]# mount /dev/hdc /mnt/` | # 挂载光驱 |
| mount: block device /dev/hdc is write-protected, mounting read-only | |

## 项目 2　构建单核心企业网络

使用 rpm –ivh 命令安装 db4-utils 软件。

[root@ftp ~]# rpm -ivh /mnt/CentOS/db4-utils-4.3.29-10.el5.i386.rpm　# 安装 db4-utils 软件
warning: /mnt/CentOS/db4-utils-4.3.29-10.el5.i386.rpm: Header V3 DSA signature: NOKEY, key ID e8562897
Preparing...　　　　　　########################################### [100%]
1:db4-utils　　　　　　########################################### [100%]

使用 db_load 命令生成认证文件。

[root@ftp ~]# db_load -T -t hash -f logins.txt /etc/vsftpd_login.db　　　　# 生成认证文件

设置认证文件只对 root 用户可读可写。

[root@ftp ~]# chmod 600 /etc/vsftpd_login.db　　　　　　　　　　# 修改 root 权限

建立虚拟用户所需的 PAM 配置文件。

[root@ftp ~]# vi /etc/pam.d/vsftpd.vu　　　　# 建立虚拟用户所需的 PAM 配置文件
auth required pam_userdb.so db=/etc/vsftpd_login
account required pam_userdb.so db=etc/vsftpd_logi

建立所有 FTP 虚拟用户账户使用的系统用户账户，并设置该账户宿主目录的权限。

[root@ftp ~]# useradd -d /home/ftpsite virtual　　　　# 创建虚拟账户及目录
[root@ftp ~]# chmod 704 /home/ftpsite　　　　　　　　# 修改目录权限

在配置文件中添加虚拟用户的配置内容，在配置文件最后部分添加。

[root@ftp ~]# vi /etc/vsftpd/vsftpd.conf　　　　# 修改 VSFTPD 主配置文件
guest_enable=YES　　　　　　　　　　　　　　　　# 允许 guest 用户登录
guest_username=virtual　　　　　　　　　　　　　#guest 用户是 virtual
pam_service_name=vsftpd.vu　　　　　　　　　　　#PAM 认证文件是 vsftpd.vu
#pam_service_name=vsftpd
userlist_enable=YES
tcp_wrappers=YES

重新启动 FTP 服务。

[root@ftp ~]# service vsftpd restart　　　　　　# 重新启动 VSFTPD 服务

## 2.7　项目测试

### 2.7.1　项目任务六：企业网络底层架构测试

**1．VLAN 功能测试**

使用 show vlan 命令查看 VLAN 状态信息。

Switch#show vlan {id *vlan-id*}

使用 Switch#show interfaces *interface-id* switchport 命令直接查看接口的完整信息，检查配置是否正确。

使用如下命令检查刚才的配置是否正确。配置成 Trunk 的接口会出现在所有的 VLAN 中。

Switch#show interfaces *interface-id* trunk　　# 检查 Trunk 配置状态

依据项目 1 的 VLAN 功能测试方法，使用上述命令进行测试，这里不做重复介绍。

#### 2．链路聚合测试

使用 show aggregatePort summary 和 show interfaces aggregateport 命令查看聚合接口状态。依据项目 1 的链路聚合测试方法，使用上述命令进行测试，这里不做重复介绍。

#### 3．网络地址转换测试

依据项目 1 的网络地址转换测试方法，使用 sh ip nat statistics 命令进行测试，这里不做重复介绍。

#### 4．路由协议测试

在进行路由协议测试时，需要使用 show ip route 命令查看是否学习到全网的路由信息。最后，使用 show ip rip 命令查看动态路由协议的状态信息。

### 2.7.2　项目任务七：应用服务器测试

#### 1．DNS 服务器测试

使用 nslookup 命令对 DNS 服务器进行测试。

```
C:\Documents and Settings\Administrator.MAITENG>nslookup
Default Server:    maiteng.net
Address:    192.168.14.3

> set type=SOA
> maiteng.net
Server:    maiteng.net
Address:    192.168.14.3

maiteng.net
        primary name server = ad-server.maiteng.net
        responsible mail addr = hostmaster.maiteng.com.cn
        serial    = 25
        refresh = 900 (15 mins)
        retry    = 600 (10 mins)
        expire    = 86400 (1 day)
        default TTL = 3600 (1 hour)
ad-server.maiteng.net    internet address = 192.168.14.3
> set type=NS
> maiteng.net
```

```
Server:    maiteng.net
Address:   192.168.14.3


maiteng.net          nameserver = ad-server.maiteng.net
maiteng.net          nameserver = dns.maiteng.net
ad-server.maiteng.net      internet address = 192.168.14.3
dns.maiteng.net internet address = 192.168.14.4
> set type=A
> www.maiteng.net
Server:    maiteng.net
Address:   192.168.14.3


Name:      www.maiteng.net
Address:   192.168.14.2


> ftp.maiteng.net
Server:    maiteng.net
Address:   192.168.14.3


Name:      ftp.maiteng.net
Address:   192.168.14.5
>
```

## 2．Web 服务器测试

依据项目 1 的 Web 服务器测试测试该项目的 Web 服务器，这里不做重复介绍。

## 3．FTP 服务器测试

使用 ifconfig 命令对本地连接进行测试。

```
[root@ftp ~]# ifconfig
eth0      Link encap:Ethernet  HWaddr 00:0C:29:6B:D8:0D
          inet addr:192.168.14.5  Bcast:192.168.14.255  Mask:255.255.255.0
          inet6 addr: fe80::20c:29ff:fe6b:d80d/64 Scope:Link
          UP BROADCAST RUNNING MULTICAST  MTU:1500  Metric:1
          RX packets:4905 errors:0 dropped:0 overruns:0 frame:0
          TX packets:4497 errors:0 dropped:0 overruns:0 carrier:0
          collisions:0 txqueuelen:1000
          RX bytes:645415 (630.2 KiB)  TX bytes:697945 (681.5 KiB)
          Interrupt:67 Base address:0x2000
```

```
lo          Link encap:Local Loopback
            inet addr:127.0.0.1  Mask:255.0.0.0
            inet6 addr: ::1/128 Scope:Host
            UP LOOPBACK RUNNING  MTU:16436  Metric:1
            RX packets:222 errors:0 dropped:0 overruns:0 frame:0
            TX packets:222 errors:0 dropped:0 overruns:0 carrier:0
            collisions:0 txqueuelen:0
            RX bytes:14017 (13.6 KiB)  TX bytes:14017 (13.6 KiB)
```

使用 FTP 命令登录至 FTP 服务器，测试虚拟用户是否登录成功。

```
[root@ftp ~]# ftp ftp.maiteng.com
Connected to 192.168.14.5.
220 (vsFTPd 2.0.5)
530 Please login with USER and PASS.
530 Please login with USER and PASS.
KERBEROS_V4 rejected as an authentication type
Name (192.168.14.5:root): ftpuser1
331 Please specify the password.
Password:
230 Login successful.
Remote system type is UNIX.
Using binary mode to transfer files.
ftp> pwd
257 "/"
ftp> dir
227 Entering Passive Mode (192,168,14,5,109,101)
150 Here comes the directory listing.
226 Directory send OK.
ftp> bye
221 Goodbye.

[root@ftp ~]# wbinfo -u
administrator
guest
krbtgt
[root@ftp ~]# wbinfo -g
BUILTIN/administrators
BUILTIN/users
domain computers
```

```
domain controllers
schema admins
enterprise admins
domain admins
domain users
domain guests
group policy creator owners
dnsupdateproxy
[root@ftp ~]#
```

使用 administrator 账户登录 Linux 操作系统，测试域加入是否成功，如图 2-76 所示。

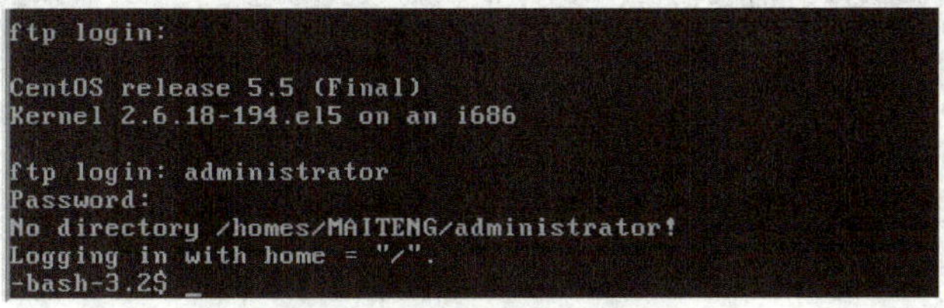

```
ftp login:
CentOS release 5.5 (Final)
Kernel 2.6.18-194.el5 on an i686

ftp login: administrator
Password:
No directory /homes/MAITENG/administrator!
Logging in with home = "/".
-bash-3.2$
```

图 2-76　测试域加入是否成功

## 2.8　项目验收

通过前面的学习和实施，该项目进入最后验收阶段。项目需要验收，验收合格之后方可竣工。本项目的验收文件需要学生以作业的形式提交给授课老师，授课老师验收合格后，项目才能竣工。学生需要提供的文档如下，文档的模板在电子资源包中，学生需要依据模板来制作验收文件。

1. 项目实施报告。
2. 项目测试报告。
3. 项目验收报告。

## 2.9　项目总结

项目完成后，需要学生提交项目总结报告。项目总结报告模板在电子资源包中，学生需要依据模板来填写项目总结报告。

## 2.10　项目练习

根据图 2-77 所示的网络拓扑结构图，完成如下的网络需求。

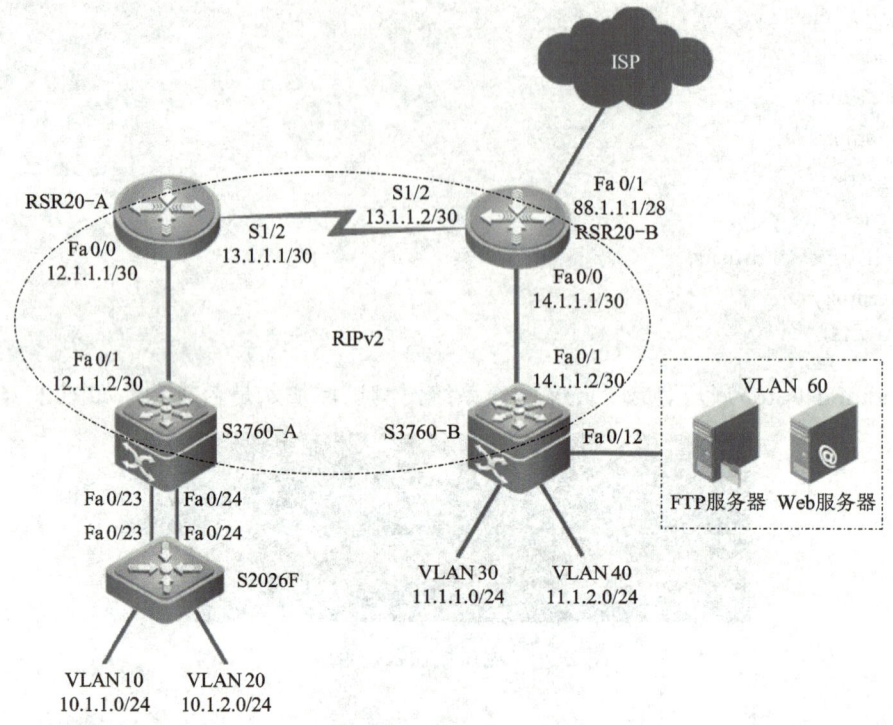

图 2-77 项目练习拓扑结构

**1．网络架构需求**

根据拓扑结构图，为每台网络设备规划并配置 IP 地址和 VLAN。将接口 Fa 0/1 ～ Fa 10 加入到 VLAN 10；将接口 Fa 0/13 ～ Fa 20 加入到 VLAN 20。

**2．二层冗余需求**

在交换机 S3760-A 和 S2026F 交换上配置生成树协议，其模式为 RSTP，设置 S3760-A 交换机为根交换机。

**3．路由协议需求**

全网配置动态路由协议 RIPv2 和静态路由协议，使全网互通。

**4．网络出口需求**

配置 NAT，内网中的 VLAN 10、VLAN 20 能够通过地址池（88.1.1.3 ～ 88.1.1.5/28）访问互联网；内网中的 VLAN 30、VLAN 40 能够通过地址池（88.1.1.6 ～ 88.1.1.8/28）访问互联网；只将 FTP、Web 服务器的 FTP、Web 服务发布到互联网上，其公网 IP 地址为 88.1.1.10。

**5．网络安全需求**

配置 ACL 实现所有用户只有上班时间（周一至周五的 9:00 ～ 18:00）才可以允许访问互联网；不允许 VLAN 10 与 VLAN 20 进行互访，其他不受限制；不允许 VLAN 30、VLAN 40 的用户在上班的时间（9:00 ～ 18:00）访问 FTP 服务器，其他时间受限制。

在接入层交换机上配置端口安全功能，每个接入接口的最大连接数为 2，如果违规则关闭接口。

为了保障 RIP 路由更新的安全，需要配置基于接口的 MD5 验证方式。

## 2.11 项目报告

项目完成后，需要学生使用 Microsoft PowerPoint 制作演示文稿，要求其演示时间为 30min。演示文稿的模板在电子资源包中，具体内容要求如下：

1. 项目概述。
2. 网络项目设计思路。
3. 网络项目设备选型。
4. 网络项目实施。
5. 网络项目测试。
6. 网络存在的问题。
7. 优化的解决方案。

项目报告的考核要点如下：

1. 演示文稿的制作。
2. 演示的技巧。
3. 项目报告的总体思路。
4. 项目报告内容的准确性。

# 项目 3 构建双核心企业网络

## 3.1 网络场景

世纪巨丰科技股份公司是一家从事 IT 产品销售的科技公司。该公司是一个中型企业,有 200 名员工,主要经营基于各个行业应用的 IT 产品销售业务。根据公司业务的需求,需要员工能够通过互联网为客户提供业务服务及公司内部信息传递。

该公司需要构建一个中型的企业网,网络的出口设备采用的是锐捷路由器 RSR20-04,并向服务提供商申请了 2Mbit/s 链路作为访问互联的链路;其核心采用的网络设备是两台锐捷三层交换机 RG-S3760E;其接入层网络设备为两台锐捷二层交换机 RG-S2328G。

为了保障网络的稳定性和拓扑快速收敛,在 IP 选路采用的是动态路由协议。因为网络规模较大,所以采用的动态路由协议为开放式最短路径优先(OSPF)。

为了保障内部网络的安全,需要对内部员工的登录身份进行验证,并对其行为进行审核,所以需要部署 Windows 域环境,并要求使用内部域名服务器为内部用户解析域名。为了实现资源的共享,需要建立 FTP 服务器,并搭建自己的门户网站。详细的网络拓扑结构如图 3-1 所示。

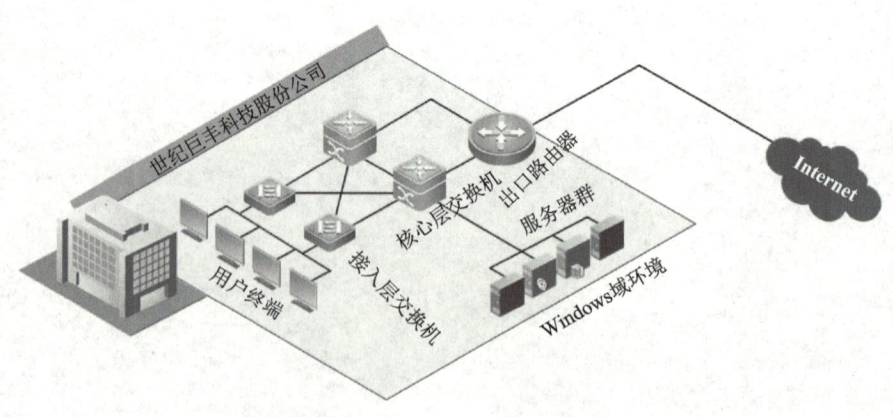

图 3-1 网络架构设计图

## 3.2 用户需求

根据公司业务的性质,公司具体有如下需求:

1)为保障网络的高可用性,要求按照层次型网络结构进行网络设计和网络实施。

2)公司内部有销售部、市场部、营销部、管理部 4 个行政部门,根据部门业务的不同进行区划。

3)内部用户需要使用运营商提供的地址段访问互联网。

4)内部用户只能在上班的时间才能访问互联网。

5)为了保障网络安全,需要每个交换接口只允许接入一台主机。

6)内部用户登录时,需要进行统一身份验证。

7)公司网络采用开放式最短路径优先路由协议。

8)公司需要将业务服务内容以门户网站的方式发布到互联网,实现宣传作用。

9)构建一个安全、畅通的企业网络。

## 3.3 需求分析

1)本网络架构采用的是双核心二层网络架构。双核心二层网络结构包含核心层和接入层,接入层设备通过双链路上连到两台核心层设备,接入层设备与核心层设备之间运行生成树协议,并且通过调整生成树协议的配置实现链路冗余或负载均衡需求。

两台核心层设备与出口设备相连。出口设备的形式可能会存在多种情况,单台、两台或多台,出口设备同核心层设备之间的连接方式也会存在多种情况,这些不同形式的出口组合存在多种设计方案,本项目的出口采用单台设备。

由于是二层网络结构,用户的网关是在核心层设备上,这样网络结构下的核心设备是非常容易受到攻击的。同时,由于双核心二层结构的核心设备又运行了诸如生成树、VRRP、OSPF 等协议,一旦网络中出现了异常报文,这些协议的状态也会受到严重影响,因此,各层设备的优化协议及配置设计对网络的正常运行具有非常重要的意义。

为了保障网络的高可用性,需要使用双核心网络架构,并使用 VRRP 与 MSTP 相结合的技术,实现网络的快速收敛。

根据公司的用户数量和业务需求,公司的核心交换机采用两台 RG-S3760E 三层交换机,接入层交换机采用两台 RG-S2328G,出口路由器采用 RSR20-04。

为了保障网络的高可用性和网络流量的畅通,在接入层交换机与核心交换机之间使用 VRRP 技术实现三层的冗余特性,使用 MSTP 技术实现二层冗余特性。

2)公司内部有销售部、市场部、营销部、管理部 4 个行政部门,可以采用 VLAN 技术,将 4 个行政部门的用户划分到不同的 VLAN 中,既可以实现统一管理,又可以保障网络的安全性。

创建 VLAN 10、VLAN 11、VLAN 12、VLAN 13,将销售部的用户主机划分到 VLAN 10,

市场部的用户主机划分到 VLAN 11，营销部的用户主机划分到 VLAN 12，管理部的用户主机划分到 VLAN 13，服务群的服务器主机划分到 VLAN 14。为了便于网络管理，每个 VLAN 按照部门名称的汉语拼音进行命名。

3）为了保障二层链路的冗余和负载均衡，需要配置 MSTP 协议。创建两个 MSTP 实例，分别为 10 和 20。实例 10 的成员是 VLAN 10 和 VLAN 11，实例 20 的成员是 VLAN 12 和 VLAN 13，设置两台三层交换机为生成树实例的根，并要求两台三层交换机互为备份根。

为提高网络收敛速度，设置所有接入层交换机的 Access 接口为速端口。为了保障网络链路的带宽，将两台三层交换机相连接的链路配置为链路聚合，并使用负载均衡技术，使链路的流量基于原 IP 地址负载均衡。

4）为实现网络三层链路的冗余和负载均衡，需要在网络中使用 VRRP 协议。要求设置一台三层交换机 SW 1 为 VLAN 10 和 VLAN 11 的活跃路由器，另一台三层交换机 SW 2 为备份路由器；设置 SW 2 为 VLAN 12 和 VLAN 13 的活跃路由器，SW 1 为备份路由器，并要求使用 SVI 接口地址作为虚拟路由器 IP 地址。

5）由于网络规模较大，而且采用了基于二层和三层冗余的网络架构，所以需要选择一个适合于大型网络，并且能防止环路的路由协议。本项目选择使用开放式最短路径优先路由协议，采用单区域方式部署。

6）服务提供商为公司提供的全局的 IP 地址段为 161.62.63.1～161.62.63.5，使用 NAT 技术，将 RFC1918 的私有地址转换为合法的全局 IP 址；使用动态端口 NAT 技术实现内部用户访问互联网资源；使用静态 NAT 技术，将 Web 服务器发布到互联网，其合法的公网 IP 地址为 161.62.63.6。

7）在网络安全方面，使用基于时间的访问控制列表，满足用户只能在上班的时间访问互联网。公司的上班时间为每星期的星期一至星期五的 9:00～17:00。

为保障接入层安全，需要在接入层交换机上配置端口安全技术。使用端口安全技术限制主机的连接数为 1，如果有违规的用户则关闭交换机接口。

8）在网络中部署 Windows 域环境。公司申请的合法域名为 shijijufeng.com，在服务器群安装 Windows Server 2003 操作系统，并将所有的客户机加入到域环境中，使用活动目录对内部用户进行身份验证。

公司有 200 名员工，每个部门都有 50 名员工和一个主管业务的经理，而公司的总经理主抓销售部工作。

根据公司行政架构创建相应的组，创建的组的名称为部门名称的汉语拼音；创建的用户账户名称为员工姓名的汉语拼音＋部门名称的汉语拼音首字母。为保障用户账户的安全，创建的用户账户，需要用户登录时重新修改密码。将所有用户加入至相应的组中。

9）使用 IIS 6.0 搭建公司门户网站，并要求所有用户访问 Web 站点时，需要使用 128 位 SSL 加密的方式访问。证书由本域证书颁发机构颁发。

10）使用 Windows 服务器部署 DHCP 服务，为内部用户主机动态分配 IP 地址。创建 4 个 DHCP 地址池，分别为 VLAN 10、VLAN 11、VLAN 12 和 VLAN 13。分配 IP 地址时，需要为用户主机配置网关和 DNS 服务器。

11）为保障网络中的 DNS 服务器的高可用性，在活动目录服务器安装 DNS 服务，并将此服务器设置为主 DNS 服务器。使用 CentOS 操作系统安装另外一台服务器，将此服务

项目 3　构建双核心企业网络

器设置为备份 DNS 服务器。DNS 服务器不但解析内网中的服务器域名，也要为内部用户解析互联网域名，所以还需配置 DNS 转发器。

## 3.4 培养目标

### 学习目标

1. 掌握证书服务器的安装与配置方法。
2. 掌握 VRRP 的工作原理及应用。
3. 掌握 MSTP 的工作原理及应用。
4. 掌握三层交换机和 VLAN 间的路由功能。
5. 掌握动态路由协议 OSPF 的工作原理及应用。
6. 掌握 Linux 操作系统的安装与配置方法。
7. 掌握 VSFTP 服务的安装与配置方法。
8. 掌握 VSFTP 服务高级功能的配置方法。
9. 掌握双核心企业网网络架构的设计与应用。

### 能力目标

1. 考查文档编写能力。
2. 考查项目报告呈现能力。
3. 考查项目的管理能力。
4. 考查岗位的职能能力。

## 3.5 知识准备

### 3.5.1 多生树协议

IEEE 802.1s MSTP（Multiple Spanning Tree Protocol，多生成树协议）是在 IEEE 802.1d STP 和 IEEE 802.1w RSTP 的基础上发展而来的。MSTP 有时也被称为 MISTP（Multiple Instance STP）。

不管是 STP，还是 RSTP，在网络中进行生成树计算时，都没有考虑到 VLAN 的情况。也就是说，在 STP 和 RSTP 中，所有 VLAN 都共享相同的生成树，如图 3-2 所示。

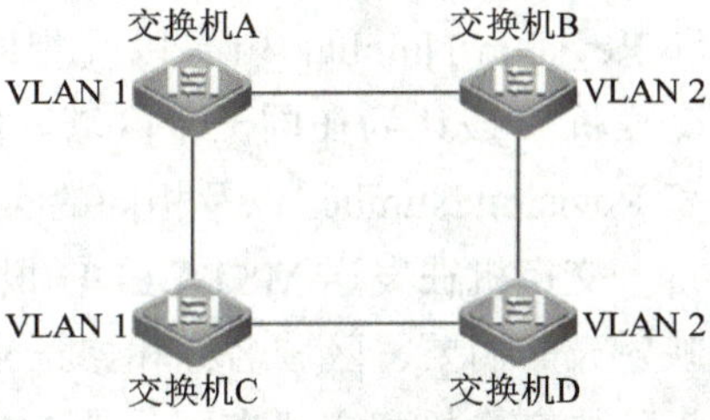

图 3-2　传统生成树问题

在图 3-2 所示的网络中，交换机 A 和交换机 C 上存在 VLAN 1，交换机 B 和交换机 D 上存在 VLAN 2。假设在网络中采用 STP 或者 RSTP，生成树计算的结果可能导致交换机 A

和交换机 C 之间的链路被阻塞。由于交换机 B 和交换机 D 都不包含 VLAN1，因此，交换机 A 和交换机 C 之间的 VLAN 1 的数据无法相互通信。

MSTP 的实现主要为解决这一问题。MSTP 在计算生成树的过程中，会为每个 VLAN 或每组 VLAN 计算一个生成树，从而不会导致图 3-2 中出现的问题。

#### 3.5.1.1　MSTP 区域与实例

为了让一个或多个 VLAN 运行一个生成树，需要对网络中的 VLAN 交换机进行实例划分，即将一个或多个 VLAN 映射到一个 MST 实例（MST Instance）。一个 MST 实例将运行一个生成树，具有相同的 MST 实例映射规则或配置的交换机组成一个 MST 区域（MST Region）。

属于同一个 MST 区域的交换机的以下配置属性必须相同。

1）MST 配置名称（Name）：用 32 字节长的字符串来标志 MST Region 的名称。

2）MST Revision Number（修正号）：用 16 位长的修正值来标志 MST Region 的修正号。

3）VLAN 到 MST 实例的映射：在每台交换机中，最多可以创建 64 个 MST 实例，编号为 1～64，Instance 0 是强制存在的。在交换机上可以通过配置将 VLAN 和不同的 Instance 进行映射，没有被映射到 MST 实例的 VLAN 默认属于 Instance 0。实际上，在配置映射关系之前，交换机上所有的 VLAN 都属于 Instance 0。

如图 3-3 所示，交换机 A 和交换机 C 在同一个区域中，交换机 B 和交换机 D 在同一个区域中。

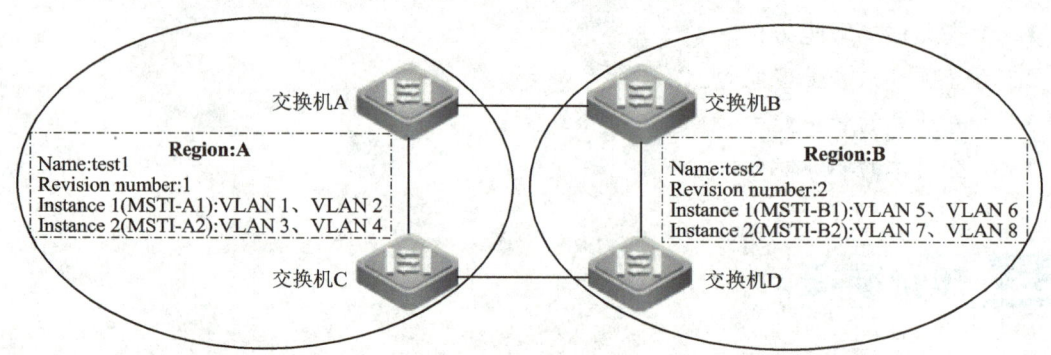

图 3-3　MSTP 区域划分

在图 3-3 所示的 MSTP 区域划分中，交换机 A 和交换机 B 配置了相同的 MST Name（test1）和 Revision Number（1）以及相同的实例映射规则，因此，在 MSTP 运算中，交换机 A 和交换机 B 被认为在同一个区域。同样，交换机 C 和交换机 D 由于配置有相同的 MST Name 和 Revision Number 以及相同的实例映射规则也被视为同一区域。

交换机在发送 MST BPDU 报文的时候，会包含以上这些配置信息，包括 VLAN 到实例映射表的摘要、区域名称和修正号。当交换机发现收到的这些信息与自己的相同时，就会认为邻居交换机和自己在同一个 MST 区域中，否则认为在不同的区域，接收 BPDU 的端口将处于区域的边界。当交换机收到早期的 IEEE 802.1d BPDU 时，也会认为邻居交换机与自己在不同的区域。

在每个区域中，MSTP 都将为每个 MST 实例进行独立的生成树计算，包括选举出根交换机，交换机上的各端口角色，以及确定端口的状态（Forwarding 或者 Discarding）。需要注意的是，计算出的端口角色和状态只在本生成树实例中有效，即只对本生成树实例中的 VLAN 的数据转发有效。

### 3.5.1.2 MSTP 术语

在 MSTP 网络中，会形成很多的生成树，包括 MSTI 生成树、IST、CIST 和 CST。

1）MSTI 生成树。每个 Instance 中的生成树称为 MSTI（Multiple Spanning-Tree Instance）生成树。

2）IST（Internal Spanning Tree）。IST 是 MST 区域内的一个生成树。IST 实例使用编号 0。IST 使整个 MST 区域从外部上看就像一个虚拟的网桥。

3）CST（Common Spanning Tree）。CST 是连接交换网络内部的所有 MST 区域的一个生成树。每个 MST 区域对于 CST 来说，相当于一个虚拟的网桥。如果将 MST 区域视为一个网桥，那么 CST 就是这些"网桥"通过 STP 或 RSTP 计算出来的一个生成树。

4）CIST（Common and Internal Spanning Tree）。IST 和 CST 共同构成了整个网络的 CIST，它相当于每个 MST 区域中的 IST、CST 以及 IEEE 802.1d 网桥的集合。STP 和 RSTP 会为 CIST 选举出 CIST 的根。

如图 3-4 所示，在区域 A 中，实例 1 和实例 2 各自运行本实例的生成树，称为 MSTI 生成树。在整个区域 A 中，所有的交换机运行一个生成树，称为 IST。在整个运行 IEEE 802.1s 的交换机组成的网络中，区域 A 和区域 B 各自被视为一个网桥，在这些网桥间运行的生成树被称为 CST。CIST 是整个网络中 IST、CST 以及 IEEE 802.1d 网桥的集合。

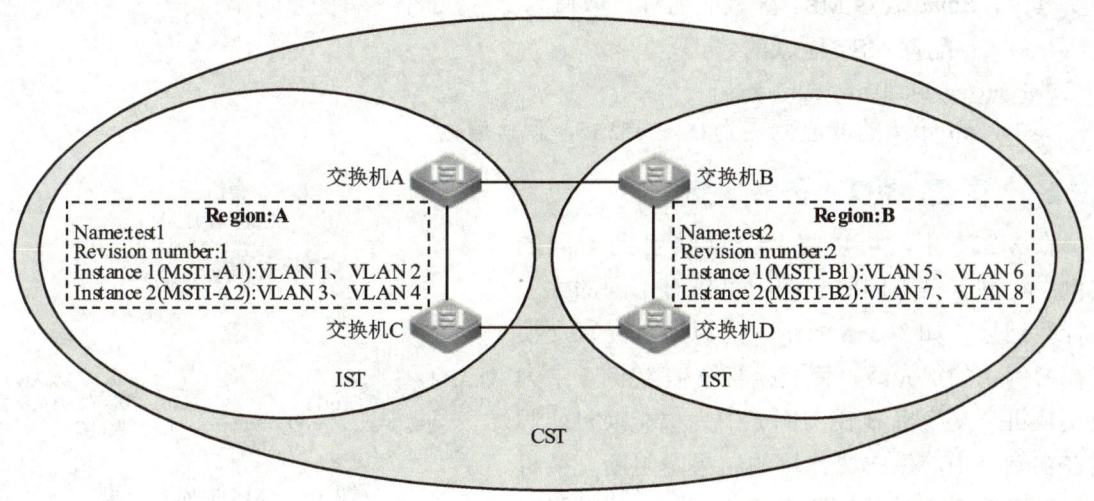

图 3-4 MST 区域与 CST

### 3.5.1.3 配置 MSTP

MSTP 的基本配置包括启用 MSTP、配置 MSTP 区域、配置 VLAN 与生成树实例的映射关系。

在交换机上启用 MSTP 的操作步骤如下：

步骤 1　启用生成树。

Switch(config)#spanning-tree

步骤 2　选择生成树模式为 MSTP。

Switch(config)#spanning-tree mode mstp

默认情况下，当启用生成树后，生成树的运行模式为 MSTP。

如果要让多台交换机处于一个 MSTP 区域中，那么需要在这几台交换机上配置相同的区域配置名称、修正号以及 VLAN 与生成树实例的映射关系。具体的配置步骤如下：

步骤 1　进入全局配置模式。

Switch#configure terminal

步骤 2　进入 MSTP 配置模式。

Switch(config)#spanning-tree mst configuration

步骤 3　在交换机上配置 VLAN 与生成树示例的映射关系。

Switch(config-mst)#instance *instance-id* vlan *vlan-range*

其中，*instance-id* 表示实例号，取值范围为 0～64；*vlan-range* 表示映射到此实例中的 VLAN，取值范围为 1～4094。连续的 VLAN 可以用 vlan_id-vlan_id 表示，例如，"1-20" 表示 VLAN 1～VLAN 20。不连续的 VLAN 用 "," 隔开，例如，"1-20,23,34" 表示的范围是 VLAN 1～VLAN 20 以及 VLAN 23 和 VLAN 34。

步骤 4　配置 MST 区域的配置名称。

Switch(config-mst)#name *name*

其中，*name* 表示 MST 区域的名称，取值为 1～32 个字符的字符串。

步骤 5　配置 MST 区域的修正号。

Switch(config-mst)#revision *number*

其中，*number* 的取值范围为 0～65535，默认值为 0。

#### 3.5.1.4　配置 MSTP 负载均衡

在 MSTP 中，可以将 VLAN 映射到不同的实例中，并且在不同的实例中可以有不同的生成树计算结果。如图 3-5 所示，可以通过配置交换机在实例中的优先级，使交换机 A 在实例 1 中为根交换机，交换机 B 在实例 2 中为根交换机。假设在实例 1 中，生成树计算的结果是阻断交换机 B 和交换机 C 之间的链路；在实例 2 中，被阻断的是交换机 A 和交换机 C 之间的链路，那么对于 VLAN 1 的数据流将使用 AB 和 AC 链路，VLAN 2 的数据流将使用 AB 和 BC 链路，从而实现负载分担的效果。如果不使用 MSTP，那么 VLAN 1 和 VLAN 2 将共享一个生成树，结果是两个 VLAN 中的数据都使用相同的链路，造成冗余链路带宽的浪费。

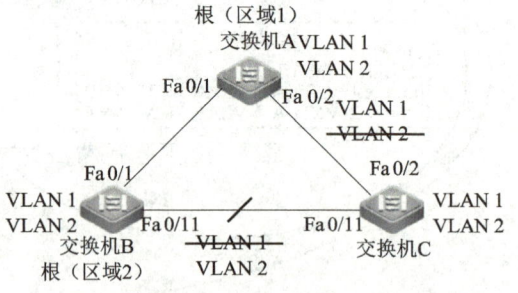

图 3-5　MSTP 负载分担

在图 3-5 所示的网络中，要实现负载分担，关键是要为不同的生成树实例选举出不同的根交换机。用户可以通过调整某台交换机在特定实例中的优先级来实现。

使用如下命令可以为交换机在特定实例中配置优先级。

Switch(config)#spanning-tree mst instance-id priority priority

下面为图 3-5 中的交换机 A 配置 MSTP，将交换机 A 在实例 1 中的优先级配置为 4096。这样配置的结果是交换机 A 在实例 1，即 VLAN 1 中担任根交换机的角色，如例 3-1 所示。

【例 3-1】交换机 A 的配置。

```
SwitchA#configure terminal
SwitchA(config)#spanning-tree
SwitchA(config)#spanning-tree mode mstp
SwitchA(config)#spanning-tree mst configuration
SwitchA(config-mst)#instance 1 vlan 1
SwitchA(config-mst)#instance 2 vlan 2
SwitchA(config-mst)#name abc
SwitchA(config-mst)#revision 1
SwitchA(config-mst)#exit
SwitchA(config)#spanning-tree mst 1 priority 4096
SwitchA(config)#end
```

下面为图 3-5 中的交换机 B 配置 MSTP，将交换机 B 在实例 2 中的优先级配置为 4096。这样配置的结果是交换机 B 在实例 2，即 VLAN 2 中担任根交换机的角色，如例 3-2 所示。

【例 3-2】交换机 B 的配置。

```
SwitchB#configure terminal
SwitchB(config)#spanning-tree
SwitchB(config)#spanning-tree mode mstp
SwitchB(config)#spanning-tree mst configuration
SwitchB(config-mst)#instance 1 vlan 1
SwitchB(config-mst)#instance 2 vlan 2
SwitchB(config-mst)#name abc
SwitchB(config-mst)#revision 1
SwitchB(config-mst)#exit
SwitchB(config)#spanning-tree mst 2 priority 4096
SwitchB(config)#end
```

使用 **show spanning-tree** 命令查看交换机 A 的配置结果与运行状态，如例 3-3 所示。

【例 3-3】查看交换机 A 的配置结果。

```
SwitchA#show spanning-tree
StpVersion : MSTP
SysStpStatus : ENABLED
MaxAge : 20
HelloTime : 2
```

ForwardDelay : 15

BridgeMaxAge : 20

BridgeHelloTime : 2

BridgeForwardDelay : 15

MaxHops: 20

TxHoldCount : 3

PathCostMethod : Long

BPDUGuard : Disabled

BPDUFilter : Disabled

mst 0 vlans map : 3-4094

BridgeAddr : 00d0.f833.6af0

Priority: 32768

TimeSinceTopologyChange : 0d:0h:5m:40s

TopologyChanges : 4

DesignatedRoot : 8000.00d0.f821.a542

RootCost : 0

RootPort : 2

CistRegionRoot : 8000.00d0.f821.a542

CistPathCost : 200000

mst 1 vlans map : 1

BridgeAddr : 00d0.f833.6af0

Priority: 4096

TimeSinceTopologyChange : 0d:0h:5m:40s

TopologyChanges : 4

DesignatedRoot : 1001.00d0.f833.6af0

RootCost : 0

RootPort : 0

mst 2 vlans map : 2

BridgeAddr : 00d0.f833.6af0

Priority: 32768

TimeSinceTopologyChange : 0d:0h:0m:44s

TopologyChanges : 5

DesignatedRoot : 1002.00d0.f882.f4a1

RootCost : 200000

RootPort : 1

从上面的显示结果中可以看到，在实例 1 中，交换机 A 为根交换机，没有根端口；在实例 2 中，交换机 A 为非根交换机，根端口为 Fa 0/1。

使用 **show spanning-tree** 命令查看交换机 B 的配置结果与运行状态，如例 3-4 所示。

**【例 3-4】** 查看交换机 B 的配置结果。

SwitchB#show spanning-tree
StpVersion : MSTP
SysStpStatus : ENABLED
MaxAge : 20
HelloTime : 2
ForwardDelay : 15
BridgeMaxAge : 20
BridgeHelloTime : 2
BridgeForwardDelay : 15
MaxHops: 20
TxHoldCount : 3
PathCostMethod : Long
BPDUGuard : Disabled
BPDUFilter : Disabled
mst 0 vlans map : 3-4094
BridgeAddr : 00d0.f882.f4a1
Priority: 32768
TimeSinceTopologyChange : 0d:0h:8m:54s
TopologyChanges : 1
DesignatedRoot : 8000.00d0.f821.a542
RootCost : 0
RootPort : 1
CistRegionRoot : 8000.00d0.f821.a542
CistPathCost : 400000
mst 1 vlans map : 1
BridgeAddr : 00d0.f882.f4a1
Priority: 32768
TimeSinceTopologyChange : 0d:0h:8m:54s
TopologyChanges : 1
DesignatedRoot : 1001.00d0.f833.6af0
RootCost : 200000
RootPort : 1
mst 2 vlans map : 2
BridgeAddr : 00d0.f882.f4a1
Priority: 4096
TimeSinceTopologyChange : 0d:0h:8m:54s
TopologyChanges : 1

DesignatedRoot : 1002.00d0.f882.f4a1
RootCost : 0
RootPort : 0

从上面的显示结果中可以看到，在实例 1 中，交换机 B 为非根交换机，根端口为 Fa 0/1；在实例 2 中，交换机 B 为根交换机，没有根端口。

### 3.5.2 虚拟路由器冗余协议

#### 3.5.2.1 虚拟路由器冗余协议术语

理解虚拟路由器冗余协议（VRRP）需要掌握一些术语。VRRP 中有两组重要的概念，一组是 VRRP 路由器和虚拟路由器（Virtual Router）；另一组是主路由器（Master Router）和备份路由器（Backup Router）。

VRRP 路由器是指运行 VRRP 的路由器，它是物理实体。虚拟路由器是指 VRRP 虚拟逻辑上的路由器。一组 VRRP 路由器协同工作，共同构成一台虚拟路由器。该虚拟路由器对外表现为一个具有唯一固定 IP 地址和 MAC 地址的逻辑路由器。

主路由器和备份路由器是 VRRP 中的两种路由器角色。一个 VRRP 组中只有 1 台处于主控角色的路由器，但可以有一台或者多台处于备份角色的路由器。VRRP 使用选举机制从一组 VRRP 路由器中选出 1 台路由器作为主路由器，负责 ARP 响应和转发 IP 数据包。VRRP 组中的其他路由器作为备份的角色处于待命状态。当由于某种原因，主路由器发生故障时，备份路由器能在几秒钟的时延后升级为主路由器。由于切换速度非常快，而且终端不用改变默认网关的 IP 地址和 MAC 地址，故对终端使用者系统是透明的。

如图 3-6 所示，路由器 A、路由器 B、路由器 C 都是 VRRP 路由器，这 3 台路由器通过运行 VRRP 虚拟出了 1 台路由器，将虚拟路由器的 IP 地址设置为路由器 A 的 IP 地址 10.1.1.1，网络中主机的默认网关都为虚拟路由器的 IP 地址。

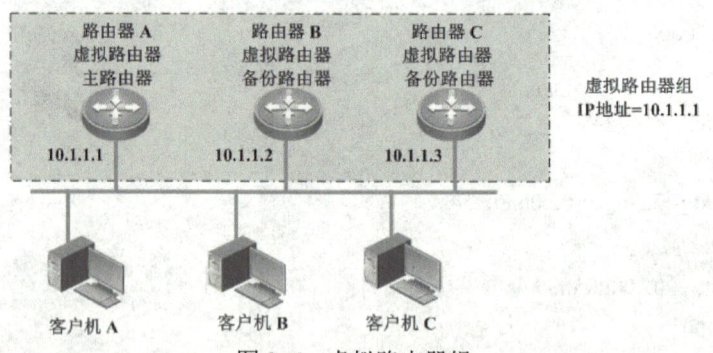

图 3-6 虚拟路由器组

在图 3-6 中，由于虚拟路由器使用路由器 A 物理以太网接口的 IP 地址，因此，路由器 A 就担当了主路由器的角色，路由器 A 被称为 IP 地址拥有者（Owner）。作为主路由器，路由器 A 控制虚拟路由器的 IP 地址，并负责对发送到该虚拟 IP 地址的数据包进行转发。路由器 B 和路由器 C 为备用路由器。如果主路由器路由器 A 发生故障，作为备用路由器的路由器 B 和路由器 C 优先级较高的将替代为主路由器。当路由器 A 恢复正常后，将再次成为主路由器。

每个 VRRP 组中的路由器都有唯一的标识。VRID 范围为 0～255，这个范围决定运行 VRRP 的路由器属于哪一个 VRRP 组。VRRP 组中的虚拟路由器对外表现为唯一的虚拟 MAC 地址，地址的格式为 00-00-5E-00-01-[VRID]。主路由器负责对发送到虚拟路由器 IP 地址的 ARP 请求作出响应，并以该虚拟 MAC 地址作应答。这样无论如何切换，都保证给终端设备的是唯一一致的 IP 和 MAC 地址，避免了切换对终端设备的影响。

如图 3-7 所示，路由器 R1 与 R2 同属于 VRRP 组 1，即 VRID 为 1。由于虚拟 IP 地址为 R1 的 IP 地址 10.1.1.1，所以 R1 成为该组中的主路由器，R2 成为备份路由器。这时在 R2 上使用 **show ip arp** 命令查看 ARP 缓存表，可以看到 ARP 表中存在一条虚拟地址 10.1.1.1 与虚拟 MAC 地址 0000.5e00.0101 的绑定条目。由于 VRID 为 1，所以虚拟 MAC 地址的最后两个十六进制位为 01，构成了虚拟 MAC 地址 0000.5e00.0101。

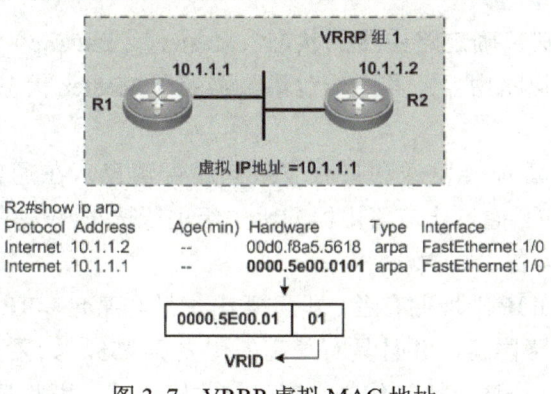

图 3-7　VRRP 虚拟 MAC 地址

#### 3.5.2.2　VRRP 状态

VRRP 路由器在运行过程中有 3 种状态，分别是 Initialize（初始）、Master（活跃）和 Backup（备份）。

**1．Initialize 状态**

系统启动后，路由器进入 Initialize 状态。在此状态中，路由器不对 VRRP 报文作任何处理。当收到接口 UP 的消息后，将进入 Backup 状态或 Master 状态。

**2．Master 状态**

当路由器处于 Master 状态时，它将执行以下任务：

1）定期发送 VRRP 通告。

2）发送免费 ARP（Gratuitous ARP）报文，以便网络内各主机知道虚拟 IP 地址所对应的虚拟 MAC 地址。

3）响应对虚拟 IP 地址的 ARP 请求，且响应的是虚拟 MAC 地址，而不是接口的真实 MAC 地址。

4）转发目的 MAC 地址为虚拟 MAC 地址的 IP 报文。

5）如果路由器是虚拟 IP 地址的拥有者，则接收目的 IP 地址为虚拟 IP 地址的 IP 报文，否则丢弃 IP 报文。

在 Master 状态中，只有当接收到接口的 shutdown 事件时，路由器才会转为 Initialize 状态。

**3．Backup 状态**

当路由器处于 Backup 状态时，它将执行以下任务：

1）接收 Master 发送的 VRRP 报文，从中了解 Master 的状态。

2）对虚拟 IP 地址的 ARP 请求不做响应。

3）丢弃目的 MAC 地址为虚拟 MAC 地址的 IP 报文。

4）丢弃目的 IP 地址为虚拟 IP 地址的 IP 报文。

同样，在 Backup 状态中，只有当接收到接口的 shutdown 事件时，路由器才会转为 Initialize 状态。

### 3.5.2.3　VRRP 选举机制

VRRP 使用选举机制来确定路由器的状态（Master 或 Backup）。运行 VRRP 的一组路由器对外组成了一个虚拟路由器，其中一台路由器处于 Master 状态，而其他的路由器处于 Backup 状态。

运行 VRRP 的路由器都会发送和接收 VRRP 通告消息，在通告消息中包含了自身的 VRRP 优先级信息。VRRP 通过比较路由器的优先级进行选举，优先级高的路由器将成为主路由器，其他路由器都为备份路由器。

如果 VRRP 组中存在 IP 地址拥有者，即虚拟 IP 地址与某台 VRRP 路由器的地址相同时，IP 地址拥有者将成为主路由器，并且具有最高的优先级 255。如果 VRRP 组中不存在 IP 地址拥有者，VRRP 路由器将通过比较优先级来确定主路由器。默认情况下，VRRP 路由器的优先级为 100。当优先级相同时，VRRP 将通过比较 IP 地址来进行选举，IP 地址大的路由器将成为主路由器。

如图 3-8 所示，路由器 A 和路由器 B 的 VRRP 优先级为 150，路由器 C 的 VRRP 优先级为默认的 100，那么主路由器将在路由器 A 和路由器 B 之间产生。由于路由器 A 和路由器 B 的优先级相同，所以需要通过比较接口的 IP 地址。最终由于路由器 B 具有更大的接口 IP 地址，所以路由器 B 将成为该组的主路由器，路由器 A 和路由器 C 成为备份路由器。

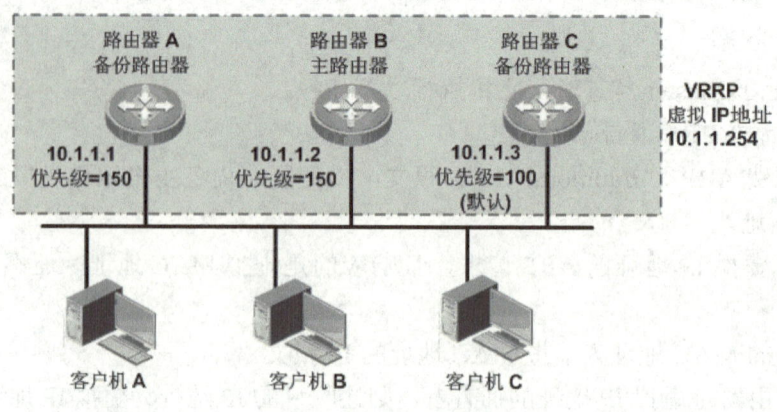

图 3-8　VRRP 选举

当路由器 B 出现故障后，拥有第二高优先级的路由器 A 将接替主路由器的角色。

#### 3.5.2.4　VRRP 定时器

VRRP 在运行过程中使用两个定时器来进行状态检测。

1）通告定时器（Adver-timer）。该定时器在主路由器中使用，用来定义通告间隔（Adver-interval）。主路由器以该定时器的时间间隔定期发送 VRRP 通告报文，告知其他备份路由器自己仍在线。通告间隔默认为 1s，也可以通过配置进行修改。

2）主路由器失效定时器（Master-down-timer）。该定时器在备份路由器中使用，用来定义主路由器失效间隔（Master-down-interval）。主路由器失效间隔是指备用路由器多长时间没有收到主路由器的通告报文后，将认为主路由器已失效，并开始选举新的主路由器。主路由器失效间隔是通告间隔的 3 倍，默认为 3s。

#### 3.5.2.5　VRRP 配置

要启用 VRRP 并使 VRRP 能够正常工作，最基本的配置是要创建 VRRP 组，并为 VRRP 组配置虚拟 IP 地址。

在接口模式下，可使用如下命令创建 VRRP 组，并配置虚拟 IP 地址。

**vrrp** *group-number* **ip** *ip-address* [ **secondary** ]

1）*group-number*：VRRP 组的编号，即 VRID，取值范围为 1～255。属于同一个 VRRP 组的路由器必须配置相同的 VRID 才能正常工作。一台路由器可以加入到多个 VRRP 组中。

2）*ip-address*：VRRP 组的虚拟 IP 地址。虚拟 IP 地址可以是该子网中使用的地址，也可以是某台 VRRP 路由器的接口 IP 地址，即 IP 地址拥有者。虚拟 IP 地址必须与接口地址位于同一个子网中。

3）**secondary**：指为该 VRRP 组配置辅助 IP 地址。

如图 3-9 所示的网络拓扑结构，路由器 A 与路由器 B 属于 VRRP 组 23，虚拟 IP 地址为路由器 A 接口的地址，所以路由器 A 成为该组的 IP 地址拥有者和主路由器。主机 A 将其默认网关设置为虚拟 IP 地址。

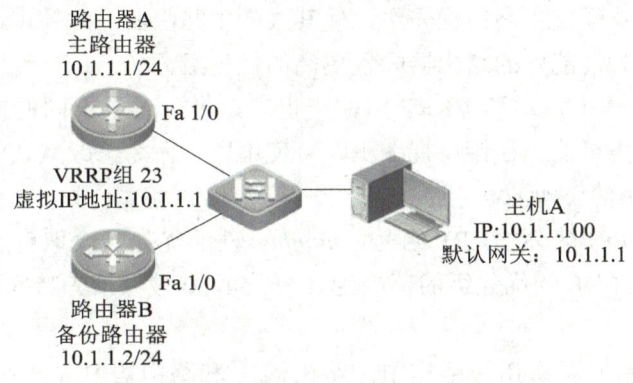

图 3-9　配置 VRRP 组

下面配置图 3-9 中的 VRRP 组。

```
RouterA(config)#interface FastEthernet 1/0
RouterA(config-if)#ip address 10.1.1.1 253.253.253.0
RouterA(config-if)#vrrp 23 ip 10.1.1.1
RouterA(config-if)#end
RouterB(config)#interface FastEthernet 1/0
RouterB(config-if)#ip address 10.1.1.2 253.253.253.0
RouterB(config-if)#vrrp 23 ip 10.1.1.1
RouterB(config-if)#end
```

配置完成后，可以使用 **show vrrp brief** 命令查看 VRRP 组的状态。

```
RouterA#show vrrp brief
Interface        Grp Pri Time    Own Pre State   Master addr    Group addr
FastEthernet 1/0  23 255   3      O   P  Master   10.1.1.1        10.1.1.1
```

从路由器 A 的显示信息中可以看出，路由器 A 的优先级为 255，状态为 Master（主路由器），是 VRRP 组 23 的 IP 地址拥有者。

使用 **show vrrp brief** 命令查看路由器 B 的状态。

```
RouterB#show vrrp brief
Interface        Grp Pri Time    Own Pre State   Master addr    Group addr
FastEthernet 1/0  23 100   3      -   P  Backup   10.1.1.1        10.1.1.1
```

从路由器 B 的显示信息中可以看出，路由器 B 的优先级为默认值 100，状态为 Backup（备份路由器）。

前面说过，VRRP 通过比较优先级来选举主路由器和备份路由器。如果 VRRP 组中存在 IP 地址拥有者，那么其优先级最高为 255，并成为主路由器。如果 VRRP 组中不存在 IP 地址拥有者，即虚拟 IP 地址不与任何路由器接口地址相同，就需要通过比较优先级来选举。

默认情况下，VRRP 路由器的优先级为 100。在优先级相同的情况下，IP 地址大的将成为主路由器。如果希望指定某台路由器成为主路由器，可以手工调整其优先级来影响选举结果。例如，要使用两个路由器作为双出口连接到外部网络，并希望高带宽的链路作为主要链路，低带宽链路作为主链路的备份。这种情况就可以手工调整路由器的 VRRP 优先级，为连接主链路的路由器配置更高的优先级，使其成为主路由器。此外，还可以根据路由器的性能来调整优先级，为性能好的路由器配置更高的优先级。

优先级的配置是基于接口和 VRRP 组的，也就是说，对于不同的接口和不同的 VRRP 组可以分配不同的优先级值。在接口视图下，可使用以下命令修改默认的优先级。

**vrrp** *group-number* **priority** *number*

其中，*group-number* 表示 VRRP 组号；*number* 表示优先级，取值范围为 1～254，默认为 100。实际上，VRRP 的优先级的范围为 0～254，0 被保留为特殊用途使用，255 表示 IP 地址拥有者。

在如图 3-10 所示的网络拓扑结构中，路由器 A 和路由器 B 位于分部，这两台路由器分别通过一条 T1 链路连接到总部，由于路由器 A 具有更高的优先级，所以成为了主路由器，路由器 B 为备份路由器。

如果路由器 A 和总部之间的 T1 链路出现了故障，路由器 A 将从接口 Fa 0/0 发送通告信息，声明自己仍是主路由器。在这种情况下，网络内部发送给总部的报文还会被发送给路由器 A，但路由器 A 却无法对报文进行转发。

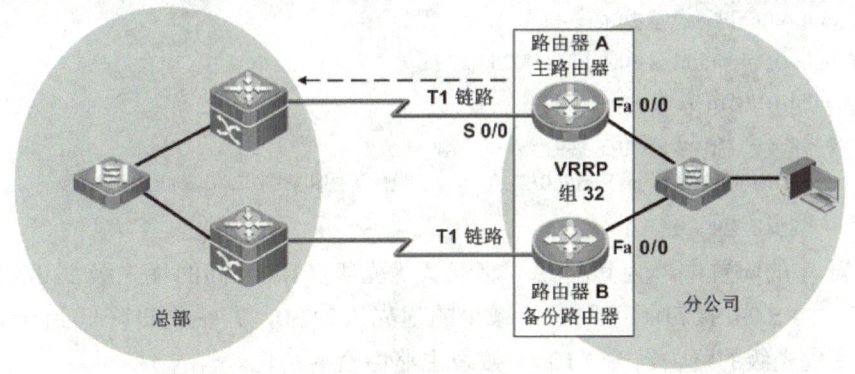

图 3-10　VRRP 接口跟踪

为了解决这种问题，可以使用 VRRP 的接口跟踪机制。接口跟踪能够使 VRRP 根据路由器其他接口的状态，自动调整该路由器 VRRP 优先级。当被跟踪接口不可用时，路由器的 VRRP 优先级将降低。接口跟踪能确保当主路由器的重要接口不可用时，该路由器不再是主路由器，使备份路由器有机会成为新的主路由器。

在图 3-11 中，路由器 A 的 VRRP 对 S 0/0 接口进行跟踪。如果接口 S 0/0 和总部之间的链路出现故障，路由器会自动降低 VRRP 的优先级。这时如果路由器 B 具有更高的优先级，路由器 B 将承担主路由器的角色。

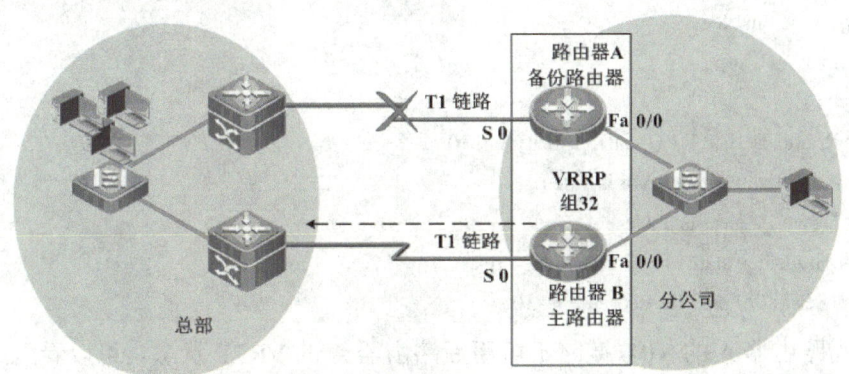

图 3-11　VRRP 接口跟踪示例

在接口视图下，可使用以下命令配置接口跟踪。

**vrrp** *group-number* **track** *interface* [ *priority-decrement* ]

其中，*interface* 表示被跟踪的接口；*priority-decrement* 表示 VRRP 发现被跟踪接口不可用后，所降低的优先级数值，默认为 10。当被跟踪接口恢复后，优先级也将恢复到原来的值。

需要注意的是，在配置优先级的减少值时，必须保证降低后的优先级小于现有备份路由器的优先级，以便让备用路由器接替主路由器的角色。

下面为图 3-11 中的路由器 A 配置接口跟踪，如例 3-5 所示。

【例 3-5】VRRP 配置。

```
RouterA(config)#interface Serial 0/0
RouterA(config-if)#ip address 200.1.1.2 253.253.253.0
RouterA(config-if)#exit
RouterA(config)#interface FastEthernet 0/0
RouterA(config-if)#ip address 10.1.1.1 253.253.253.0
RouterA(config-if)#vrrp 32 ip 10.1.1.254
RouterA(config-if)#vrrp 32 priority 120
RouterA(config-if)#vrrp 32 track Serial 0/0 30      # 配置被跟踪接口和降低的优先级
RouterA(config-if)#end
```

在路由器 A 的配置中，为其配置了比默认优先级（100）高的优先级 120，并且被跟踪接口为 S 0/0。当 S 0/0 接口不可用时，减少的优先级为 30，即优先级降低到 90，这样可以保证具有更高优先级的路由器 B（100）接替主路由器的角色。

配置完成后，使用 **show vrrp** 命令可以查看 VRRP 接口跟踪信息，如例 3-6 所示。

【例 3-6】查看 VRRP 接口跟踪信息。

```
RouterA#show vrrp
FastEthernet 1/0-Group 32
  State is Master
  Virtual IP address is 10.1.1.254 configured
  Virtual MAC address is 0000.5e00.0120
  Advertisement interval is 1 sec
  Preemption is enabled
    min delay is 0 sec
  Priority is 120
  Master Router is 10.1.1.1 (local), priority is 120
  Master Advertisement interval is 1 sec
  Master Down interval is 3 sec
  Tracking interface states for 1 interface, 1 up:
    up    Serial 0/0 priority decrement=30
```

例 3-7 为路由器 A 的 S 0/0 链路不可用后路由器 A 的 VRRP 状态。可以看到路由器 A 的优先级已经降低为 90，并且状态为 Backup（备份路由器）。

【例 3-7】查看 VRRP 信息。

```
RouterA#show vrrp brief
Interface          Grp Pri Time Own Pre State    Master addr     Group addr
Ethernet 0          32  90   3   -   P  Backup   10.1.1.2        10.1.1.254
```

在 VRRP 运行过程中，主路由器定期地发送 VRRP 通告信息，备份路由器将侦听主路由器的通告信息。当备份路由器在主路由器失效间隔内没有接收到主路由器的通告消息时，它将认为主路由器失效，并接替主路由器的角色。

## 项目 3　构建双核心企业网络

所谓的 VRRP 抢占（Preempt）模式，是指当原来的主路由器从故障中恢复并接入到网络中后，它将夺回原来属于自己的角色（主路由器）。如果不使用抢占模式，它从故障恢复后将保持备份路由器的状态。

在 VRRP 运行过程中，通常推荐启用抢占模式，这样可以使主链路故障恢复后，数据仍然通过主链路传输。例如，在使用一条高带宽链路和低带宽的备份链路的场景中，结合 VRRP 接口跟踪功能，可以使高带宽链路故障恢复后，仍然作为转发数据的主要链路，而不使用低带宽的备份链路作为主要链路。

在接口模式下，可使用以下命令配置 VRRP 抢占模式。

**vrrp** *group-number* **preempt** [ **delay** *delay-time* ]

其中，*group-number* 表示 VRRP 组号；*delay-time* 表示抢占的延迟时间，即发送通告报文前等待的时间，单位为 s，取值范围为 1～255。默认情况下，抢占模式是启用的，并且如果不配置延迟时间，那么默认值为 0s，即当路由器从故障中恢复后，立即进行抢占操作。

例 3-8 为图 3-11 所示的拓扑结构中，路由器 A 的接口跟踪和抢占模式配置。当路由器 A 的 T1 链路失效后，路由器 A 的优先级将降低到 90，并成为备份路由器，路由器 B 成为主路由器。当路由器 A 的 T1 链路恢复后，路由器 A 的优先级又改成原来的 120，并且由于启用了抢占模式，它将重新接替主路由器的角色。

【例 3-8】为路由器 A 配置抢占模式。

```
RouterA(config)#interface Serial 0/0
RouterA(config-if)#ip address 200.1.1.2 253.253.253.0
RouterA(config-if)#exit
RouterA(config)#interface FastEthernet 0/0
RouterA(config-if)#ip address 10.1.1.1 253.253.253.0
RouterA(config-if)#vrrp 32 ip 10.1.1.254
RouterA(config-if)#vrrp 32 priority 120
RouterA(config-if)#vrrp 32 track Serial 0/0 30
RouterA(config-if)#vrrp 32 preempt                #默认情况下启用抢占模式
RouterA(config-if)#end
```

VRRP 支持对 VRRP 报文的认证。在一个安全性要求不高的网络环境中，可以考虑不使用认证，这样发送和接收 VRRP 报文的路由器不对报文进行认证处理。但是在一个有安全性要求的网络环境中，要对 VRRP 报文增加认证机制。使用认证后，路由器对发送的 VRRP 报文增加认证字，而接收 VRRP 报文的路由器会将收到的 VRRP 报文认证字与本地配置的认证字进行比较，若相同，就认为是一个合法的 VRRP 报文；若不相同，则认为是一个不合法的 VRRP 报文，并将其丢弃。

锐捷网络设备实现的 VRRP 支持明文验证，在同一个 VRRP 组中的路由器必须设置相同的验证密码。需要注意的是，明文验证也只能提供非常有限的安全性。

在接口模式下，可使用以下命令配置 VRRP 明文验证。

**vrrp** *group-number* **authentication** *string*

其中，*string* 表示明文密码，它将被插入到 VRRP 报文中。默认情况下，未启用 VRRP

认证。VRRP 验证配置如例 3-9 所示。

【例 3-9】VRRP 验证配置。

Router(config)#interface FastEthernet 0/0
Router(config-if)#ip address 10.1.1.1 253.253.253.0
Router(config-if)#vrrp 1 ip 10.1.1.1
Router(config-if)#vrrp 1 authentication ruijie        # 配置明文验证密码
Router(config-if)#end

在标准的 VRRP 运行环境中，主路由器负责转发到达虚拟 IP 地址的数据；备份路由器不负责数据的转发，只侦听主路由器的状态，在必要的时刻进行故障切换。在主路由器承担数据转发任务的同时，备份路由器的链路将处于空闲状态，这必然造成了带宽资源的浪费。如图 3-11 所示的拓扑结构中，路由器 B 的 T1 链路的带宽将被浪费。

为了能够提高冗余性，并避免造成带宽资源的浪费，可以在 VRRP 中使用负载均衡。VRRP 负载均衡是通过将路由器加入到多个 VRRP 组实现的，使 VRRP 路由器在不同的组中担任不同的角色，如图 3-12 所示。

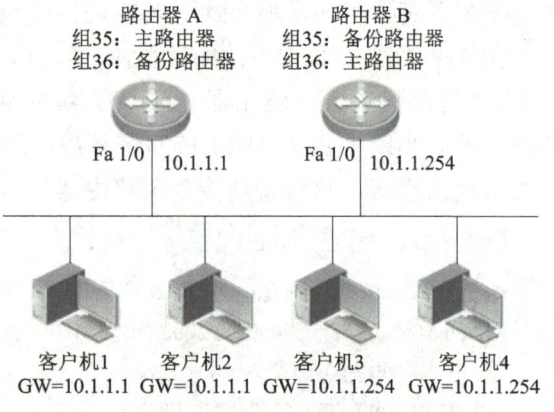

图 3-12  VRRP 负载均衡

在图 3-12 中，路由器 A 和路由器 B 的 Fa 1/0 接口都加入到了 VRRP 组 35 和 VRRP 组 36。路由器 A 在 VRRP 组 35 中作为 IP 地址拥有者担任主路由器，在 VRRP 组 36 中担任备份路由器；路由器 B 在 VRRP 组 36 中作为 IP 地址拥有者担任主路由器，在 VRRP 组 35 中担任备份路由器。VRRP 组 35 的虚拟地址为 10.1.1.1，VRRP 组 36 的虚拟地址为 10.1.1.254。在客户端的配置中，客户机 1 和客户机 2 的默认网关为 VRRP 组 35 的虚拟地址 10.1.1.1，客户机 3 和客户机 4 的默认网关为 VRRP 组 36 的虚拟地址 10.1.1.254。

通过这样的部署和配置，可以看到客户机 1 和客户机 2 发送到其他子网的数据流由路由器 A 转发，客户机 3 和客户机 4 发送到其他子网的数据流由路由器 B 转发。这样路由器 A 和路由器 B 的带宽都被合理地利用，避免了某条链路由于作为备份而产生的空闲状态。当图 3-11 所示的拓扑结构使用 VRRP 负载均衡时，路由器 A 和路由器 B 的两条 T1 链路都能够被有效地利用，这不仅提高了冗余性，还提供了流量的负载均衡。

实际上，VRRP 并不具备对流量进行监控的机制，它的负载均衡是通过使用多个 VRRP 组来实现的，并且这种负载均衡还需要终端配置的配合，即让不同的终端将数据发送到不同的 VRRP 组。

例 3-10 为图 3-12 中 VRRP 负载均衡的配置。

【例 3-10】路由器 A 的负载均衡配置。

RouterA(config)#interface FastEthernet 1/0
RouterA(config-if)#ip address 10.1.1.1 253.253.253.0

```
RouterA(config-if)#vrrp 35 ip 10.1.1.1
RouterA(config-if)#vrrp 36 ip 10.1.1.254
RouterA(config-if)#end
RouterB(config)# interface FastEthernet 1/0
RouterB(config-if)#ip address 10.1.1.254 253.253.253.0
RouterB(config-if)# vrrp 35 ip 10.1.1.1
RouterB(config-if)#vrrp 36 ip 10.1.1.254
RouterB(config-if)#end
```

使用 **show vrrp brief** 命令查看 VRRP 负载均衡的状态，如例 3-11 和例 3-12 所示。

【例 3-11】查看路由器 A 的 VRRP 负载均衡状态。

```
RouterA #show vrrp brief
Interface        Grp Pri Time   Own Pre State    Master addr    Group addr
FastEthernet 1/0 35  255  3     O   P   Master   10.1.1.1       10.1.1.1
FastEthernet 1/0 36  100  3     -   P   Backup   10.1.1.254     10.1.1.254
```

从路由器 A 的显示结果中可以看到，路由器 A 在组 35 中为主路由器，在组 36 中为备份路由器。

【例 3-12】查看路由器 B 的 VRRP 负载均衡状态。

```
RouterB #show vrrp brief
Interface        Grp Pri Time   Own Pre State    Master addr    Group addr
FastEthernet 1/0 35  100  3     -   P   Backup   10.1.1.1       10.1.1.1
FastEthernet 1/0 36  255  3     O   P   Master   10.1.1.254     10.1.1.254
```

从路由器 B 的显示结果中可以看到，路由器 B 在组 36 中为主路由器，在组 35 中为备份路由器。

VRRP 提供了一些 **show** 命令，使用这些命令可以查看 VRRP 的运行状态信息。

使用以下命令可以查看 VRRP 的状态信息。

```
show vrrp [ group-number | brief ]
```

其中，*group-number* 表示查看特定 VRRP 组的状态信息；**brief** 表示查看 VRRP 的概要信息。如果不指定参数，则显示所有 VRRP 组的状态信息。

### 3.5.3 OSPF 概念

OSPF 是对链路状态路由协议的一种实现，隶属内部网关协议（Interior Gateway Protocol，IGP），用于单个自治体系（AS）的路由器之间的路由选择。OSPF 采用链路状态技术，路由器互相发送直接相连的链路信息和它所拥有的到其他路由器的链路信息。每个 OSPF 路由器维护相同自治系统拓扑结构的数据库。从这个数据库里，可以构造出最短路径树来计算出路由表。当拓扑结构发生变化时，OSPF 能迅速重新计算出路径，而只产生少量的路由协议流量。OSPF 支持开销的多路径。区域路由选择功能使添加路由选择保护和降低路由选择协议流量均成为可能。此外，所有的 OSPF 路由选择协议的交换都是经过验证的。

#### 3.5.3.1　SPF 工作过程

SPF（最短路径优先）算法是 OSPF 路由协议的基础。SPF 算法有时也被称为 Dijkstra 算法，这是因为 SPF 算法是 Dijkstra 发明的。SPF 算法将每一个路由器作为根（Root）来计算其到每一个目的地路由器的距离，每一个路由器根据一个统一的数据库会计算出路由域的拓扑结构图。该结构图类似于一棵树，在 SPF 算法中，被称为最短路径树（SPF tree）。在 OSPF 路由协议中，最短路径树的树干长度，即 OSPF 路由器至每一个目的地路由器的距离，称为 OSPF 的耗费（Cost）。

在这里，链路带宽以 bit/s 来表示。也就是说，OSPF 的 Cost 与链路的带宽成反比，带宽越高则 Cost 越小，表示 OSPF 到目的地的距离越近。举例来说，FDDI 或快速以太网的 Cost 为 1，2Mbit/s 串行链路的 Cost 为 48，10Mbit/s 以太网的 Cost 为 10 等。

所有的路由器拥有相同的 LSDB（链路状态数据库）后，把自己放进 SPF tree 中的 Root 里，然后根据每条链路的耗费（Cost），选出耗费最低的作为最佳路径，最后把最佳路径放进 Forwarding Database（路由表）中。

链路状态的算法非常简单，在这里将链路状态算法概括为以下 4 个步骤：

**步骤 1**　当路由器初始化或当网络结构发生变化（例如增减路由器，链路状态发生变化等）时，路由器会产生链路状态广播数据包 LSA（Link-State Advertisement），该数据包里包含路由器上所有相连链路，即所有接口的状态信息。

**步骤 2**　所有路由器会通过一种被称为泛洪（Flooding）的方法来交换链路状态数据。泛洪是指路由器将其 LSA 数据包传送给所有与其相邻的 OSPF 路由器，相邻路由器根据其接收到的链路状态信息更新自己的数据库，并将该链路状态信息转送给与其相邻的路由器，直至稳定的一个过程。

**步骤 3**　当网络重新稳定下来，也可以说 OSPF 路由协议收敛下来时，所有的路由器会根据其各自的链路状态信息数据库计算出各自的路由表。该路由表中包含路由器到每一个可到达目的地的 Cost 以及到达该目的地所要转发的下一个路由器（Next-hop）。

**步骤 4**　当网络状态比较稳定时，网络中传递的链路状态信息是比较少的，或者可以说，当网络稳定时，网络中是比较安静的。这也正是链路状态路由协议区别于距离矢量路由协议的一大特点。

图 3-13 所示为 SPF 算法的一个例子。

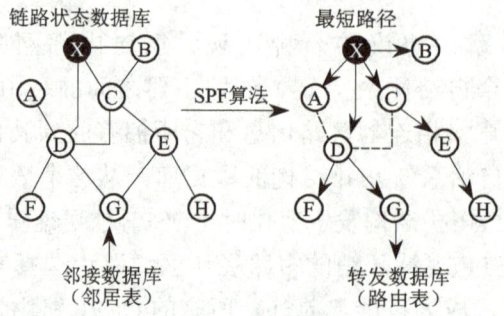

图 3-13　SPF 算法

1）LSA 遵循水平分割（Split Horizon）规则，路由器 H 对路由器 E 宣告它的存在，路由器 E 把路由器 H 的宣告和它自己的宣告再传给路由器 C 和路由器 G；路由器 C 和路由器 G 再和之前类似，继续传播开来。

2）路由器 X 有 4 个邻居：路由器 A、B、C 和 D。假设这里都是以太网，每条网链路的耗费为 10，经过计算，路由器可以算出最佳路径。图 3-13b 中实线所标即为最佳路径。

3）路由器 H 向路由器 E 通告，以表明自己的存在；路由器 E 将路由器 H 和自己的通告传递给邻居（路由器 C 和路由器 G）。路由器 G 将这些通告及自己的通告传递给路由器 D，依此类推。

4）这些 LSA 遵守水平分割规则，即路由器不应将 LSA 通告给提供该 LSA 的路由器。在这个例子中，路由器 E 不会将路由器 H 的 LSA 再通告给路由器 H。

5）路由器 X 有 4 台邻居路由器：A、B、C 和 D。它从这些路由器那里收到了网络中所有其他路由器的 LSA。根据这些 LSA，它能够推断出路由器之间的所有链路，并绘制出图 3-13 所示的路由器连接情况。

6）图 3-13 中每条快速以太网链路的 OSPF 开销都设置为 10，通过将前往每个目的地的成本相加，路由器可以推断出最佳路径。

7）图 3-13 中的右侧图是通过计算得到的最佳路径（SPF 树）。根据这些最佳路径，将前往每台路由器连接的目标网络的路由加入到路由选择表中，并将相应邻居路由器（A、B、C、D）指定为下一跳地址。

### 3.5.3.2　OSPF 选举 DR/BDR

在 DR（指定路由器）和 BDR（备份指定路由器）出现之前，每一台路由器和它的邻居之间成为完全网状的 OSPF 邻接关系，这样 5 台路由器之间将需要形成 10 个邻接关系，同时将产生 25 条 LSA，如图 3-14 所示。

当选举 DR/BDR 的时候，要比较 Hello 包中的优先级（Priority）。优先级高的为 DR，次高的为 BDR，默认优先级都为 1。在优先级相同的情况下就比较 RID（路由器 ID），RID 等级最高的为 DR，次高的为 BDR。当把优先级设置为 0 以后，OSPF 路由器就不能成为 DR/BDR，只能成为 DR Other（其他路由器）。

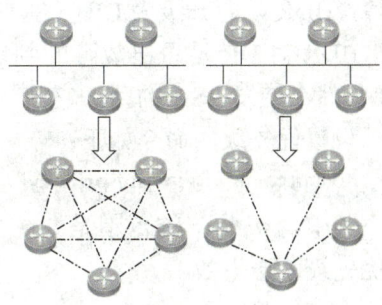

图 3-14　选举 DR 和 BDR

在多址的网络中，还存在自己发出的 LSA 从邻居的邻居处发回来，导致网络上产生很多 LSA 的复制，所以基于这种考虑，产生了 DR 和 BDR。

DR 将完成如下工作：

1）描述这个多址网络和该网络上剩下的其他相关路由器。

2）管理这个多址网络上的泛洪过程。

3）同时为了冗余性，还会选取一个 BDR，作为双备份使用。

DR 和 BDR 选取规则如下：

1）路由器的每个多路访问接口都有路由器优先级，为一个 8 位长的整数，范围是 0～255。

2）Hello 包里包含了优先级的字段，还包括了可能成为 DR/BDR 的相关接口地址。

3）当接口在多路访问网络初次启动时，它把 DR/BDR 地址设置为 0.0.0.0，同时设置等待计时器的值等于路由器无效时间间隔。

DR 和 BDR 选举过程如下：

1）在和邻居建立双向通信之后，检查邻居的 Hello 包中的优先级，以及 DR 和 BDR 字段。列出所有可参与 DR/BDR 选举的邻居，所有的路由器声明它们自己就是 DR/BDR（Hello 包中，DR 和 BDR 字段的值就是它们自己的接口地址）。

2）从这个所有参与选举 DR/BDR 的列表中，创建一组没有声明自己就是 DR 的路由器的子集（声明自己是 DR 的路由器将不会被选举为 BDR）。

3）如果在这个子集中，不管有没有宣称自己是 BDR，只要在 Hello 包中，BDR 字段就等于自己的接口地址，优先级最高的就被选举为 BDR。如果优先级一样，RID 最高的被选举为 BDR。

4）如果在 Hello 包中 DR 字段等于自己的接口地址，优先级最高的被选举为 DR。如果优先级相等，RID 最高的被选举为 DR。如果没有路由器宣称自己是 DR，那么选举的 BDR 就成为 DR。

5）要注意的是，当网络中已经选举了 DR/BDR 后，又出现了一台新优先级更高的路由器，DR/BDR 是不会重新选举的。

6）DR/BDR 选举完成后，DR Other 只和 DR/BDR 形成邻接关系，所有的路由器将组播 Hello 报文到 All OSPF Routers 地址 224.0.0.5，以便它们能跟踪其他邻居的信息，即 DR 将洪泛 Update Packet 到 224.0.0.5。DR Other 只广播 Update Packet 到 All DR Other 地址 224.0.0.6，只有 DR/BDR 监听这个地址。

当网络中新加入一个优先级更高的路由器时，不会影响现有的 DR/BDR，除非 DR 出现故障，BDR 随即升级为 DR，并重新选举 BDR。如果是 BDR 出现故障，就重新选举 BDR。

BDR 对 DR 是否出故障的判定是根据 Wait Timer。如果 BDR 在 Wait Timer 超时前确认 DR 仍然在转发 LSA 的话，它就认为 DR 出故障了。

设置优先级的命令如下：

Router(config-if)#**ip ospf priority**[ *number* ]

其中，*number* 的范围是 0～255。注意：仅当现有 DR 状态 down 掉以后，新设置的接口优先级才会生效。

### 3.5.3.3　邻居和邻接关系

运行 OSPF 的路由器通过交换 Hello 包和其他的路由器建立邻接（Adjacency）关系，其过程如图 3-15 所示。

1）路由器和其他的路由器交换 Hello 包，目标地址采用多播地址。

2）Hello 包交换完毕，邻接关系形成。

3）通过交换 LSA 和对接收方的确认进行同

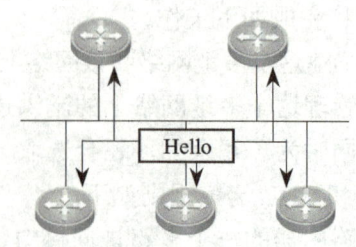

图 3-15　在广播式网络中的 Hello 报文

步 LSDB。对于 OSPF 路由器而言，进入完全邻接状态。

4）如果需要，路由器转发新的 LSA 给其他的邻居，以保证整个区域内 LSDB 的完全同步。

在邻接关系中，OSPF Hello 报文中以下项内容必须相同：Hello/Dead intervals、区域 ID、认证、Stub 区域标识，如图 3-16 所示。

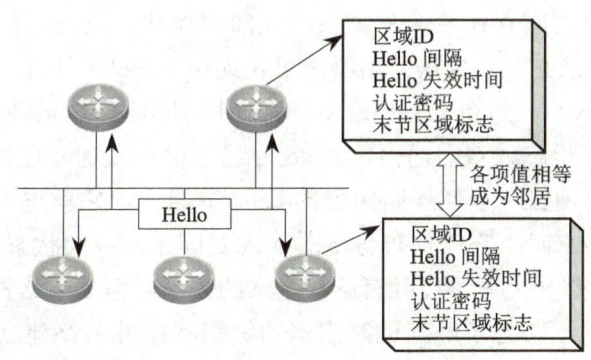

图 3-16　成为邻居时的 Hello 报文参数

对于点到点的 WAN 串行连接，两个 OSPF 路由器通常使用 HDLC 或 PPP 协议来形成完全邻接状态。

对于 LAN 连接，选举一个路由器作为 DR，再选举一个作为 BDR，所有其他的和 DR 以及 BDR 相连的路由器形成完全邻接状态，而且只传输 LSA 给 DR 和 BDR。DR 从邻居处转发更新到另外一个邻居处。DR 的主要功能就是在一个 LAN 内的所有路由器拥有相同的数据库，而且把完整的数据库信息发送给新加入的路由器。路由器之间还会和 LAN 内的其他路由器（非 DR/BDR，即 DR Others）维持一种部分邻居关系（Two-way Adjacency）。OSPF 的邻接一旦形成以后，会交换 LSA 来同步 LSDB，LSA 将进行可靠的洪泛。

LSA 也被称为链路状态协议数据单元（PDU），LSA 具有以下特征：

1）LSA 是可靠的，有一种用于确认 LSA 被成功传递的方法。

2）LSA 被扩散到整个区域。

3）LSA 有序列号和寿命，以确保每台路由器都知道自己有最新的 LSA 版本。

4）LSA 被定期刷新，以确保拓扑信息的有效性，直到 LSA 从 LSDB 中被删除。

5）只有可靠的方式扩散链路状态信息，才能确保区域中每台路由器对网络的认识都是最新、最准确的。

### 3.5.3.4　OSPF 状态

OSPF 的接口可以处于以下 8 种状态之一，OSPF 邻接关系按照如下所述状态顺序，从上至下逐步发展。

1）停止（Down）。在此状态下，OSPF 进程还没有与任何邻居交换信息，OSPF 在等待进行初始状态。

2）尝试（Attempt）。该状态仅在 NBMA（非广播多路访问）环境，如帧中继、

X.25 或 ATM 环境中有效，表示在一定时间内没有接收到某一相邻路由器的信息，但是 OSPF 路由器仍必须通过以一个较低的频率向该相邻路由器发送 Hello 数据包来保持联系。

3）初始（Init）。OSPF 路由器以固定的时间间隔发送类型 1 分组，以便与邻居路由器建立关系。当一个接口收到第一个 Hello 分组后，路由器进入初始状态，这意味着路由器知道有个邻居在等待将相互之间的关系发展到下一步。

一般来说，路由器之间存在着两种关系：双向和邻接，但在它们之间还有很多阶段，路由器在建立任何关系前必须从邻居路由器那里收到一个 Hello 分组。

4）双向（Two-way）。每台 OSPF 路由器都使用 Hello 分组试图与同一 IP 网络中的所有邻居路由器建立双向状态或双向通信，Hello 分组中含有发送者已知的 OSPF 邻居列表，当路由器看到它自己出现在一台邻居路由器的 hello 分组中，它就进入双向状态；当路由器 B 了解到路由器 A 知道它时，它就宣布与路由器 A 之间进入双向状态。

双向状态是 OSPF 邻居之间可以具有的最基本的关系，但处于这种关系中的路由器之间是不能共享路由信息的。要想了解其他路由器的链路状态并最终建立一张路由选择表，每台 OSPF 路由器必须至少建立一个毗邻关系，它是 OSPF 路由器之间的一种高级关系，涉及一系列逐步前进的状态。它不仅依赖于 Hello 分组，还依赖于其他 4 种 OSPF 分组。进入完全邻接状态的第一步是准启动状态，如图 3-17 所示。

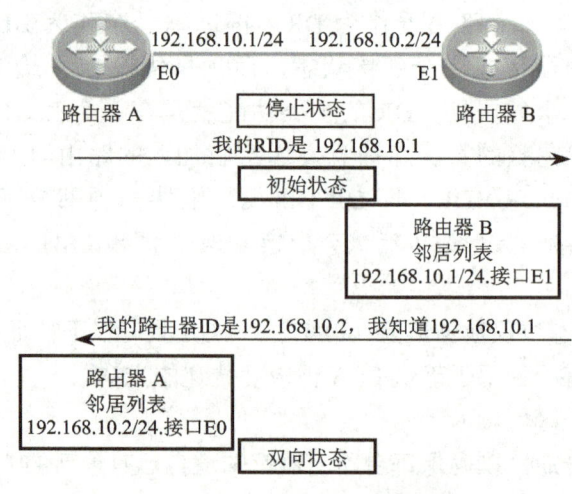

图 3-17　建立双向通信

5）准启动（Exstart）。当路由器与其邻居进入到准启动状态后，它们之间的会话就表征为一种毗邻关系，但这时路由器还没有变成完全邻接状态。准启动状态是用类型 2 的数据库描述（DBD）分组，两台邻居的路由器用 Hello 分组来协商它们之间的关系中谁是"主"谁是"从"，并用 DBD 分组交换数据信名。有最高 OSPF 路由器 ID 的路由器将变成"主"。当邻居路由器建立了它们之间的主从角色后，它们就进入交换状态并开始发送路由选择信息。

6）交换（Exchange）。在交换状态下，邻居路由器使用类型 2 的 DBD 分组来相互发送它们的链路状态信息。换句话说，路由器相互描述自己的链路状态数据库，路由器将它们所学习到的信息与其现在的链路状态数据库进行比较，如果任何一台路由器接收到不在其数据库中的有关链路的信息，该路由器就向其邻居请求有关该链路的完整更新信息。完整的路由选择信息在加载状态下交换，如图3-18所示。

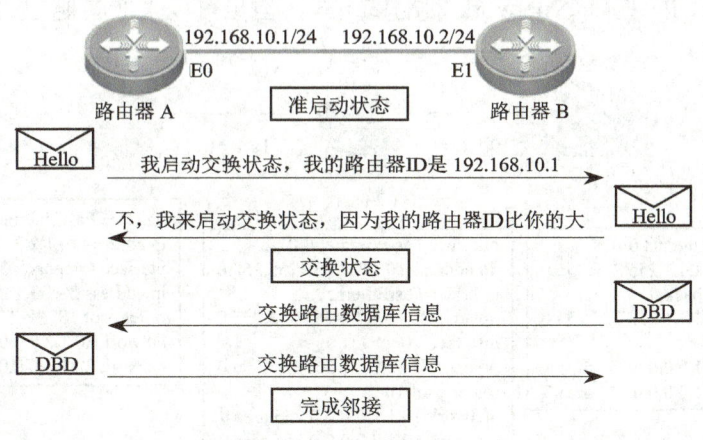

图3-18 发现网络路由

7) 加载（Loading）。在相互描述过各自的链路状态数据库后，路由器用类型3的分组（LSR）请求更完整的信息，当路由器接收到一个LSR时，它会用一个类型4的分组（LSU）进行回应。这些类型4的LSU分组含有确切的LSA。LSA是链路状态类型路由选择协议的核心。类型4的LSU分组需要用类型5的数据包（LSAck）进行确认。

8) 完全邻接（Full Adjacency）。加载状态结束后，路由器就变成完全邻接状态，每台路由器都保存着一张邻接路由器表，称为邻接数据库（Adjacency Database）。注意：不要将邻接数据库、链路状态数据库或转发数据库混淆。

### 3.5.3.5 配置OSPF

配置OSPF路由进程，并定义与该OSPF路由进程关联的IP地址范围，以及该范围IP地址所属的OSPF区域。OSPF路由进程只属于该IP地址范围的接口发送、接收OSPF报文，并且对外通告该接口的链路状态。

要创建OSPF路由进程，在全局配置模式中执行表3-1中的命令。

表3-1 配置OSPF进程

| 步骤 | 命令 | 作用 |
| --- | --- | --- |
| 第一步 | Router(config)#**router ospf** process-id | 创建OSPF路由进程 |
| 第二步 | Router(config-router)#**network** network wildcard **area** area-id | 定义接口所属区域 |

OSPF的单区域的配置命令：在全局配置模式下输入"**router ospf** [ process-id ]"，启动OSPF进程，接下来在路由配置模式下输入"**network** [ address ] [ inverse-mask ] **area** [ area-id ]"。

其中，*process-id* 只是在本路由器有效，所以可以设置成和其他路由器的 *process-id* 一样的号码；*address* 和 *inverse-mask* 为网络（或接口）地址和 Wildcard Mask（反掩码）。

图 3-19 描述了快速以太网广播网络的 OSPF 的配置，图中 3 台路由器都在区域 0 中。该图也显示了常见的配置命令 network 的配置方式，但也可以采取其他方式。

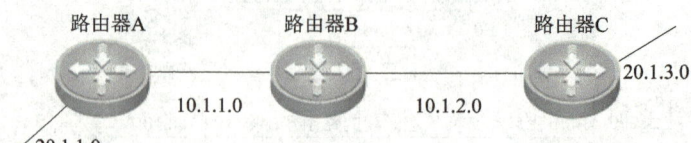

图 3-19  单区域 OSPF 配置

OSPF 的具体配置如例 3-13 所示。

【例 3-13】路由器 A 的 OSPF 配置。

RouterA#
RouterA(config)#interface FastEthernet 0/0
RouterA(config-if)#ip address 10.1.1.1 255.255.255.0
RouterA(config)#interface Loopback 0
RouterA(config-if)#ip address 20.1.1.1 255.255.255.0
RouterA(config)#router ospf 10
RouterA(config-router)#network 10.1.1.0 0.0.0.255 area 0
RouterA(config-router)#network 20.1.1.0 0.0.0.255 area 0
RouterB#
RouterB(conifg)#interface FastEthernet 0/0

为了验证 OSPF 的配置，可以使用 show 命令查看。其中，show ip route 命令用于显示路由器通过学习获得的路由和这些路由是如何学习的，这是确定本地路由器和其他网络之间连接的最好方法之一，如例 3-14 所示。

【例 3-14】查看路由信息。

RouterA#**show ip route**

Codes:  C - connected, S - static,   R - RIP B - BGP
        O - OSPF, IA - OSPF inter area
        N1 - OSPF NSSA external type 1,N2-OSPF NSSA external type 2

## 项目 3　构建双核心企业网络

```
            E1 - OSPF external type 1, E2 - OSPF external type 2
            i - IS-IS, L1 - IS-IS level-1, L2 - IS-IS level-2, ia - IS-IS inter area
            * - candidate default

Gateway of last resort is no set
C       10.1.1.0/24 is directly connected, FastEthernet 0/0
C       10.1.1.1/32 is local host.
O       10.1.2.0/24 [110/2] via 10.1.1.2, 00:03:02, FastEthernet 0/0
C       20.1.1.0/24 is directly connected, Loopback 0
C       20.1.1.1/32 is local host.
O       20.1.2.1/32 [110/1] via 10.1.1.2, 00:03:02, FastEthernet 0/0
O       20.1.3.1/32 [110/2] via 10.1.1.2, 00:01:04, FastEthernet 0/0
```

show ip ospf neighbor detail 命令用于显示邻居路由器的详细信息，包括它们的优先级和状态，如例 3-15 所示。

【例 3-15】查看邻居路由器的详细信息。

```
RouterA#show ip ospf neighbor detail
  Neighbor 20.1.2.1, interface address 10.1.1.2
      In the area 0.0.0.0 via interface FastEthernet 0/0
      Neighbor priority is 1, State is Full, 5 state changes
      DR is 10.1.1.1, BDR is 10.1.1.2
      Options is 0x42 (*|O|-|-|-|-|E|-)
      Dead timer due in 00:00:33
      Neighbor is up for 00:04:03
      Database Summary List 0
      Link State Request List 0
      Link State Retransmission List 0
      Crypt Sequence Number is 0
      Thread Inactivity Timer on
      Thread Database Description Retransmission off
      Thread Link State Request Retransmission off
      Thread Link State Update Retransmission off
```

show ip ospf database 命令用于显示路由器维护的拓扑数据库的内容。这条命令可以显示路由器 ID 和 OSPF 进程 ID。使用这条命令的一些关键字，还可以显示数据库的类型，如例 3-16 所示。

【例 3-16】show ip ospf database 输出。

```
RouterA# show ip ospf database
            OSPF Router with ID (20.1.1.1) (Process ID 10)
```

Router Link States (Area 0.0.0.0)

| Link ID | ADV Router | Age | Seq# | CkSum | Link count |
|---|---|---|---|---|---|
| 20.1.1.1 | 20.1.1.1 | 250 | 0x80000004 | 0xfae5 | 2 |
| 20.1.2.1 | 20.1.2.1 | 133 | 0x80000006 | 0x1e90 | 3 |
| 20.1.3.1 | 20.1.3.1 | 129 | 0x80000004 | 0x25b2 | 2 |

Network Link States (Area 0.0.0.0)

| Link ID | ADV Router | Age | Seq# | CkSum |
|---|---|---|---|---|
| 10.1.1.1 | 20.1.1.1 | 250 | 0x80000001 | 0xcc3a |
| 10.1.2.1 | 20.1.2.1 | 133 | 0x80000001 | 0xd032 |

show ip ospf interface 命令用于检验已经配置在目标的区域中的接口。如果没有指定环回地址，接口地址就会被认为是路由器 ID，它也显示定时器的时间间隔，包括 Hello 分组的时间间隔，还能显示邻接关系，如例 3-17 所示。

【例 3-17】Show ip ospf interface 输出。

```
RouterA#show ip ospf interface
FastEthernet 0/0 is up, line protocol is up
    Internet Address 10.1.1.1/24, Ifindex 1, Area 0.0.0.0, MTU 1500
    Matching network config: 10.1.1.0/24
    Process ID 10, Router ID 20.1.1.1,Network Type BROADCAST,Cost: 1
    Transmit Delay is 1 sec, State DR, Priority 1
    Designated Router (ID) 20.1.1.1, Interface Address 10.1.1.1
    Backup Designated Router (ID) 20.1.2.1, Interface Address 10.1.1.2
    Timer intervals configured,Hello 10,Dead 40,Wait 40,Retransmit 5
      Hello due in 00:00:01
    Neighbor Count is 1, Adjacent neighbor count is 1
    Crypt Sequence Number is 26383
    Hello received 26 sent 36, DD received 5 sent 4
    LS-Req received 1 sent 1, LS-Upd received 8 sent 3
    LS-Ack received 2 sent 6, Discarded 0
Loopback 0 is up, line protocol is up
    Internet Address 20.1.1.1/24, Ifindex 16385, Area 0.0.0.0, MTU 1500
    Matching network config: 20.1.1.0/24
    Process ID 10, Router ID 20.1.1.1,Network Type LOOPBACK, Cost: 0
    Transmit Delay is 1 sec, State Loopback
    Timer intervals configured,Hello 10,Dead 40,Wait 40,Retransmit 5
```

show ip ospf 命令用于显示最短路径优先算法的执行次数，也显示拓扑结构没有发生改变时，链路状态更新的时间间隔，如例 3-18 所示。

【例 3-18】show ip ospf 输出。

```
RouterA#show ip ospf
 Routing Process "ospf 10" with ID 20.1.1.1
 Process uptime is 5 minutes
 Process bound to VRF default
 Conforms to RFC2328, and RFC1583Compatibility flag is enabled
 Supports only single TOS(TOS0) routes
 Supports opaque LSA
 SPF schedule delay 5 secs, Hold time between two SPFs 10 secs
 LsaGroupPacing: 240 secs
 Number of incomming current DD exchange neighbors 0/5
 Number of outgoing current DD exchange neighbors 0/5
 Number of external LSA 0. Checksum 0x000000
 Number of opaque AS LSA 0. Checksum 0x000000
 Number of non-default external LSA 0
 External LSA database is unlimited.
 Number of LSA originated 2
 Number of LSA received 8
 Log Neighbor Adjency Changes : Enabled
 Number of areas attached to this router: 1
    Area 0 (BACKBONE)
        Number of interfaces in this area is 2(2)
        Number of fully adjacent neighbors in this area is 1
        Area has no authentication
        SPF algorithm last executed 00:01:30.410 ago
        SPF algorithm executed 6 times
        Number of LSA 5. Checksum 0x02db93
```

另外，clear ip route * 命令用于清除整个 IP 路由选择表；debug ip ospf 命令用于测试 OSPF。

## 3.6 项目实施

### 3.6.1 实施流程

项目实施流程如图 3-20 所示。

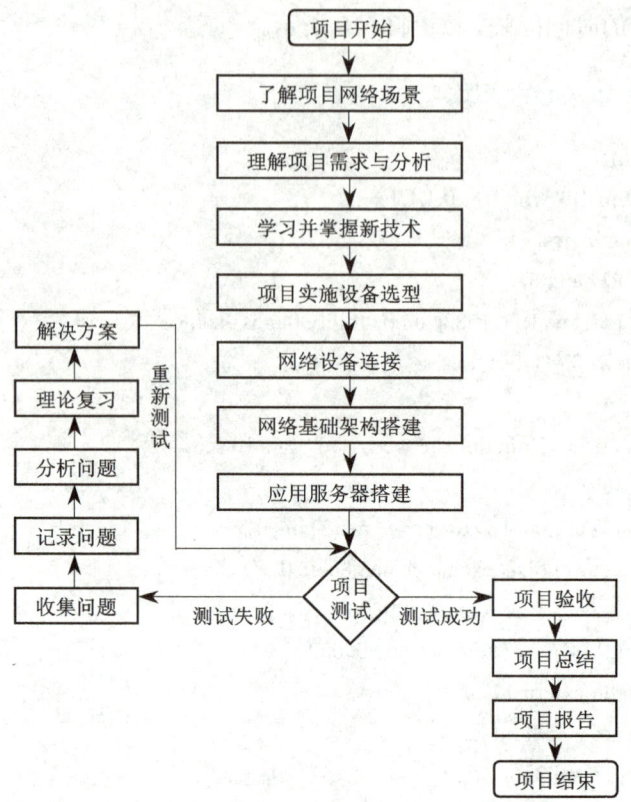

图 3-20　项目实施流程图

### 3.6.2　实施设备

在本项目中，网络设备采用锐捷系列产品，具体情况见表 3-2。

表 3-2　设备清单

| 设备名称 | 设备品牌 | 设备型号 | 设备数量／台 |
| --- | --- | --- | --- |
| 路由器 | 锐捷 | RSR20-04 | 2 |
| 三层交换机 | 锐捷 | RG-S3760E | 2 |
| 二层交换机 | 锐捷 | RG-2328G | 2 |
| 服务器 | IBM | IBM（双核） | 4 |
| 计算机 | 联想 | 联想 | 4 |

本项目使用的操作系统为 Windows Server，具体情况见表 3-3。

表 3-3　软件清单

| 软件名称 | 软件品牌 | 软件型号 | 软件数量 |
| --- | --- | --- | --- |
| Windwos Server | 微软 | Windows Server 2003 R2 | 3 |
| Windows XP | 微软 | Windows XP SP3 | 4 |
| Linux | CentOS | CentOS 5.5 | 1 |

## 项目 3 构建双核心企业网络

### 3.6.3 项目任务一：完成企业网络底层架构的构建

**1. 网络拓扑结构设计**

根据企业应用的需求，绘制出网络拓扑结构图，并对企业进行 IP 地址规划和 VLAN 规划。

根据 IP 地址规划原则，本项目采用 172.16.0.0/16 地址段。由于企业有 4 个部门和一个服务器群，其网段分别为 172.16.10.0/24、172.16.11.0/24、172.16.12.0/24、172.16.13.0/13 和 172.16.14.0/24，其相应用的 VLAN 划分为 VLAN 10、VLAN 11、VLAN 12、VLAN 13 和 VLAN 14，其各个部门的 VLAN ID 与其子 IP 地址第三字节相同，这样更宜于进行网络维护和网络管理。设备之间互连的接口地址采用 30 位子网掩码。

IP 地址和 VLAN 规划完成后，使用 Visio 软件绘制网络拓扑结构图，如图 3-21 所示。

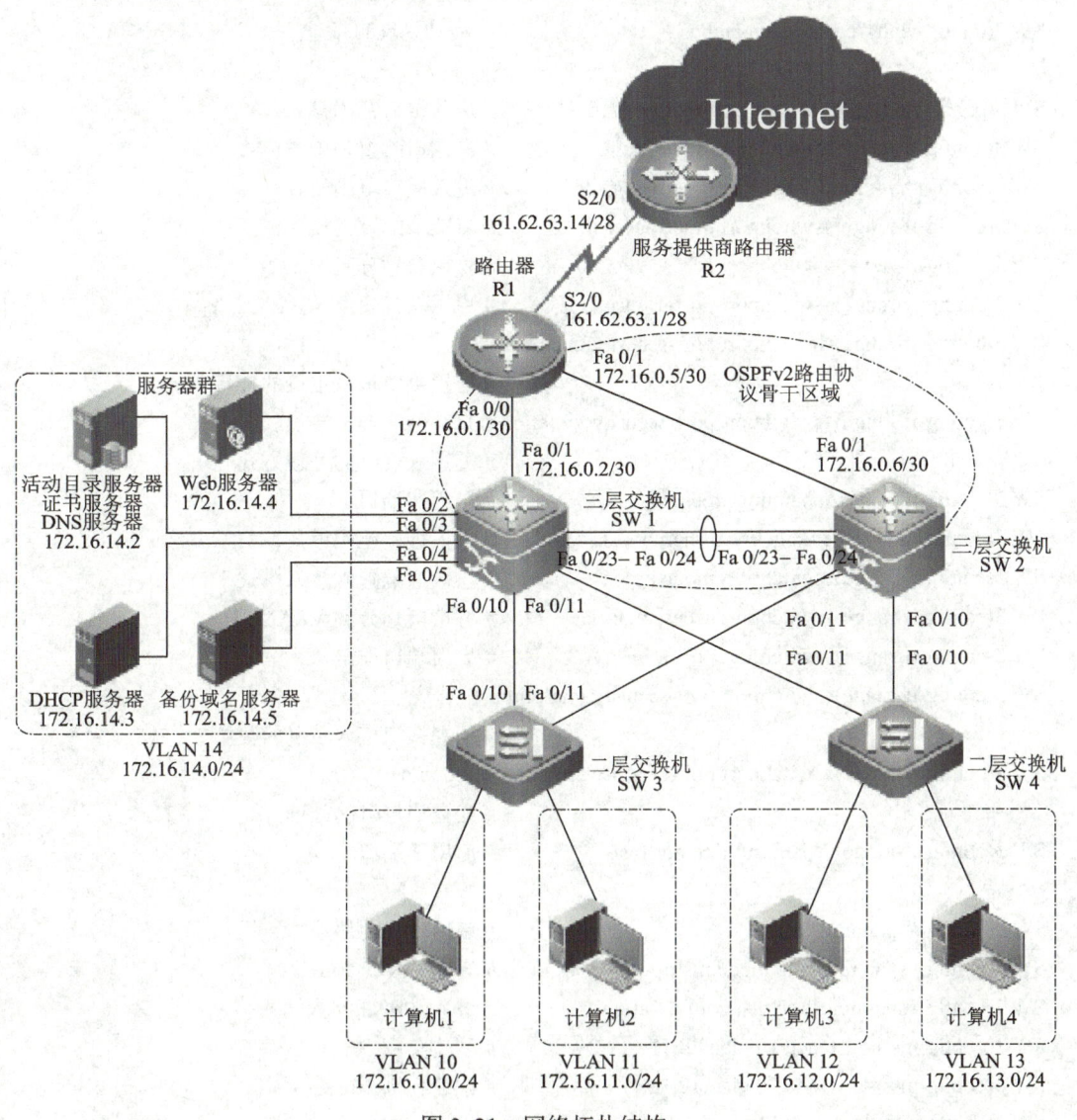

图 3-21 网络拓扑结构

根据网络拓扑结构，使用以太网线或串口线将设备连接起来，对网络设备进行加电，查看设备是否工作正常。

### 2．网络接入层设备配置

利用交换机附带的 Console 线缆将交换机的 Console 端口与主机的串口连接起来，启动交换机，即可使用主机上的终端软件进行连接管理。

进入交换机的用户状态进行配置，具体配置如下：

```
Switch(config)#hostname SW 3                              # 为交换机命名

SW 3(config)#vlan 10                                      # 创建 VLAN 10
SW 3(config-vlan)#name xiaoshoubu                         # 为 VLAN 10 命名
SW 3(config)#vlan 11                                      # 创建 VLAN 11
SW 3(config-vlan)#name shichangbu                         # 为 VLAN 11 命名

SW 3(config)#interface range FastEthernet 0/10-11         # 进入接口范围模式
SW 3(config-if- range)#switchport mode trunk              # 将接口配置为干道模式
SW 3(config)#interface range FastEthernet 0/1-9           # 进入接口范围模式
SW 3(config-if-range)#switchport mode access              # 将接口配置为接入模式
SW 3(config-if-range)#switchport access vlan 10           # 将接口划分到 VLAN 10
SW 3(config-if-range)#switchport port-security            # 启用端口安全
SW 3(config-if-range)#switchport port-security maximum 1
                                                          # 配置接口接入主机的数量
SW 3(config-if-range)#switchport port-security violation shutdown
                                                          # 配置违规时的处理方式
SW 3(config-if-range)#spanning-tree portfast              # 启用速端口
SW 3(config)#interface range FastEthernet 0/12-20         # 进入接口范围模式
SW 3(config-if-range)#switchport mode access              # 将接口配置为接入模式
SW 3(config-if-range)#switchport access vlan 11           # 将接口划分到 VLAN 11
SW 3(config-if-range)#switchport port-security            # 启用端口安全
SW 3(config-if-range)#switchport port-security maximum 1
                                                          # 配置接口接入主机的数量
SW 3(config-if-range)#switchport port-security violation shutdown
                                                          # 配置违规时的处理方式
SW 3(config-if-range)#spanning-tree portfast              # 启用速端口

SW 3(config)#spanning-tree                                # 启用生成树协议
SW 3(config)#spanning-tree mode mstp                      # 定义 MSTP 模式
SW 3(config)#spanning-tree mst configuration              # 进入 MSTP 配置模式
SW 3(config-mst)#instance 10 vlan 10,11                   # 创建实例 10
SW 3(config-mst)#instance 20 vlan 12,13                   # 创建实例 20
SW 3(config-mst)#name shijijufeng                         # 定义区域名称为 shijijufeng
```

| | |
|---|---|
| SW 3(config-mst)#revision 1 | # 定义配置版本号为 1 |
| Switch(config)#hostname SW 4 | # 为交换机命名 |
| SW 4(config)#vlan 12 | # 创建 VLAN 12 |
| SW 4(config-vlan)#name yingxiaobu | # 为 VLAN 12 命名 |
| SW 4(config)#vlan 13 | # 创建 VLAN 13 |
| SW 4(config-vlan)#name guanlibu | # 为 VLAN 13 命名 |
| SW 4(config)#interface range FastEthernet 0/10-11 | # 进入接口范围模式 |
| SW 4(config-if- range)#switchport mode trunk | # 将接口配置为干道模式 |
| SW 4(config)#interface range FastEthernet 0/1-9 | # 进入接口范围模式 |
| SW 4(config-if-range)#switchport mode access | # 将接口配置为接入模式 |
| SW 4(config-if-range)#switchport access vlan 12 | # 将接口划分到 VLAN 10 |
| SW 4(config-if-range)#switchport port-security | # 启用端口安全 |
| SW 4(config-if-range)#switchport port-security maximum 1 | # 配置接口接入主机的数量 |
| SW 4(config-if-range)#switchport port-security violation shutdown | # 配置违规时的处理方式 |
| SW 4(config-if-range)#spanning-tree portfast | # 启用速端口 |
| SW 4(config)#interface range FastEthernet 0/12-20 | # 进入接口范围模式 |
| SW 4(config-if-range)#switchport mode access | # 将接口配置为接入模式 |
| SW 4(config-if-range)#switchport access vlan 13 | # 将接口划分到 VLAN 11 |
| SW 4(config-if-range)#switchport port-security | # 启用端口安全 |
| SW 4(config-if-range)#switchport port-security maximum 1 | # 配置接口接入主机的数量 |
| SW 4(config-if-range)#switchport port-security violation shutdown | # 配置违规时的处理方式 |
| SW 4(config-if-range)#spanning-tree portfast | # 启用速端口 |
| SW 4(config)#spanning-tree | # 启用生成树协议 |
| SW 4(config)#spanning-tree mode mstp | # 定义 MSTP 模式 |
| SW 4(config)#spanning-tree mst configuration | # 进入 MSTP 配置模式 |
| SW 4(config-mst)#instance 10 vlan 10,11 | # 创建实例 10 |
| SW 4(config-mst)#instance 20 vlan 12,13 | # 创建实例 20 |
| SW 4(config-mst)#name shijijufeng | # 定义区域名称为 shijijufeng |
| SW 4(config-mst)#revision 1 | # 定义配置版本号为 1 |

## 3. 网络核心层设备配置

使用超级终端登录至三层交换机，并进行如下配置：

```
Switch(config)#hostname SW 1                          # 为交换机命名
SW 1(config)#vlan 10                                  # 创建 VLAN 10
SW 1(config-vlan)#name xiaoshubu                      # 为 VLAN 10 命名
SW 1(config)#vlan 11                                  # 创建 VLAN 11
SW 1(config-vlan)#name shichangbu                     # 为 VLAN 11 命名
SW 1(config)#vlan 12                                  # 创建 VLAN 12
SW 1(config-vlan)#name yingxiaobu                     # 为 VLAN 12 命名
SW 1(config)#vlan 13                                  # 创建 VLAN 13
SW 1(config-vlan)#name guanlibu                       # 为 VLAN 13 命名
SW 1(config)#vlan 14                                  # 创建 VLAN 14
SW 1(config-vlan)#name fuwuqiqun                      # 为 VLAN 14 命名

SW 1(config)#interface range FastEthernet 0/10-11     # 进入接口范围模式
SW 1(config-if- range)#switchport mode trunk          # 将接口配置为干道模式
SW 1(config)#interface range FastEthernet 0/2-5       # 进入接口范围模式
SW 1(config-if-range)#switchport mode access          # 将接口配置为接入模式
SW 1(config-if-range)#switchport access vlan 14       # 将接口划分到 VLAN 14

SW 1(config)#interface FastEthernet 0/23              # 进入接口模式
SW 1(config-if-FastEthernet 0/23)#portgroup 1         # 将接口配置成 AP 的成员端口
SW 1(config)#interface FastEthernet 0/24              # 进入接口模式
SW 1(config-if-FastEthernet 0/24)#portgroup 1         # 将接口配置成 AP 的成员端口
SW 1(config)#interface Aggregateport 1                # 进入聚合接口模式
SW 1(config-if- aggregateport 1)#switchport mode trunk
                                                      # 配置接口为干道模式
SW 1(config)#aggregateport load-balance src-ip        # 流量基于源 IP 地址负载
SW 1(config)#interface FastEthernet 0/1               # 进入接口模式
SW 1(config-if-FastEthernet 0/1)#no switchport        # 启用三层功能
SW 1(config-if-FastEthernet 0/1)#ip address 172.16.0.2 255.255.255.252
                                                      # 配置接口 IP 地址
SW 1(config-if-FastEthernet 0/1)#no shutdown          # 启动接口
SW 1(config)#service dhcp                             # 启用 DHCP 服务
SW 1(config)#interface vlan 10                        # 进入 VLAN 接口
SW 1(config-if-vlan 10)#ip add 172.16.10.1 255.255.255.0
                                                      # 配置接口 IP 地址
SW 1(config-if-vlan 10)#ip helper-address 172.16.14.3 # 启用 DHCP 中继
SW 1(config-if-vlan 10)#no shutdown                   # 启用接口
SW 1(config)#interface vlan 11                        # 进入 VLAN 接口
SW 1(config-if-vlan 11)#ip add 172.16.11.1 255.255.255.0
                                                      # 配置接口 IP 地址
SW 1(config-if-vlan 11)#ip helper-address 172.16.14.3 # 启用 DHCP 中继
SW 1(config-if-vlan 11)#no shutdown                   # 启用接口
```

| | |
|---|---|
| SW 1(config)#interface vlan 12 | # 进入 VLAN 接口 |
| SW 1(config-if-vlan 12)#ip add 172.16.12.2 255.255.255.0 | |
| | # 配置接口 IP 地址 |
| SW 1(config-if-vlan 12)#ip helper-address 172.16.14.3 | # 启用 DHCP 中继 |
| SW 1(config-if-vlan 12)#no shutdown | # 启用接口 |
| SW 1(config)#interface vlan 13 | # 进入 VLAN 接口 |
| SW 1(config-if-vlan 13)#ip add 172.16.13.2 255.255.255.0 | |
| | # 配置接口 IP 地址 |
| SW 1(config-if-vlan 13)#ip helper-address 172.16.14.3 | # 启用 DHCP 中继 |
| SW 1(config-if-vlan 13)#no shutdown | # 启用接口 |
| SW 1(config)#interface vlan 14 | # 进入 VLAN 接口 |
| SW 1(config-if-vlan 14)#ip add 172.16.14.1 255.255.255.0 | |
| | # 配置接口 IP 地址 |
| SW 1(config-if-vlan 14)#no shutdown | # 启用接口 |
| SW 1(config)#spanning-tree | # 启用生成树协议 |
| SW 1(config)#spanning-tree mode mstp | # 定义 MSTP 模式 |
| SW 1(config)#spanning-tree mst configuration | # 进入 MSTP 配置模式 |
| SW 1(config-mst)#instance 10 vlan 10,11 | # 创建实例 10 |
| SW 1(config-mst)#instance 20 vlan 12,13 | # 创建实例 20 |
| SW 1(config-mst)#name shijijufeng | # 定义区域名称为 shijijufeng |
| SW 1(config-mst)#revision 1 | # 定义配置版本号为 1 |
| SW 1(config)#spanning-tree mst 10 priority 4096 | # 定义此交换机为实例 10 的根 |
| SW 1(config)#spanning-tree mst 20 priority 8192 | # 定义此交换机为实例 20 的备份根 |
| SW 1(config)#interface vlan 10 | # 进入 VLAN 接口模式 |
| SW 1(config-if-vlan 10)#vrrp 10 ip 172.16.10.1 | # 启用 VRRP 进程 |
| SW 1(config-if-vlan 10)#vrrp 10 priority 120 | # 定义接口的 VRRP 优先级 |
| SW 1(config)#interface vlan 11 | # 进入 VLAN 接口模式 |
| SW 1(config-if-vlan 11)#vrrp 11 ip 172.16.11.1 | # 启用 VRRP 进程 |
| SW 1(config-if-vlan 11)#vrrp 11 priority 120 | # 定义接口的 VRRP 优先级 |
| SW 1(config)#interface vlan 12 | # 进入 VLAN 接口模式 |
| SW 1(config-if-vlan 12)#vrrp 12 ip 172.16.12.1 | # 启用 VRRP 进程 |
| SW 1(config)#interface vlan 13 | # 进入 VLAN 接口模式 |

| | |
|---|---|
| SW 1(config-if-vlan 13)#vrrp 11 ip 172.16.13.1 | # 启用 VRRP 进程 |
| SW 1(config)#router ospf 10 | # 启用 OSPF 路由进程 |
| SW 1(config-router)#route-id 1.1.1.1 | # 指定路由器 ID |
| SW 1(config-router)#network 172.16.0.0 0.0.0.3 area 0 | # 宣布路由 |
| SW 1(config-router)#network 172.16.10.0 0.0.0.255 area 0 | # 宣布路由 |
| SW 1(config-router)#network 172.16.11.0 0.0.0.255 area 0 | # 宣布路由 |
| SW 1(config-router)#network 172.16.12.0 0.0.0.255 area 0 | # 宣布路由 |
| SW 1(config-router)#network 172.16.13.0 0.0.0.255 area 0 | # 宣布路由 |
| SW 1(config-router)#network 172.16.14.0 0.0.0.255 area 0 | # 宣布路由 |
| SW 1(config)#ip route 0.0.0.0 0.0.0.0 172.16.0.1 | # 配置默认路由 |
| | |
| Switch(config)#hostname SW 2 | # 为交换机命名 |
| SW 2(config)#vlan 10 | # 创建 VLAN 10 |
| SW 2(config-vlan)#name xiaoshubu | # 为 VLAN 10 命名 |
| SW 2(config)#vlan 11 | # 创建 VLAN 11 |
| SW 2(config-vlan)#name shichangbu | # 为 VLAN 11 命名 |
| SW 2(config)#vlan 12 | # 创建 VLAN 12 |
| SW 2(config-vlan)#name yingxiaobu | # 为 VLAN 12 命名 |
| SW 2(config)#vlan 13 | # 创建 VLAN 13 |
| SW 2(config-vlan)#name guanlibu | # 为 VLAN 13 命名 |
| | |
| SW 2(config)#interface range FastEthernet 0/10-11 | # 进入接口范围模式 |
| SW 2(config-if- range)#switchport mode trunk | # 将接口配置为干道模式 |
| | |
| SW 2(config)#interface FastEthernet 0/23 | # 进入接口模式 |
| SW 2(config-if-FastEthernet 0/23)#portgroup 1 | # 将接口配置成 AP 的成员端口 |
| SW 2(config)#interface FastEthernet 0/24 | # 进入接口模式 |
| SW 2(config-if-FastEthernet 0/24)#portgroup 1 | # 将接口配置成 AP 的成员端口 |
| SW 2(config)#interface Aggregateport 1 | # 进入聚合接口模式 |
| SW 2(config-if- aggregateport 1)#switchport mode trunk | |
| | # 配置接口为干道模式 |
| SW 2 (config)#aggregateport load-balance src-ip | # 流量基于源 IP 地址负载 |
| | |
| SW 2(config)#interface FastEthernet 0/1 | # 进入接口模式 |
| SW 2(config-if-FastEthernet 0/1)#no switchport | # 启用三层功能 |
| SW 2(config-if-FastEthernet 0/1)#ip address 172.16.0.6 255.255.255.252 | |
| | # 配置接口 IP 地址 |
| SW 2(config-if-FastEthernet 0/1)#no shutdown | # 启动接口 |
| SW 2(config)#service dhcp | # 启用 DHCP 服务 |

| | |
|---|---|
| SW 2(config)#interface vlan 10 | # 进入 VLAN 接口 |
| SW 2(config-if-vlan 10)#ip add 172.16.10.2 255.255.255.0 | # 配置接口 IP 地址 |
| SW 2(config-if-vlan 10)#ip helper-address 172.16.14.3 | # 启用 DHCP 中继 |
| SW 2(config-if-vlan 10)#no shutdown | # 启用接口 |
| SW 2(config)#interface vlan 11 | # 进入 VLAN 接口 |
| SW 2(config-if-vlan 11)#ip add 172.16.11.2 255.255.255.0 | # 配置接口 IP 地址 |
| SW 2(config-if-vlan 11)#ip helper-address 172.16.14.3 | # 启用 DHCP 中继 |
| SW 2(config-if-vlan 11)#no shutdown | # 启用接口 |
| SW 2(config)#interface vlan 12 | # 进入 VLAN 接口 |
| SW 2(config-if-vlan 12)#ip add 172.16.12.1 255.255.255.0 | # 配置接口 IP 地址 |
| SW 2(config-if-vlan 12)#ip helper-address 172.16.14.3 | # 启用 DHCP 中继 |
| SW 2(config-if-vlan 12)#no shutdown | # 启用接口 |
| SW 2(config)#interface vlan 13 | # 进入 VLAN 接口 |
| SW 2(config-if-vlan 13)#ip add 172.16.13.1 255.255.255.0 | # 配置接口 IP 地址 |
| SW 2(config-if-vlan 13)#ip helper-address 172.16.14.3 | # 启用 DHCP 中继 |
| SW 2(config-if-vlan 13)#no shutdown | # 启用接口 |
| SW 2(config)#spanning-tree | # 启用生成树协议 |
| SW 2(config)#spanning-tree mode mstp | # 定义 MSTP 模式 |
| SW 2(config)#spanning-tree mst configuration | # 进入 MSTP 配置模式 |
| SW 2(config-mst)#instance 10 vlan 10,11 | # 创建实例 10 |
| SW 2(config-mst)#instance 20 vlan 12,13 | # 创建实例 20 |
| SW 2(config-mst)#name shijijufeng | # 定义区域名称为 shijijufeng |
| SW 2(config-mst)#revision 1 | # 定义配置版本号为 1 |
| SW 2(config)#spanning-tree mst 20 priority 4096 | # 定义此交换机为实例 20 的根 |
| SW 2(config)#spanning-tree mst 10 priority 8192 | # 定义此交换机为实例 10 的备份根 |
| SW 2(config)#interface vlan 10 | # 进入 VLAN 接口模式 |
| SW 2(config-if-vlan 10)#vrrp 10 ip 172.16.10.1 | # 启用 VRRP 进程 |
| SW 2(config)#interface vlan 11 | # 进入 VLAN 接口模式 |
| SW 2(config-if-vlan 11)#vrrp 11 ip 172.16.11.1 | # 启用 VRRP 进程 |
| SW 2(config)#interface vlan 12 | # 进入 VLAN 接口模式 |
| SW 2(config-if-vlan 12)#vrrp 12 ip 172.16.12.1 | # 启用 VRRP 进程 |
| SW 2(config-if-vlan 12)#vrrp 12 priority 120 | # 定义接口的 VRRP 优先级 |
| SW 2(config)#interface vlan 13 | # 进入 VLAN 接口模式 |
| SW 2(config-if-vlan 13)#vrrp 13 ip 172.16.13.1 | # 启用 VRRP 进程 |

| | |
|---|---|
| SW 2(config-if-vlan 13)#vrrp 13 priority 120 | # 定义接口的 VRRP 优先级 |
| SW 2(config)#router ospf 10 | # 启用 OSPF 路由进程 |
| SW 2(config-router)#route-id 2.2.2.2 | # 指定路由器 ID |
| SW 2(config-router)#network 172.16.0.4 0.0.0.3 area 0 | # 宣布路由 |
| SW 2(config-router)#network 172.16.10.0 0.0.0.255 area 0 | # 宣布路由 |
| SW 2(config-router)#network 172.16.11.0 0.0.0.255 area 0 | # 宣布路由 |
| SW 2(config-router)#network 172.16.12.0 0.0.0.255 area 0 | # 宣布路由 |
| SW 2(config-router)#network 172.16.13.0 0.0.0.255 area 0 | # 宣布路由 |
| SW 2(config-router)#network 172.16.14.0 0.0.0.255 area 0 | # 宣布路由 |
| SW 1(config)#ip route 0.0.0.0 0.0.0.0 172.16.0.5 | # 配置默认路由 |

### 4．网络出口设备配置

使用超级终端登录至路由器，并进行如下配置：

| | |
|---|---|
| Router(config)#hostname R1 | # 为路由器命名 |
| R1(config)#interface FastEthernet 0/0 | # 进入接口模式 |
| R1(config-if-FastEthernet 0/0)#ip address 172.16.0.1 255.255.255.252 | # 配置接口 IP 地址 |
| R1(config-if-FastEthernet 0/0)#no shutdown | # 启用接口 |
| R1(config)#interface FastEthernet 0/1 | # 进入接口模式 |
| R1(config-if-FastEthernet 0/1)#ip address 172.16.0.5 255.255.255.252 | # 配置接口 IP 地址 |
| R1(config-if-FastEthernet 0/1)#no shutdown | # 启用接口 |
| R1(config)#interface Serial 2/0 | # 进入接口模式 |
| R1(config-if-Serial 2/0)#ip address 161.62.63.1 255.255.255.240 | # 配置接口 IP 地址 |
| R1(config-if-Serial 2/0)#no shutdown | # 启用接口 |
| R1(config)#interface FastEthernet 0/0 | # 进入接口模式 |
| R1(config-if-FastEthernet 0/0)#ip nat inside | # 定义接口为内部接口 |
| R1(config)#interface FastEthernet 0/1 | # 进入接口模式 |
| R1(config-if-FastEthernet 0/1)#ip nat inside | # 定义接口为内部接口 |
| R1(config)#interface Serial 2/0 | # 进入接口模式 |
| R1(config-if-Serial 2/0)#ip nat outside | # 定义接口为外部接口 |
| R1(config)#time-range work-time | # 创建时间访问列表 |
| R1(config-time-range)#periodic weekdays 09:00 to 18:00 | |

|   |   |
|---|---|
|   | # 定义周期时间 |
| R1(config)#access-list 10 permit 172.16..10.0 0.0.0.255 time-range work-time | |
|   | # 创建访问控制列表，并应用时间限制 |
| R1(config)#access-list 10 permit 172.16.11.0 0.0.0.255 time-range work-time | |
|   | # 创建访问控制列表，并应用时间限制 |
| R1(config)#access-list 10 permit 172.16..12.0 0.0.0.255 time-range work-time | |
|   | # 创建访问控制列表，并应用时间限制 |
| R1(config)#access-list 10 permit 172.16.13.0 0.0.0.255 time-range work-time | |
|   | # 创建访问控制列表，并应用时间限制 |
| R1(config)#ip nat pool internet 1621.62.63.1162.62.63.1.1.5 network 255.255.255.240 | |
|   | # 配置 NAT 地址池 |
| R1(config)#ip nat inside source list 10 pool internet overload | |
|   | # 配置动态 NAT，允许内网访问互联网 |
| R1(config)#ip nat inside source static tcp 172.16.14.4 80 161.62.63.6 80# | |
|   | # 配置静态 NAT，将内部 Web 服务器发布到互联网 |
| R1(config)#router ospf 10 | # 启用路由进程 |
| R1(config-router)#route-id 3.3.3.3 | # 指定路由器 ID |
| R1(config-router)#network 172.16.0.0 0.0.0.3 area 0 | # 宣布路由 |
| R1(config-router)#network 172.16.0.4 0.0.0.3 area 0 | # 宣布路由 |
|   |   |
| R1(config)#ip route 0.0.0.0 0.0.0.0 Serial 2/0 | # 配置默认路由 |

### 5．运营商路由器配置

使用超级终端登录至路由器，并进行如下配置：

|   |   |
|---|---|
| Router(config)#hostname R2 | # 为路由器命名 |
|   |   |
| R2(config)#interface Serial 2/0 | # 进入接口模式 |
| R2(config-if-Serial 2/0)#ip address 161.62.63.14 255.255.255.240 | |
|   | # 配置接口 IP 地址 |
| R2(config-if-Serial 2/0)#no shutdown | # 启用接口 |
| R2(config)#ip route 0.0.0.0 0.0.0.0 Serial 2/0 | # 配置默认路由 |

## 3.6.4 项目任务二：安装与配置活动目录服务器

本项目的活动目录服务器安装的操作系统是 Windows Server 2003 R2 版本，请参照 1.6.4 小节介绍的项目 1 的活动目录服务器的操作系统安装步骤进行安装，由于篇幅有限，这里不做重复介绍。

活动目录服务器的操作系统安装完成后，需要正确配置服务器的 IP 地址。在网络规划时，活动目录服务器的 IP 地址是 172.16.14.2/24。

1）选择"开始"→"控制面板"→"网络连接"→"本地连接"→"属性"→"常

规"→"Internet 协议（TCP/IP）"命令，打开"Internet 协议（TCP/IP）属性"对话框，输入 IP 地址、子网掩码、网关地址和 DNS 服务器地址，单击"确定"按钮。

2）活动目录服务器的 IP 地址配置完成后，安装活动目录服务。选择"开始"→"运行"命令，打开"运行"对话框，输入"dcpromo"，单击"确定"按钮后会弹出 Active Directory 安装向导。在"域控制器类型"对话框中选择"新域的域控制器"单选按钮，单击"下一步"按钮。在"创建一个新域"对话框中选择"在新林中的域"单选按钮，单击"下一步"按钮。在"新的域名"对话框中输入 DNS 全名"shijijufeng.com"。在"NetBIOS 域名"对话框中采用默认配置，单击"下一步"按钮。在"数据库和日志文件文件夹"对话框中采用默认配置，单击"下一步"按钮。在"共享的系统卷"对话框中采用默认配置，单击"下一步"按钮。在"DNS 注册诊断"对话框中选择"在这台计算机上安装并配置 DNS 服务器，并将这台 DNS 服务器设置为这台计算机的首选 DNS 服务器"单选按钮，单击"下一步"按钮。在"权限"对话框中采用默认配置，单击"下一步"按钮。在"目录服务还原模式的管理同密码"对话框中输入还原密码，单击"下一步"按钮，开始安装活动目录。安装完成后，需要重新启动计算机。

### 3.6.5 项目任务三：安装与配置 DNS 服务器

**1. 配置主 DNS 服务器**

1）首先登录到主 DNS 服务器，也就是活动目录服务器，根据项目的要求，配置 DNS 服务器。可以参照 1.6.5 小节介绍的安装与配置 DNS 服务器的方法进行操作，这里不做重复介绍。配置完成后的主 DNS 服务器如图 3-22 所示。

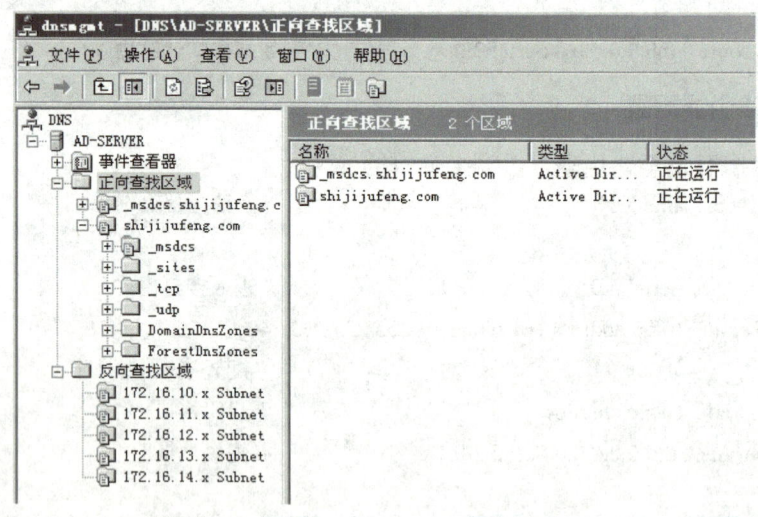

图 3-22 配置完成后的主 DNS 服务器

2）在主 DNS 服务器上打开 DNS 服务管理器，使用鼠标右键单击"shijijufeng.com"节点，在弹出的快捷菜单中选择"属性"命令，在打开的对话框的"名称服务器"选项卡中单击"添加"按钮。在"新建资源记录"对话框的"服务器完全合格的域名（FQDN）"文本框中输入备份 DNS 服务器名称"shijijufeng.com"，单击"确定"按钮。在"区域复制"选项卡中选择"允许区域复制"复选框，再选择"只有在'名称服务器'选项卡中列出的服务器"单选按钮，单击"确定"按钮，完成配置，如图 3-23 ～图 3-25 所示。

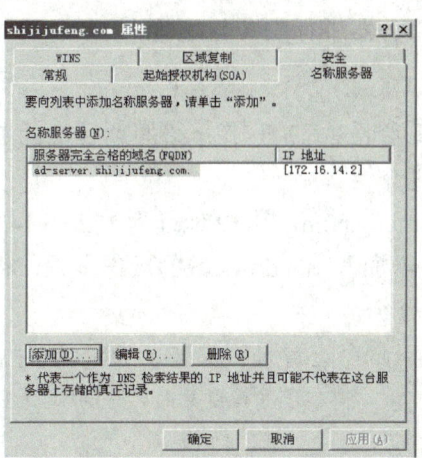
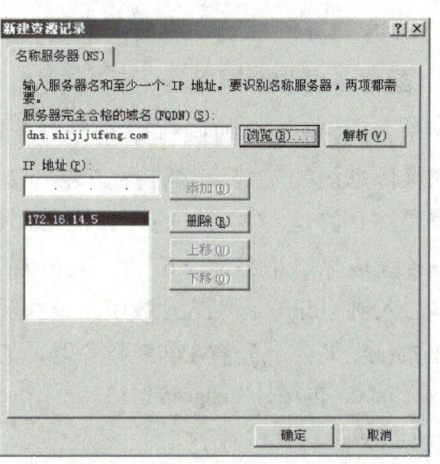

图 3-23　"名称服务器"选项卡（一）　　　图 3-24　指定名称服务器（一）

3）反向区域也需要同样的配置，可以参照上述的配置步骤进行配置。需要注意的是，配置反向区域时，是在 DNS 服务管理器中使用鼠标右键单击"172.16.10.x"节点，之后的操作与配置正向区域完全相同，如图 3-26～图 3-28 所示。

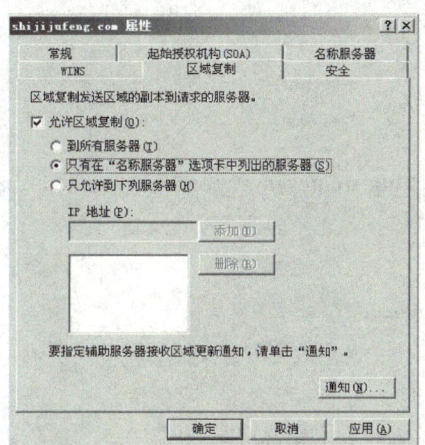
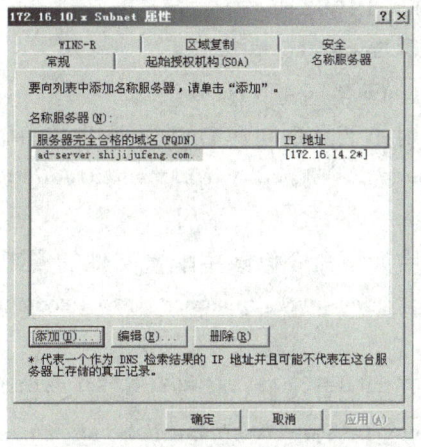

图 3-25　允许区域复制（一）　　　图 3-26　"名称服务器"选项卡（二）

图 3-27　指定名称服务器（二）　　　图 3-28　允许区域复制（二）

主 DNS 服务器配置完成后，需要对备份 DNS 服务器进行安装与配置。

### 2．配置备份 DNS 服务器

备份 DNS 服务器的操作系统是 CentOS 5.5，请参照 2.6.7 小节介绍的项目 2 的 FTP 服务器的操作系统的安装步骤进行安装，这里不做重复介绍。

需要注意的是，本项目的计算机名称是 dns.shijijufeng.com，其 IP 地址为 172.16.14.5/24。操作系统完成后，请参照 2.6.7 小节介绍的 FTP 服务器加入 Windows 域的操作步骤，将 DNS 服务器加入到 shijijufeng.com 域中，这里也不做重复介绍。

在 Linux 平台上配置 DNS 服务器，应先使用如下命令查看是否安装了 DNS 组件。

[root@dns ~]# rpm -qa |grep bind　　　　　　　　　　　#检查是否安装 BIND
bind-devel-9.3.6-4.P1.el5_4.2
bind-libs-9.3.6-4.P1.el5_4.2
bind-libbind-devel-9.3.6-4.P1.el5_4.2
bind-9.3.6-4.P1.el5_4.2
bind-sdb-9.3.6-4.P1.el5_4.2
ypbind-1.19-12.el5
bind-chroot-9.3.6-4.P1.el5_4.2
bind-utils-9.3.6-4.P1.el5_4.2

使用如下命令创建 DNS 主配置文件。

[root@dns ~]# cp /var/named/chroot/etc/named.caching-nameserver.conf /var/named/chroot/etc/named.conf　　　　　　　　　　　　　　　　　　　　　　#创建主配置文件

使用如下命令修改主配置文件的属组权限。

[root@dns ~]# chgrp named /var/named/chroot/etc/named.conf
　　　　　　　　　　　　　　　　　　　　#修改主配置文件的属组权限

打开主配置文件，修改主配置文件中加黑的内容。

[root@dns ~]# vi /var/named/chroot/etc/named.conf　　　　#打开主配置文件
//
// named.caching-nameserver.conf
//
// Provided by Red Hat caching-nameserver package to configure the
// ISC BIND named(8) DNS server as a caching only nameserver
// (as a localhost DNS resolver only).
//
// See /usr/share/doc/bind*/sample/ for example named configuration files.
//
// DO NOT EDIT THIS FILE - use system-config-bind or an editor
// to create named.conf - edits to this file will be lost on
// caching-nameserver package upgrade.
//

```
options {
  listen-on port 53 { any; };
        listen-on-v6 port 53 { ::1; };
        directory        "/var/named";
        dump-file        "/var/named/data/cache_dump.db";
        statistics-file "/var/named/data/named_stats.txt";
        memstatistics-file "/var/named/data/named_mem_stats.txt";

        // Those options should be used carefully because they disable port
        // randomization
        // query-source      port 53;
        // query-source-v6 port 53;

        allow-query       { any; };
        allow-query-cache { any; };
};
logging {
        channel default_debug {
                file "data/named.run";
                severity dynamic;
        };
};
view localhost_resolver {
        match-clients      { any; };
        match-destinations { any; };
        recursion yes;
        include "/etc/named.rfc1912.zones";
};
[root@dns ~]#
```

增加区域配置文件，在文件最末端添加如下内容：

```
[root@dns ~]# vi /var/named/chroot/etc/named.rfc1912.zones    # 打开主配置文件
zone "shijijufeng.com" IN {
        type slave;
        file "slaves/shijijufeng.com.zone";
        masters { 172.16.14.2; };
        allow-update { none; };
};

zone "10.16.172.in-addr.arpa" IN {
```

```
                type slave;
                file "slaves/172.16.10.rev";
                masters { 172.16.15.2; };
                allow-update { none; };
};

zone "11.16.172.in-addr.arpa" IN {
                type slave;
                file "slaves/172.16.11.rev";
                masters { 172.16.15.2; };
                allow-update { none; };
};

zone "12.16.172.in-addr.arpa" IN {
                type slave;
                file "slaves/172.16.12.rev";
                masters { 172.16.15.2; };
                allow-update { none; };
};

zone "13.16.172.in-addr.arpa" IN {
                type slave;
                file "slaves/172.16.13.rev";
                masters { 172.16.15.2; };
                allow-update { none; };
};

zone "14.16.172.in-addr.arpa" IN {
                type slave;
                file "slaves/172.16.14.rev";
                masters { 172.16.15.2; };
                allow-update { none; };
};
```

使用如下命令，重新启动 DNS 服务器。

`[root@dns ~]# service named restart          # 重新启动 DNS 服务器`

### 3.6.6 项目任务四：安装与配置证书服务器

本项目的证书服务安装在活动目录服务器上。在安装证书服务器之前，需要安装 IIS 6.0 组件，如图 3-29 所示。

1）IIS 6.0 组件安装完成后，选择"开始"→"控制面板"→"添加/删除程序"→"添加/删除 Windows 组件"命令，打开"Windows 组件向导"对话框，在"组件"列表框中选择"证书服务"复选框，单击"下一步"按钮，如图 3-30 所示。

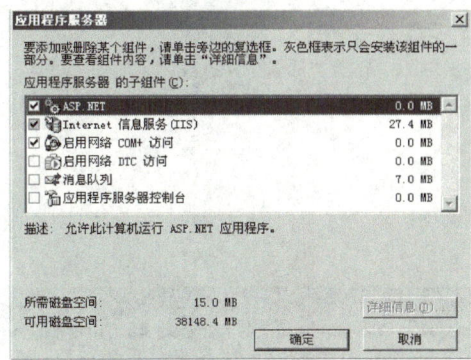
图 3-29　选择 IIS 组件

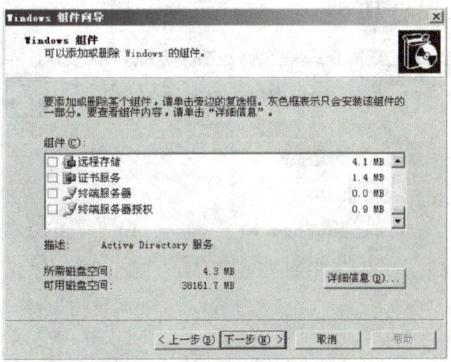
图 3-30　安装证书服务

2）选择证书服务后，会弹出警告对话框，这时单击"是"按钮，如图 3-31 所示。

3）在"CA 类型"对话框中选择"企业根 CA"单选按钮，单击"下一步"按钮，如图 3-32 所示。

图 3-31　确认警告信息

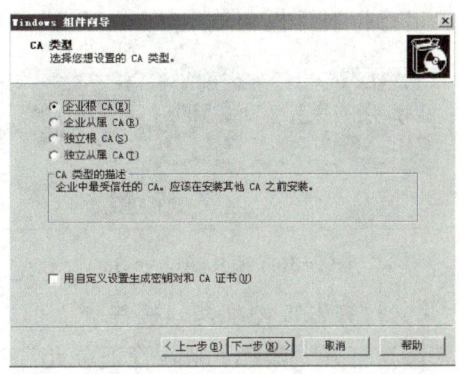
图 3-32　选择 CA 类型

4）在"CA 识别信息"对话框中输入 CA 的公用名称，单击"下一步"按钮，如图 3-33 所示。

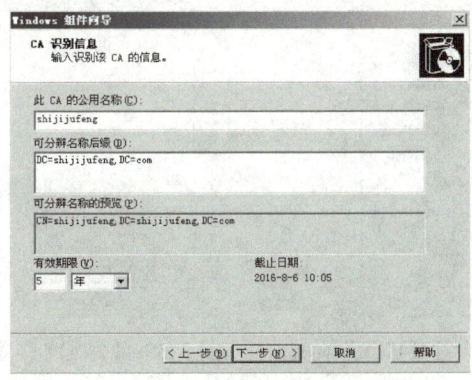
图 3-33　输入 CA 名称

5)在"证书数据库设置"对话框中输入证书数据库存放路径,建议选用默认设置,单击"下一步"按钮,如图 3-34 所示。

6)在安装证书服务器时,需要停止 Internet 信息服务,因此,单击"是"按钮,如图 3-35 所示。

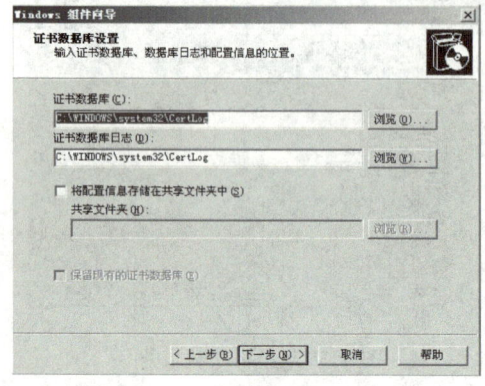

图 3-34　输入证书数据库路径　　　　　图 3-35　停止 Internet 信息服务

7)允许证书服务提供 Web 注册服务,单击"是"按钮,如图 3-36 所示。

8)证书服务安装完成后,需要为管理员申请管理员证书。选择"开始"→"运行"命令,在"运行"对话框中输入"mmc",如图 3-37 所示。

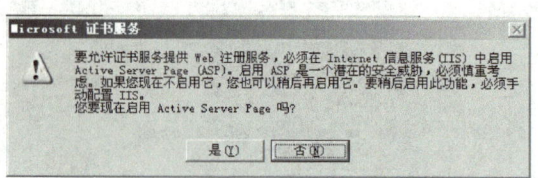  

图 3-36　启用 Active Server Page　　　　　图 3-37　输入 mmc 命令

9)打开管理控制台,选择"文件"→"添加/删除管理单元"命令,如图 3-38 所示。

10)打开"添加/删除管理单元"对话框,单击"添加"按钮,如图 3-39 所示。

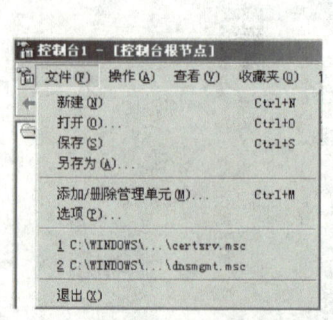  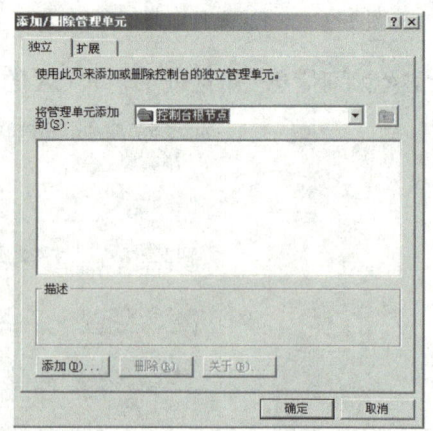

图 3-38　选择"添加/删除管理单元"命令　　图 3-39　"添加/删除管理单元"对话框

11)在"添加独立管理单元"对话框中选择"证书"管理单元,单击"添加"按钮,如图3-40所示。

12）在"证书管理单元"对话框中选择"我的用户账户"单选按钮，单击"完成"按钮，如图3-41所示。

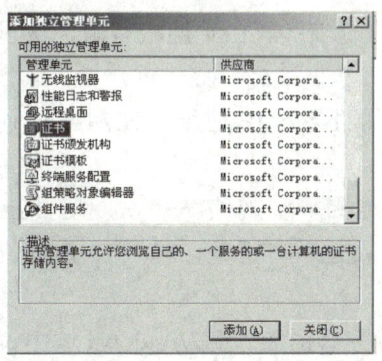

图3-40 选择"证书"管理单元

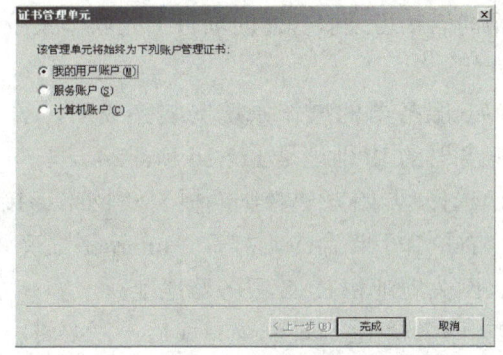

图3-41 选择证书管理单元类型

13）在证书管理控制台中，选择"个人"→"证书"结点，单击鼠标右键，在弹出的快捷菜单中选择"所有任务"→"申请新证书"命令，如图3-42所示。

14）打开证书申请向导，在"证书类型"对话框中选择"系统管理员"类型，单击"下一步"按钮，如图3-43所示。

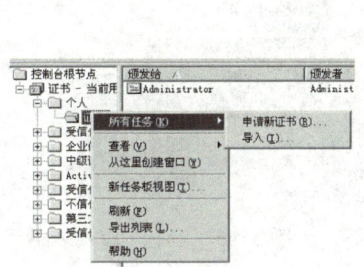

图3-42 选择"申请新证书"命令

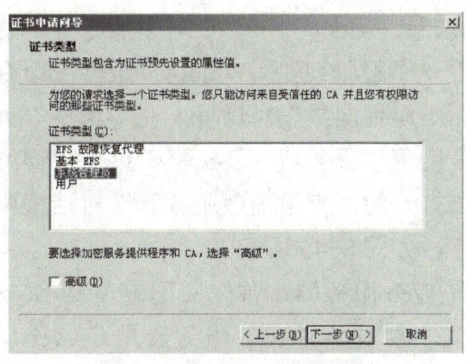

图3-43 选择证书类型

15）在"证书的好记的名称和描述"对话框中输入证书的名称，单击"下一步"按钮，如图3-44所示。

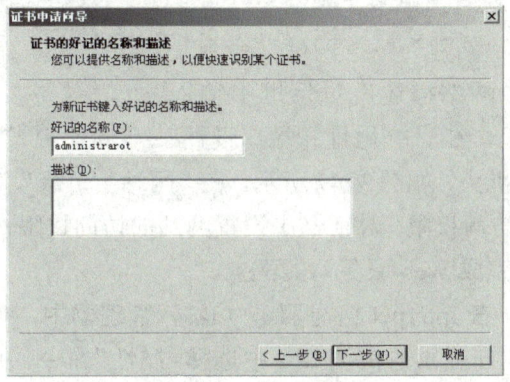

图3-44 证书名称

### 3.6.7 项目任务五：安装与配置 Web 服务器

本项目中 Web 服务器安装的操作系统是 Windows Server 2003 R2 版本，请参照 1.6.4 小节介绍的活动目录服务器的项目 1 的操作系统安装步骤进行安装，由于篇幅有限，这里不做重复介绍。

Web 服务器的操作系统安装完成后，需要正确配置服务器 IP 地址。在网络规划时，Web 服务器的 IP 地址是 172.16.14.4/24。

1）选择"开始"→"控制面板"→"网络连接"→"本地连接"→"属性"→"常规"→"Internet 协议（TCP/IP）"命令，打开"Internet 协议（TCP/IP）属性"对话框，输入 IP 地址、子网掩码、网关地址和 DNS 服务器地址。

2）服务器 IP 地址配置完成后，需要将备份 DNS 服务器也加入到 Windows 域中。使用鼠标右键单击"我的电脑"图标，在弹出的快捷菜单中选择"属性"命令，打开"系统属性"对话框。单击"更改"按钮，打开"计算机名称更改"对话框，选择"域"单选按钮，输入域名"shijijufeng.com"，在"计算机名"文本框中输入"www"，单击"确定"按钮，在打开的对话框中输入管理员名称和密码，单击"确定"按钮，重新启动计算机。

3）选择"开始"→"控制面板"→"添加/删除程序"→"添加/删除 Windows 组件"命令，打开"Windows 组件向导"对话框，在"组件"列表框中选择"应用程序服务器"复选框，单击"详细信息"按钮，在打开的"应用程序服务器"对话框中选择相应的服务，如图 3-45 所示。

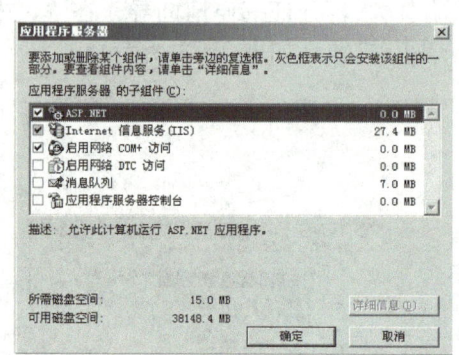

图 3-45 选择 IIS 安装组件

配置 Web 服务器，首先应配置 Web 服务的主目录和主页。本项目中 Web 服务器是 C:\web，并创建其默认主页为 index.htm，如图 3-46 所示。

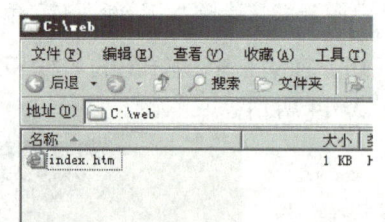

图 3-46 Web 服务主目录

1）选择"开始"→"程序"→"管理工具"→"Internet 信息服务（IIS）管理器"命令，打开 Internet 信息服务（IIS）管理器。使用鼠标右键单击"网站"结点，在弹出的快捷菜单中选择"新建"→"网站"命令，打开网站创建向导。在"网站描述"对话框中输入"www.xinjiangkeji.com.cn"，在"IP 地址和端口设置"对话框中输入端口号和主机头，如图 3-47 所示。在"网站主目录"对话框中输入主目录路径，如图 3-48 所示。在"网站访问权限"对话框中设置网站的访问权限，如图 3-49 所示。单击"下一步"→"完成"按钮，完成 Web 服务器的配置。

2）网站配置完成后，在 Internet 信息服务（IIS）管理器中，使用鼠标右键单击"www.shijijufeng.com"网站结点，在弹出的快捷菜单中选择"属性"命令，在打开的对话框中选择"目录安全性"选项卡，单击"服务器证书"按钮，如图 3-50 所示。

## 项目 3　构建双核心企业网络

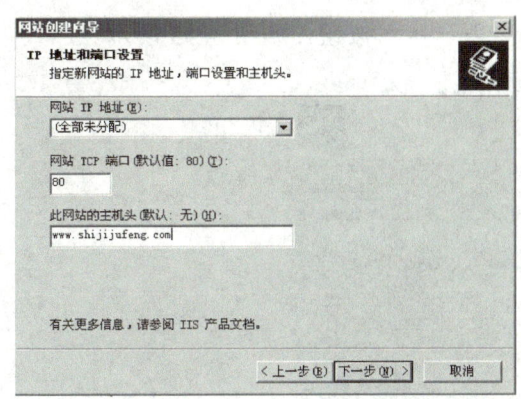

图 3-47　配置 IP 地址和端口号

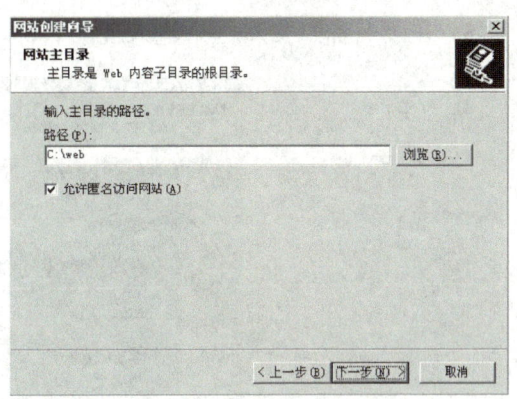

图 3-48　设置网站主目录

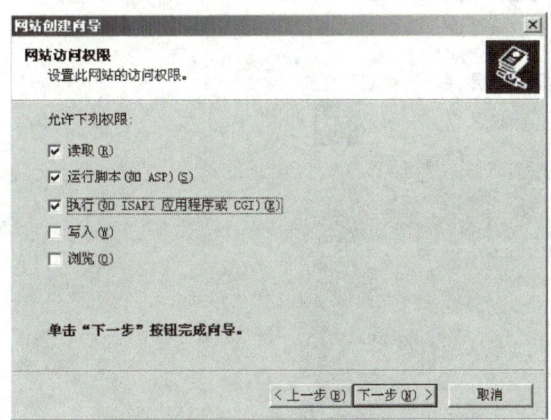

图 3-49　设置网站访问权限

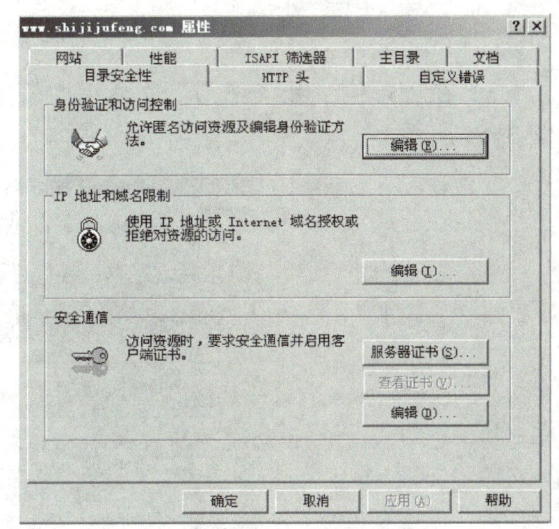

图 3-50　网站属性对话框

3）系统会弹出 IIS 证书向导，选择"新建证书"单选按钮，单击"下一步"按钮，如图 3-51 所示。

4）选择"立即将证书请求发送到联机证书颁发机构"单选按钮，单击"下一步"按钮，如图 3-52 所示。

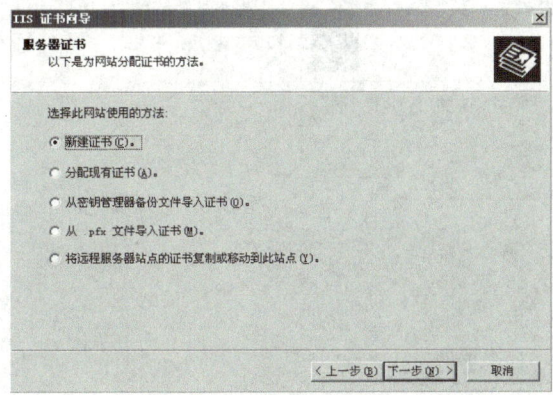

图 3-51　选择证书颁发方法

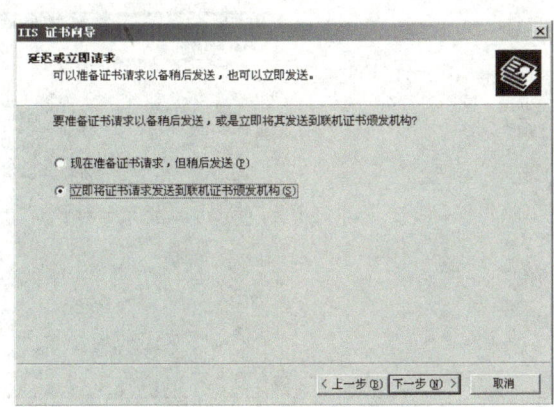

图 3-52　延迟或立即请求

185

5）在"名称"文本框中输入证书名称,单击"下一步"按钮,如图 3-53 所示。

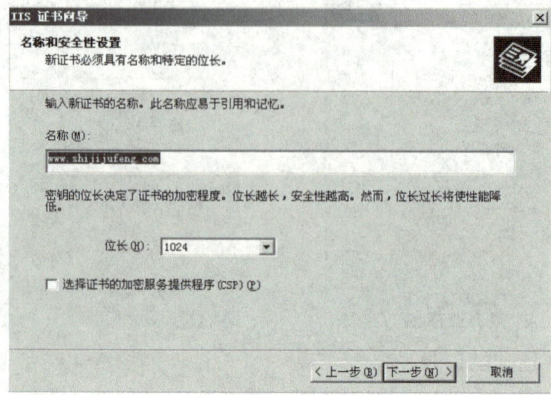

图 3-53　证书名称和安全性设置

6）在"单位"和"部门"文本框中输入单位和部门信息,单击"下一步"按钮,如图 3-54 所示

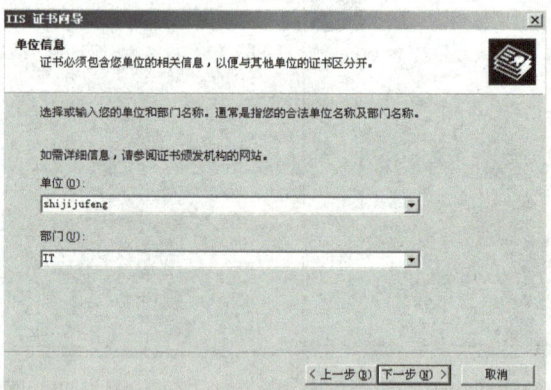

图 3-54　输入单位和部门信息

7）在"公用名称"文本框中输入站点公用名称。注意:此处输入的是服务器的合法 DNS 域名。单击"下一步"按钮,如图 3-55 所示。

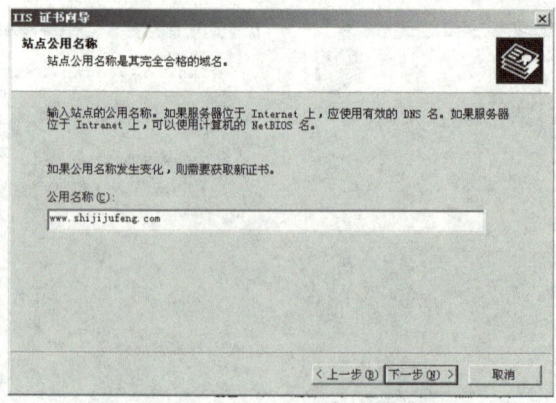

图 3-55　输入站点公用名称

8)在"国家(地区)"、"省/自治区"和"市县"文本框中输入地理信息,单击"下一步"按钮,如图3-56所示。

9)在"SSL端口"对话框中进行SSL端口设置,单击"下一步"按钮,如图3-57所示。

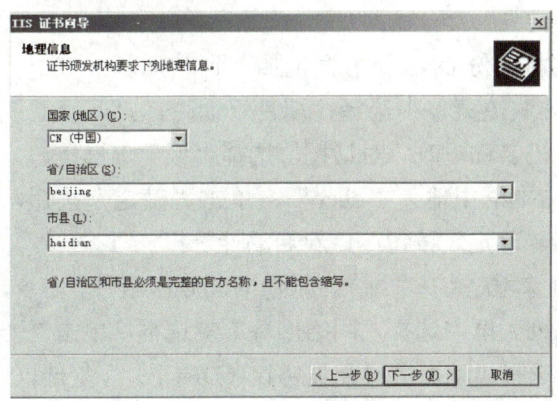

图3-56 地理信息

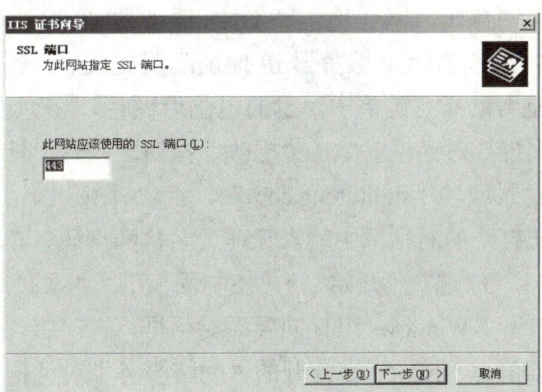

图3-57 SSL端口设置

10)在"选择证书颁发机构"对话框中选择证书颁发机构,单击"下一步"按钮,开始提交证书申请,如图3-58所示。单击"下一步"→"完成"按钮,完成证书申请。

11)单击"服务器证书"按钮下方的"编辑"按钮,打开"安全通信"对话框,选择"要求安全通道"和"要求128位加密"复选框,单击"确定"按钮,完成证书的配置,如图3-59所示。

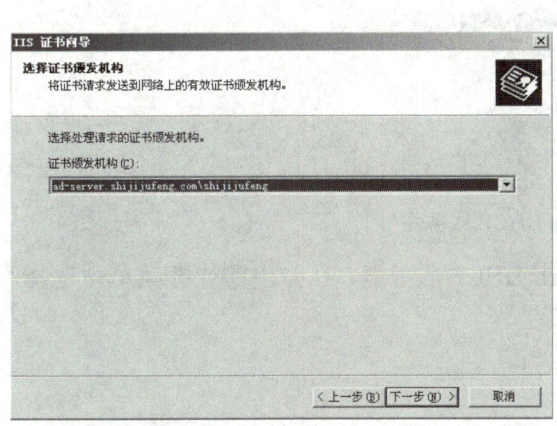

图3-58 选择证书颁发机构

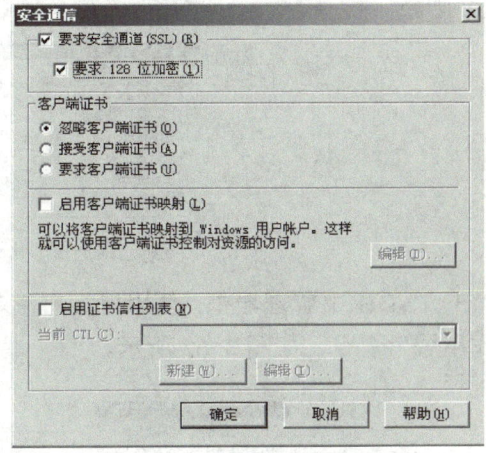

图3-59 "安全通信"对话框

## 3.6.8 项目任务六:安装与配置DHCP服务器

本项目中DHCP服务器安装的操作系统是Windows Server 2003 R2版本,请参照1.6.4小节介绍的项目1的活动目录服务器的操作系统安装步骤进行安装,由于篇幅有限,这里不做重复介绍。

DHCP服务器操作系统安装完成后,首先需要正确配置服务器IP地址,在网络规划时,

DHCP 服务器的 IP 地址是 172.16.14.3/24；

1）选择"开始"→"控制面板"→"网络连接"→"本地连接"→"属性"→"常规"→"Internet 协议（TCP/IP）"命令，打开"Internet 协议（TCP/IP）属性"对话框，输入 IP 地址、子网掩码、网关地址和 DNS 服务器地址。

2）DHCP 服务器 IP 地址配置完成后，需要将备份 DNS 服务器也加入到 Windows 域中。使用鼠标右键单击"我的电脑"图标，在弹出的快捷菜单中选择"属性"命令，打开"系统属性"对话框。单击"更改"按钮，打开"计算机名称更改"对话框，选择"域"单选按钮，输入域名"shijijufeng.com"，在"计算机名"文本框中输入"dhcp"，单击"确定"按钮，在打开的对话框中输入管理员名称和密码，单击"确定"按钮，重新启动计算机。

3）选择"开始"→"控制面板"→"添加/删除程序"→"添加/删除 Windows 组件"命令，打开"Windows 组件向导"对话框，在"组件"列表框中选择"网络服务"复选框，单击"详细信息"按钮。在打开的"网络服务"对话框中选择"动态主机配置协议（DHCP）"复选框，单击"确定"按钮，开始 DHCP 服务的安装，如图 3-60 所示。最后单击"完成"按钮即可。

4）DHCP 服务安装完成后，选择"开始"→"程序"→"管理工具"→"DHCP"命令，打开 DHCP 管理器，选择"操作"→"授权"命令，如图 3-61 所示。

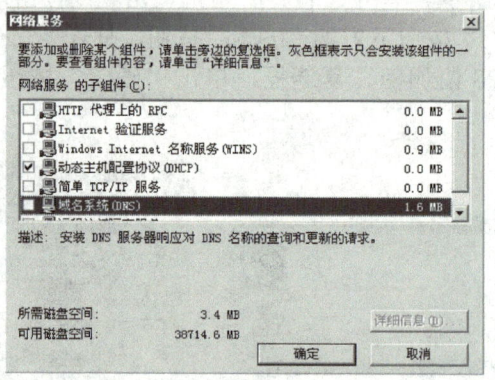

图 3-60　选择 DHCP 服务组件

5）在 DHCP 管理器中，使用鼠标右键单击 DHCP 服务器，在弹出的快捷菜单中选择"新建作用域"命令，如图 3-62 所示。

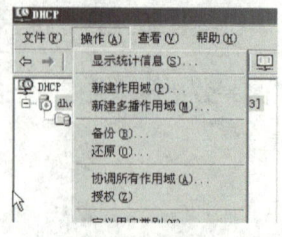

图 3-61　服务器授权

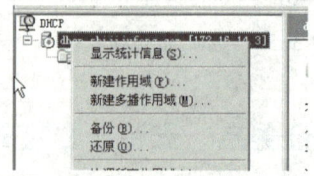

图 3-62　新建作用域

6）在"作用域名"对话框中输入作用域名称，单击"下一步"按钮，如图 3-63 所示。

7）在"IP 地址范围"对话框中输入 IP 地址范围，单击"下一步"按钮，如图 3-64 所示。

## 项目 3　构建双核心企业网络

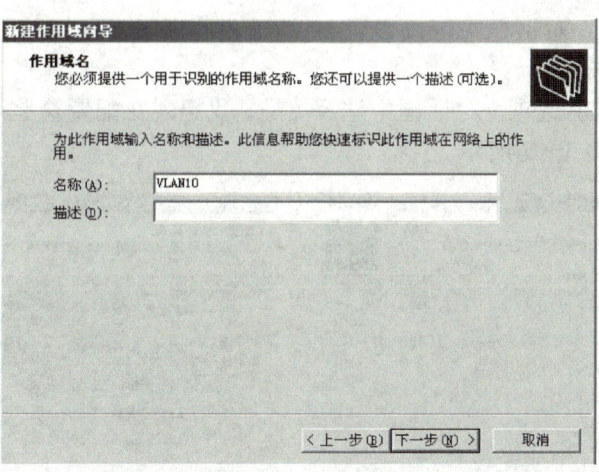

图 3-63　输入作用域名称

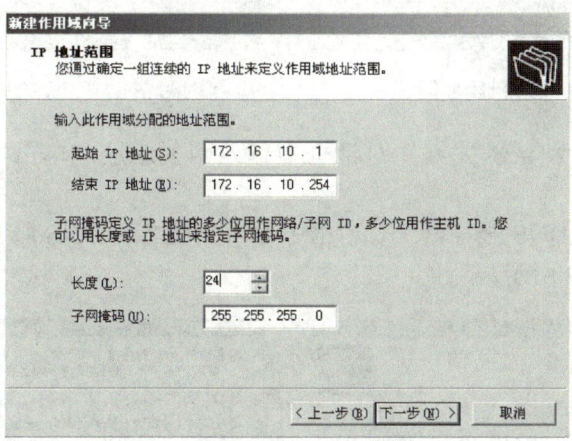

图 3-64　输入 IP 地址范围

8）在"添加排除"对话框中输入排除的地址段，这里输入的是"172.16.10.1"和"172.16.10.2"，因为这两个地址是网关，所以排除。单击"下一步"按钮，如图 3-65 所示。

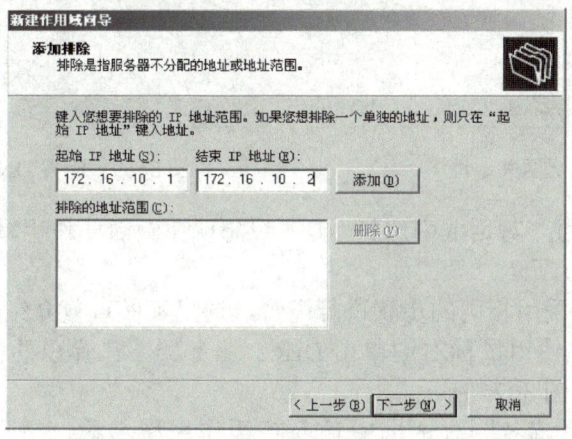

图 3-65　排除地址

9）在"租约期限"对话框中可以设置IP地址租约期限，建议使用默认设置。单击"下一步"按钮，如图3-66所示。

10）在"配置DHCP选项"对话框中选择"是，我想现在配置这些选项"单选按钮，单击"下一步"按钮，如图3-67所示。

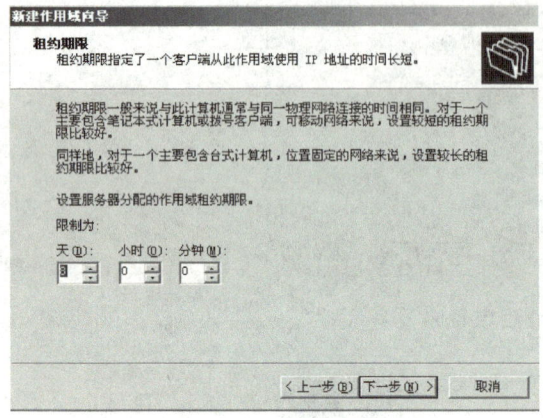
图3-66 设置IP地址租约期限

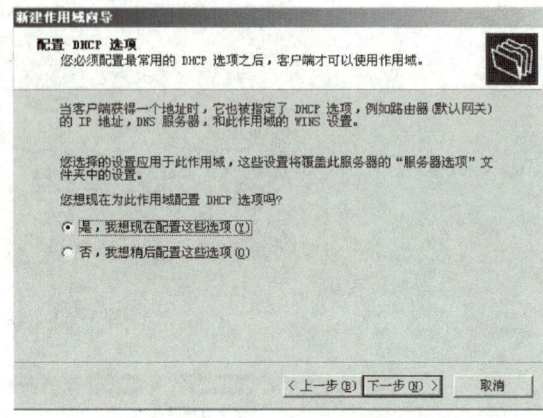
图3-67 允许配置DHCP选项

11）在"路由器（默认网关）"对话框中输入网关地址，单击"下一步"按钮，如图3-68所示。

12）在"域名称和DNS服务器"对话框中输入父域名和DNS服务器IP地址，单击"下一步"按钮，如图3-69所示。

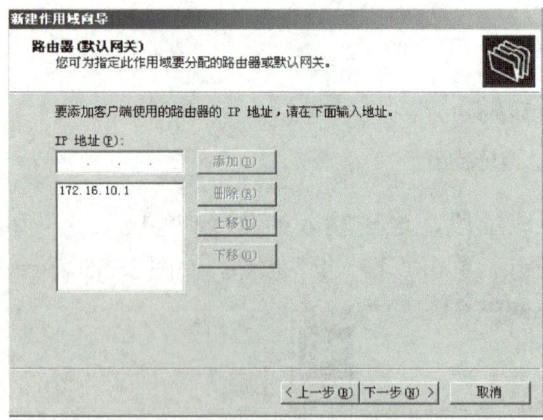
图3-68 配置网关地址

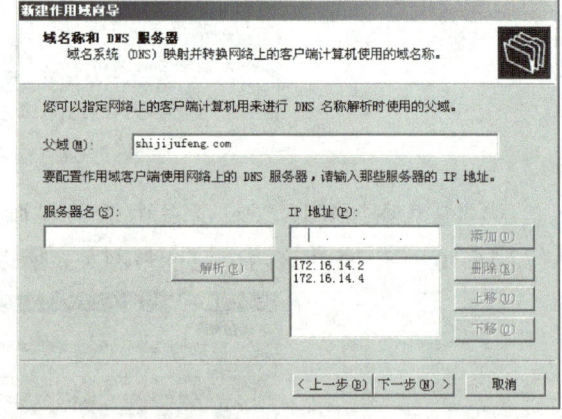
图3-69 配置DNS服务器和域名

13）在"激活作用域"对话框中选择"是，我想现在激活此作用域"单选按钮，单击"下一步"按钮，如图3-70所示。

14）其他作用域也采用相同的步骤进行配置，这里不做重复介绍。作用域配置完成后，需要创建超级作用域。使用鼠标右键单击DHCP服务器，在弹出的快捷菜单中选择"新建超级作用域"命令，如图3-71所示。

15）在"超级作用域名"对话框中输入超级作用域名称，单击"下一步"按钮，如图3-72所示。

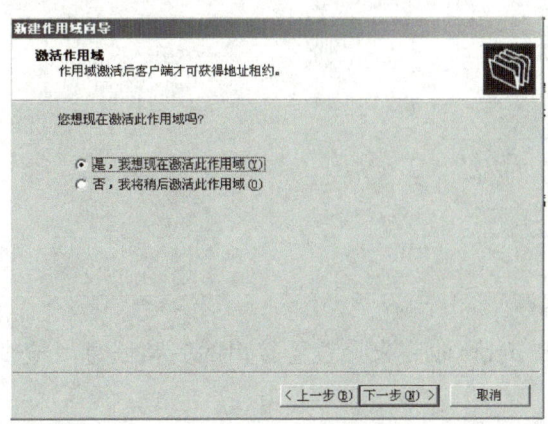
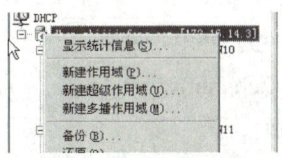

图 3-70　激活作用域　　　　　　　图 3-71　新建超级作用域

16）在"选择作用域"对话框中选择创建的所有作用域，单击"下一步"按钮，如图 3-73 所示。

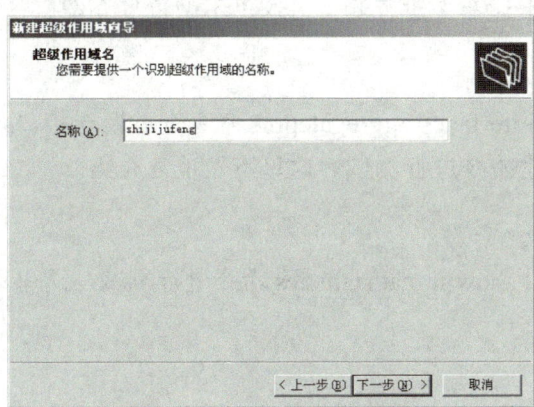
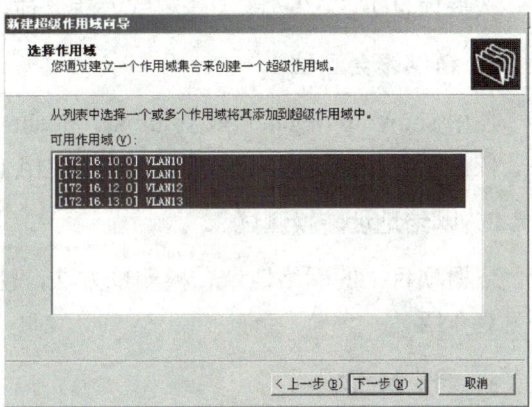

图 3-72　输入超级作用域名称　　　　图 3-73　选择加入超级作用域的作用域

17）配置完成的 DHCP 服务器如图 3-74 所示。

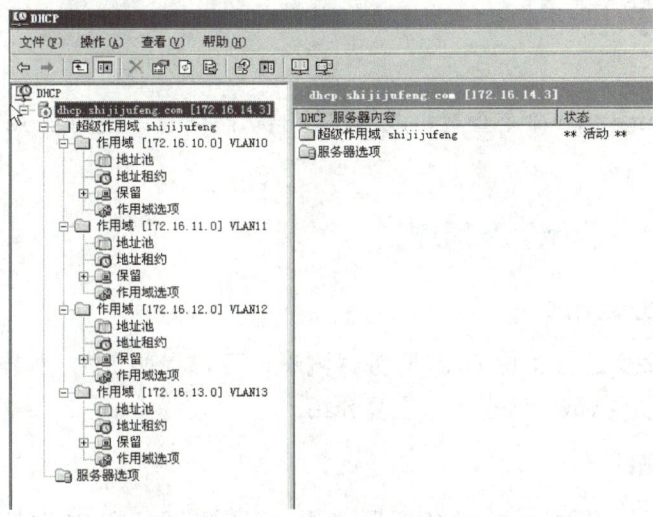

图 3-74　配置完成的 DHCP 服务器

## 3.7 项目测试

### 3.7.1 项目任务七:企业网络底层架构测试

**1. VLAN 功能测试**

使用 show vlan 命令查看 VLAN 状态信息。

Switch#show vlan {id *vlan-id*}

使用 Switch#show interfaces *interface-id* switchport 命令直接查看接口的完整信息,检查配置是否正确。

使用如下的命令检查刚才的配置是否正确。配置成 Trunk 的接口会出现在所有的 VLAN 之中。

Switch#show interfaces *interface-id* trunk　检查 Trunk 配置状态

依据项目 1 的 VLAN 功能测试方法,使用上述命令进行测试,这里不做重复介绍。

**2. 链路聚合测试**

使用 show aggregatePort summary 和 show interfaces aggregateport 命令查看聚合接口状态。依据项目 1 的链路聚合测试方法,使用上述命令进行测试,这里不做重复介绍。

**3. 网络地址转换测试**

依据项目 1 的网络地址转换测试方法,使用 show ip nat statistics 命令进行测试,这里不做重复介绍。

**4. 路由协议测试**

在进行路由协议测试时,需要使用 show ip route 命令查看是否学习到全网的路由信息;使用 show ip rip 命令查看动态路由协议 RIP 的状态信息及加密方式;使用 show ip ospf neighbor 命令查看邻居状态信息。

**5. 高可用测试**

使用 show spanning-tree 命令查看生成树协议的状态信息;使用 show vrrp brief 命令查看 VRRP 的状态信息。

### 3.7.2 项目任务八:应用服务器测试

**1. 备份 DNS 服务器测试**

使用 nslookup 命令进行备份 DNS 服务器测试,可以参照 1.7.2 小节介绍的项目 1 的应用服务器测试步骤进行测试,这里不做重复介绍。

**2. Web 服务器测试**

在客户机上使用 IE 浏览器对 Web 服务器进行测试。在 IE 浏览器地址栏中输入

# 项目 3 构建双核心企业网络

"https://www.shjjijufeng.com",按回车键,浏览网站,如图 3-75 所示。

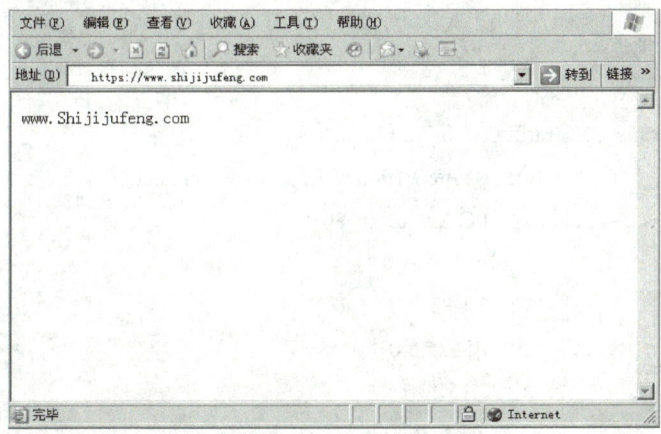

图 3-75 网站测试

### 3．DHCP 服务测试

使用客户机连接到网络中,将本地连接设置为"自动获取 IP 地址",如图 3-76 所示。

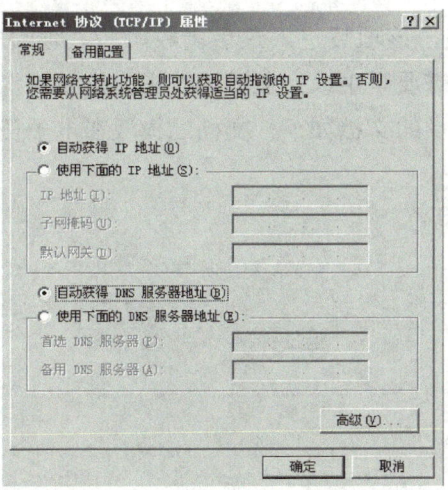

图 3-76 自动获取 IP 地址

使用 ipconfig/all 命令查看其获取的 IP 地址。

C:\ >ipconfig /all

Windows IP Configuration

    Host Name . . . . . . . . . . . . : lifeng
    Primary Dns Suffix . . . . . . . : shijijufeng.com
    Node Type . . . . . . . . . . . . : H
    IP Routing Enabled. . . . . . . . : No
    WINS Proxy Enabled. . . . . . . . : No

```
DNS Suffix Search List. . . . . . : shijijufeng.com

Ethernet adapter 本地连接：

Connection-specific DNS Suffix  . :shijijufeng.com
Description . . . . . . . . . . : Intel(R) PRO/1000 MT Network Connect
Physical Address. . . . . . . . : 00-0C-29-A6-26-FC
DHCP Enabled. . . . . . . . . . : YES
IP Address. . . . . . . . . . . : 172.16.13.3
Subnet Mask . . . . . . . . . . : 255.255.255.0
Default Gateway . . . . . . . . : 172.16.13.1
DNS Servers . . . . . . . . . . : 172.16.14.2
                                  172.16.14.4
```

## 3.8 项目验收

通过前面的学习和实施，该项目进入最后验收阶段。项目需要验收，验收合格之后方可竣工。本项目的验收文件需要学生以作业的形式提交给授课老师，授课老师验收合格后，项目才能竣工。学生需要提供的文档如下，文档的模板在电子资源包中，学生需要依据模板来制作验收文件。

1. 项目实施报告。
2. 项目测试报告。
3. 项目验收报告。

## 3.9 项目总结

项目完成后，需要学生提交项目总结报告。项目总结报告模板在电子资源包中，学生需要依据模板来填写项目总结报告。

## 3.10 项目练习

根据图 3-77 所示的网络拓扑结构图，完成如下的网络需求。

**1．网络架构需求**

根据拓扑结构图，对网络中的网络设备进行 IP 地址和 VLAN 规划和配置。将接入层交换机的接口 Fa 0/1 ～ Fa 5 加入到 VLAN 10；将接口 Fa 0/6 ～ Fa 10 加入到 VLAN 20。

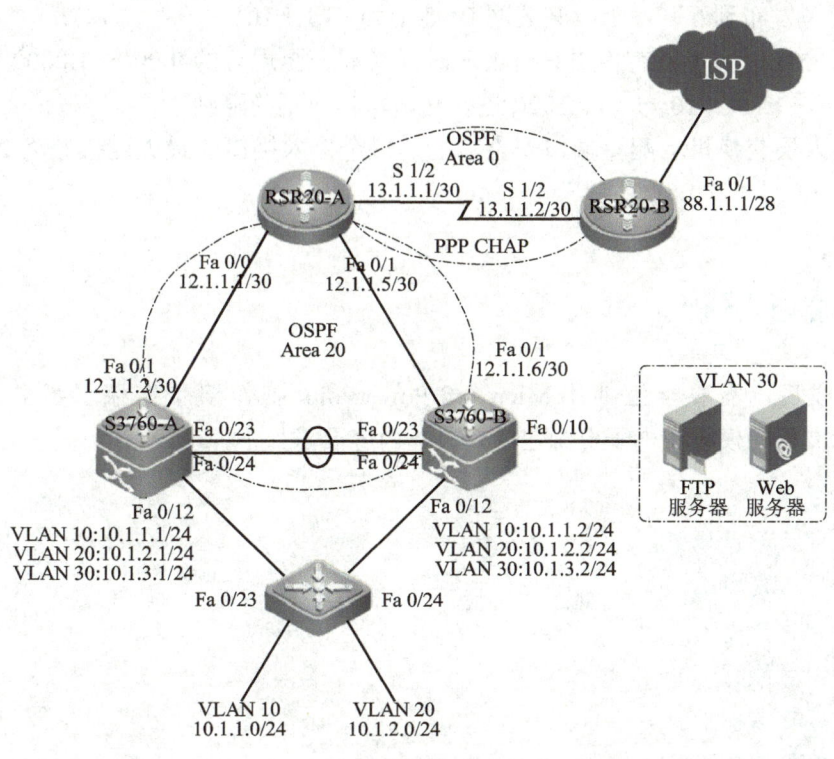

图 3-77 项目练习拓扑结构图

**2．路由协议需求**

1）配置 MSTP 协议，并且创建两个 MSTP 实例：实例 10、实例 20。其中，实例 10 包括 VLAN 10，而实例 20 包括 VLAN 20。设置交换机 S3760-A 为实例 10 的生成树根，是实例 20 的生成树备份根；设置交换机 S3760-B 为实例 20 的生成树根，是实例 10 的生成树备份根。

2）配置 VRRP 协议，创建两个 VRRP 组，分别为组 10、组 20，实现交换机 S3760-A 是 VLAN 10 的活跃路由器，是 VLAN 20 的备份路由器；实现交换机 S3760-B 是 VLAN 20 的活跃路由器，是 VLAN 10 的备份路由器。

3）配置两台三层交换机之间的链路为链路聚合：将 Fa 0/23 和 Fa 0/24 两接口配置为链路聚合，并将聚合接口配置为 Trunk。

**3．网络路由需求**

全网配置 OSPF 动态路由协议，采用多区域结构，使全网互通。

**4．网络安全需求**

在路由器 RSR20-A 与 RSR20-B 之间的链路配置 PPP 协议，并配置 CHAP 验证，路由器 RSR20-A 为验证方，密码为 123456。

**5．网络出口需求**

1）配置 NAT，内网中的 VLAN 10 能够通过地址池（88.1.1.3 ～ 88.1.1.5/28）访问互联

网；内网中的 VLAN 20 能够通过外网接口访问互联网；只将 FTP 服务器、Web 服务器的 FTP、Web 服务发布到互联网上，其公网 IP 地址为 88.1.1.10。

2）配置 ACL，实现所有用户只有上班时间（周一至周五的 9:00～18:00）才允许访问互联网；不允许 VLAN 10 与 VLAN 20 进行互访，其他不受限制。

3）在接入层交换机上配置端口安全功能，每个接入接口的最大连接数为 2，如果违规则关闭接口。

## 3.11 项目报告

项目完成后，需要学生使用 Microsoft PowerPoint 制作演示文稿，要求演示时间为 30min，演示文稿的模板在电子资源包中，具体内容要求如下：

1. 项目概述。
2. 网络项目设计思路。
3. 网络项目设备选型。
4. 网络项目实施。
5. 网络项目测试。
6. 网络存在的问题。
7. 优化的解决方案。

项目报告的考核要点如下：

1. 演示文稿的制作。
2. 演示的技巧。
3. 项目报告的总体思路。
4. 项目报告内容的准确性。

# 项目 4 构建无线智能企业网络

## 4.1 网络场景

新世纪科技股份公司是一家从事 IT 产品销售的科技公司。该公司是一个中小型企业，有 100 名员工，主要销售基于各个行业应用的 IT 产品。根据公司业务的需求，最近收购了一家小型公司，但收购的这家公司已经具备原有网络架构，要求在修改原有网络架构的基础上，构建一个适合该公司现今发展的中小型企业网，实现员工能够通过互联网为客户提供业务服务及公司内部信息传递。

该公司需要构建一个中小型的企业网，原公司网络的出口设备采用的是锐捷路由器 RSR20-04，并向服务提供商申请了 2Mbit/s 链路作为访问互联网的链路；其核心采用的网络设备是两台锐捷三层交换机 RG-S3760E 两台；其接入层网络设备为锐捷二层交换机 RG-3760E。

新收购的公司的出口也是采用 RSR20-04 路由器，由于这家公司规模较小，其没有采用三层交换机接入路由器，而是采用二层交换机接入路由器，并采用单臂路由实现 VLAN 间的路由。为实现总公司与这家分公司之间的网络通信，公司申请了一条专用链路与分公司相连。

总公司的网络采用的动态路由协议为 OSPF，而分公司采用的路由协议为 RIP 路由协议。总公司的会议系统采用的是无线智能会议室系统。

为了保障内部网络的安全，需要对内部员工的登录身份进行验证，并对其行为进行审核，所以需要部署 Windows 域环境，并要求使用内部域名服务器为内部用户解析域名。为了实现资源的共享，需要建立 FTP 服务器，并建议自己的门户网站。为了实现信息的快速而安全地传递，公司建立自己的邮件服务器，详细的网络拓扑结构如图 4-1 所示。

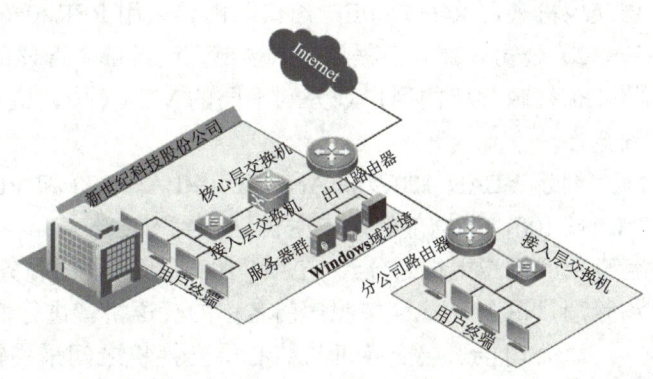

图 4-1 网络架构设计图

## 4.2 用户需求

根据公司业务的性质，公司具体有如下需求：

1）为保障网络的高可用性，要求按照层次型网络结构进行网络设计和网络实施。

2）公司内部有销售部、市场部、营销部、管理部4个行政部门，根据部门业务的不同进行区划。

3）总公司与分公司之间需要实现链路安全，并对分公司设备进行安全的验证。

4）总公司与分公司的用户访问互联网时，使用总公司的路由器作为统一出口，内部用户需要使用运营商提供的地址段访问互联网。

5）总公司与分公司使用不同的路由协议，需要使全网互通。

6）内部用户只能在上班的时间才能访问互联网。

7）为了保障网络安全，每个交换接口只允许接入一台主机。

8）内部用户登录时，需要进行统一身份验证。

9）建立安全的智能无线会议系统。

10）公司网络采用 OSPF 和 RIP 两种动态路由协议。

11）公司需要将业务服务内容以门户网站的方式发布到互联网，实现宣传作用；建立自己的 FTP 服务器和邮件服务器。

12）构建一个安全、畅通的企业网络。

## 4.3 需求分析

1）由于公司的网络规模较小，所以采用单核心二层网络架构，将核心层与汇聚层合为一层。此类型的企业网由于所有 IP 网段的网关都在核心设备上，所以基本不需要路由方面的规划设计或使用小型路由协议。但本项目却是一个特殊案例，因为这是由两个小型的网络构成，而且每个小型的网络都有各自的路由协议，所以在本项目中对路由的规划也很重要。

根据公司用户数量和业务需求，公司的核心交换机采用 RG-S3760E 三层交换机，接入层交换机采用 RG-3760E，出口路由器采用 RSR20-04。

2）公司内部有工程部、市场部、运维部、管理部4个行政部门，可以采用 VLAN 技术，将4个行政部门的用户划分到不同的 VLAN 中，既可以实现统一管理，又可以保障网络的安全性。

创建 VLAN 100、VLAN 101、VLAN 102 和 VLAN 103，将工程部的用户主机划分到 VLAN 100，市场部的用户主机划分到 VLAN 101，运维部的用户主机划分到 VLAN 102，管理部的用户主机划分到 VLAN 103，服务群的服务器主机划分到 VLAN 104。为了便于网络管理，每个 VLAN 按照部门名称的汉语拼音进行命名。

总公司接入层交换机与核心层交换机之间采用链路聚合的技术，增加网络的带宽并可以实现流量均衡。

3）根据分公司的网络架构，采用单臂路由技术实现 VLAN 间的路由。总公司网络采用的动态路由协议是 OSPF，而分公司网络采用的路由协议是 RIP，所以需要使用路由重分布技术，实现全网互通。

为保障路由更新的安全性，两路由协议都进行基于接口的 MD5 验证。

4）总公司与分公司之间的链路采用 PPP 协议，并使用 CHAP 验证方式，总公司路由器为验证方。

5）服务提供商为公司提供的全局 IP 地址段为 76.7.8.1～76.7.8.5，使用网络地址转换技术，将 RFC1918 的私有地址转换为合法的全局 IP 址；使用动态端口 NAT 技术，实现内部用户访问互联网资源；使用静态 NAT 技术，将 Web 服务和 MAIL 服务发布到互联网，其合法的全局 IP 地址为 76.7.8.6。

6）在网络安全方面，使用基于时间的访问控制列表，满足用户只能在上班的时间访问互联网的需求。公司的上班时间为每星期的星期一至星期五的 9:00～17:00。

在接入层交换机上，使用端口安全技术实现交换机接口只允许接入一台主机，如果有违规的用户则关闭交换机接口。

7）总公司的会议室采用无线技术，并使用 WEP 加密的方式实现通信安全。

8）在网络中部署 Windows 域环境，其公司申请的合法域名是 xinshiji.com.cn，在服务器群安装 Windows Server 2003 操作系统，并将所有的客户机加入到域环境中，使用活动目录对内部用户进行身份验证。

目前，该公司共有 200 名员工，每个部门都有 50 名和一个主管业务的经理，而公司的总经理主抓销售部工作。

根据公司行政架构创建相应的组，创建的组的名称采用其部门名称的汉语拼音；创建的用户账户名称采用员工姓名的汉语拼音字母+部门名称汉语拼音的首字母。为保障用户账户的安全，创建的用户账户需要用户登录时重新修改密码，并将所有用户加入至相应的组中。

9）使用 Linux 平台下的 Apache 2.0 搭建公司的门户网站，并要求使用虚拟主机方式。

10）使用 Linux 服务器部署 DHCP 服务，为内部用户主机动态分配 IP 地址。创建 4 个 DHCP 地址池，分别为 VLAN 10、VLAN 11、VLAN 12 和 VLAN 13。分配 IP 地址时，需要为用户主机配置网关和 DNS 服务器。

11）DNS 服务安装在活动目录服务器上。DNS 服务器不但解析内网中的服务器域名，也要为内部用户解析互联网域名，所以需要配置 DNS 转发器。

12）为实现内部员工信息的传递，需要使用 Windows 服务器搭建一台 MAIL 服务器，使内部员工可以收发电子邮件。

## 4.4 培养目标

### 学习目标

1. 掌握 PPP 协议的原理与应用。

2. 掌握路由重分布技术的工作原理及应用。
3. 掌握 WLAN 的工作原理及应用。
4. 掌握动态路由协议 OSPF 的工作原理及应用。
5. 掌握动态路由协议 RIP 的工作原理及应用。
6. 掌握邮件服务器的安装与配置方法。
7. 掌握 VSFTP 服务高级功能的配置方法。
8. 掌握无线技术在企业网络中的部署与应用。

## 能力目标

1. 考查文档编写能力。
2. 考查项目报告呈现能力。
3. 考查项目管理能力。
4. 考查岗位职能能力。

## 4.5 知识准备

### 4.5.1 点到点协议

点到点协议（Point-to-Point Protocol，PPP）是为在同等单元之间传输数据包这样的简单链路而设计的链路层协议。这种链路提供全双工操作，并按照顺序传递数据包。1992 年，Internet IETF 成立了一个小组来制定点到点的数据链路协议——Intemet 标准，将该标准命名为 PPP。经过 1993 年和 1994 年的修订，PPP 现在已成为因特网的正式标准。

PPP 是一种分层的协议，最初由 LCP 发起对链路的建立、配置和测试。在 LCP 初始化后，通过一种或多种网络控制协议来传送特定协议族的通信。在 RFC1332 文档中描述的 IP 控制协议（IPCP）允许在 PPP 链路上传输 IP 分组。其他一些 NCP 为下列协议提供服务：Apple Talk（RFC 1378）、OSI（RFC 1337）、DECnet Phase IV（RFC 1762）、Vines（RFC 1763）、XNS（RFC 1764）和透明以太网桥接（RFC 1638）。

PPP 提供了一种在点对点的链路上封装多协议数据报（IP、IPX 和 AppleTalk）的标准方法，它具有以下特性：

1）能够控制数据链路的建立。
2）能够对 IP 地址进行分配和使用。
3）允许同时采用多种网络层协议。
4）能够配置和测试数据链路。
5）能够进行错误检测。
6）支持身份验证。
7）有协商选项，能够对网络层的地址和数据压缩等进行协商。

#### 4.5.1.1 PPP 体系结构

PPP 使用了 OSI 分层体系结构中的 3 层，如图 4-2 所示。

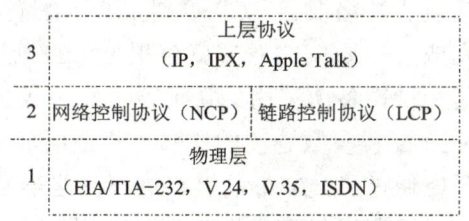

图 4-2 PPP 与 OSI 模型

1）物理层用于实现点到点连接，将 IP 数据报封装到串行链路。PPP 既支持异步链路（无奇偶校验的 8bit 数据），也支持面向比特的同步链路。

2）数据链路层用于建立、配置和测试数据链路的链路控制协议（Link Control Protocol，LCP）。通信的双方可协商一些选项。在 [RFC 1661] 中定义了 11 种类型的 LCP 分组。

3）网络层用于配置不同的网络层。网络控制协议（Network Control Protocol，NCP），支持不同的网络层协议，如 IP、OSI 的网络层、DECnet、AppleTalk 等。

PPP 使用它的 LCP 在广域网链路上协商和设置选项。PPP 使用网络控制程序组件对多种网络层协议进行封装及选项协商。LCP 位于物理层之上，PPP 也通过使用 LCP 来自动匹配链路两端之间的封装格式选项。

① 身份验证（Authentication）：用来确保呼叫者的合法身份，有两种验证方式：PAP 和 CHAP。

② 压缩（Compression）：通过减少链路中数据帧所含的数据大小来提高 PPP 线路的吞吐量。当到达目的地后，协议对数据帧进行解压缩。

③ 错误检测（Error-Detection）：PPP 的错误检测机制使进程能够识别错误的情形。

④ 多链路（Multilink）：PPP 使用的路由器接口提供了负载均衡的功能。

⑤ PPP 回拨（PPP Callback）：用于进一步提高安全性。在这个 LCP 选项作用下，路由器可以扮演回拨客户或回拨服务器的角色。客户发起一个初始呼叫，请求回拨，并且终止初始的呼叫，如图 4-3 所示。

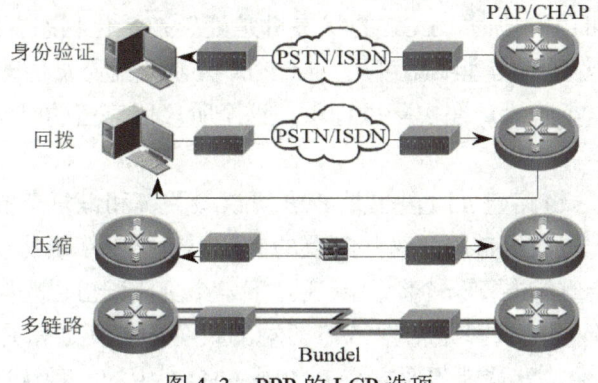

图 4-3 PPP 的 LCP 选项

#### 4.5.1.2 PPP 的工作过程

数据通信设备（路由器）的两端如果希望通过 PPP 建立点对点的通信，无论哪一端的设备都需发送 LCP 数据报文来配置链路（测试链路）。一旦 LCP 的配置参数选项协商完成后，通信的双方就会根据 LCP 配置请求报文中所协商的认证配置参数选项来决定链路两端设备所采用的认证方式。协议默认情况下，双方是不进行认证的，而是直接进入到 NCP 配置参数选项的协商，直至所经历的几个配置过程全部完成后，点对点的双方就可以开始通过已建立好的链路进行网络层数据报文的传送，整个链路就处于可用状态。

只有当任何一端收到 LCP 或 NCP 的链路关闭报文时（一般而言，协议是不要求 NCP 有关闭链路的能力的，因此，通常情况下，关闭链路的数据报文是在 LCP 协商阶段或应用程序会话阶段发出的），物理层无法检测到载波或管理人员对该链路进行关闭操作，都会将该条链路断开，从而终止 PPP 会话。图 4-4 所示为 PPP 的状态转移图。

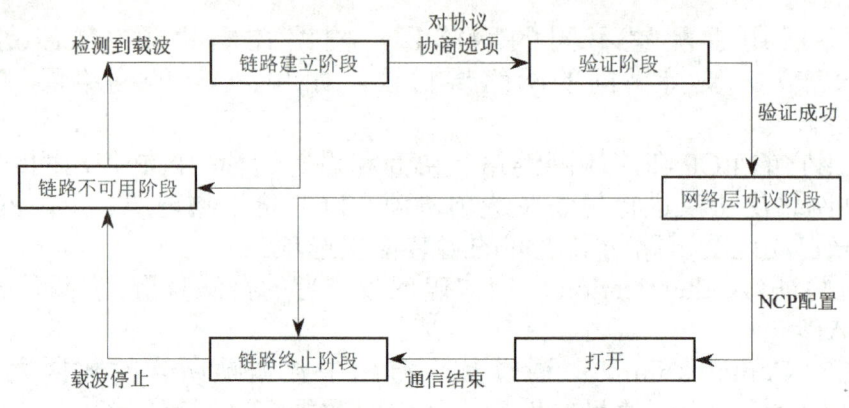

图 4-4  PPP 的状态转移图

在点对点链路的配置、维护和终止过程中，PPP 需经历以下几个阶段。

1）链路不可用阶段。链路不可用阶段有时也称为物理层不可用阶段，PPP 链路都需从这个阶段开始和结束。当通信双方的两端检测到物理线路激活（通常是检测到链路上有载波信号）时，就会从当前这个阶段跃迁至下一个阶段（链路建立阶段）。在链路建立阶段主要是通过 LCP 进行链路参数的配置，LCP 在此阶段的状态机也会根据不同的事件发生变化。当处于在链路不可用阶段时，LCP 的状态机是处于初始化状态（Initial）或准备启动状态（Starting），一旦检测到物理线路可用，LCP 的状态机就要发生改变。当然，链路被断开后也同样会返回到这个阶段。在实际过程中，这个阶段所停留的时间是很短的，仅仅是检测到对方设备的存在。

2）链路建立阶段。链路建立阶段也是 PPP 协议最关键和最复杂的阶段。该阶段主要是发送一些配置报文来配置数据链路，这些配置的参数不包括网络层协议所需的参数。当完成数据报文的交换后，会继续向下一个阶段跃迁。下一个阶段既可以是验证阶段，也可以是网络层协议阶段。下一阶段的选择是依据链路两端的设备配置（通常是由用户来配置，但对于 BAS 设备的 PPP 模块，默认就需要支持 PAP 或 CHAP 中的一种认证方式）。在此阶段，LCP 的状态机会发生两次改变。当链路处于不可用阶段时，此时 LCP 的状态机处于初始化状态或准备启动状态；当检测到链路可用时，物理层会向链路层发送一个 UP 事件，链路层收到该事件后，会将 LCP 的状态机从当前状态改变为请求发送状态（Request-Sent），根据此时的状态 LCP 会进行相应的动作,即开始发送 Config-Request(配置请求)报文来配置数据链路。无论哪一端接收到了 Config-Ack(配置确认)报文时,LCP 的状态机都要发生改变,从当前状态改变为 Opened 状态。进入 Opened 状态后,收到 Config-Ack 报文的一方则完成了当前阶段,应该向下一个阶段跃迁。同理可知,另一端也是一样的,但须注意的一点是,在链路配置阶段,双方的链路配置操作过程是相互独立的。如果在该阶段收到了非 LCP 数据报文,则会将这些报文丢弃。

3)验证阶段。多数情况下,链路两端的设备是需要经过认证后才能进入到网络层协议阶段。默认情况下,链路两端的设备是不进行验证的。在该阶段,支持 PAP 和 CHAP 两种认证方式,认证方式的选择是依据在链路建立阶段双方进行协商的结果。然而,链路质量的检测也会在这个阶段同时发生,但协议规定不会让链路质量的检测无限制地延迟验证过程。在这个阶段仅支持链路控制协议、验证协议和质量检测数据报文,其他的数据报文都会被丢弃。如果在这个阶段再次收到了 Config-Request 报文,则又会返回到链路建立阶段。

4)网络层协议阶段。一旦 PPP 完成了前面几个阶段,每种网络层协议(IP、IPX 和 AppleTalk)会通过各自相应的网络控制协议进行配置,每个 NCP 可在任何时间打开和关闭。当一个 NCP 的状态机变成 Opened 状态时,PPP 就可以开始在链路上承载网络层的数据包报文了。如果在这个阶段收到了 Config-Request 报文,则又会返回到链路建立阶段。

5)网络终止阶段。PPP 能在任何时候终止链路。载波丢失、授权失败、链路质量检测失败和管理员人为关闭链路等情况均会导致链路终止。链路建立阶段可能通过交换 LCP 的链路终止报文来关闭链路。当链路关闭时,链路层会通知网络层作相应的操作,而且也会通过物理层强制关闭链路。对于 NCP,它是没有也没有必要去关闭 PPP 链路的。

## 4.5.1.3　PAP 和 CHAP 认证

PPP 也提供了可选的认证配置参数选项。默认情况下,点对点通信的两端是不进行认证的。在 LCP 的请求报文中不可一次携带多种认证配置选项,必须二者择其一(PAP/CHAP)。选择最希望的那一种,一般是在 PPP 互连的设备上进行配置的,但一般设备会默认支持一个默认的认证方式(PAP 是大部分设备所默认的认证方式)。

PPP 支持两种授权协议:PAP(Password Authentication Protocol,密码认证协议)和 CHAP(Challenge Hand Authentication Protocol,挑战握手认证协议)。

密码验证协议通过两次握手机制,为建立远程结点的验证提供了一个简单的方法。

PAP 认证是两次握手。在链路建立阶段,依据设备上的配置情况,如果是使用 PAP 认证,则验证方在发送配置请求报文时会携带认证配置参数选项。而对于被验证方而言,则是不需要的,它只需要收到该配置请求报文后根据自身的情况给对端返回相应的报文。如果点对点的两端设备采用的是 PAP 双向认证,即它同时也作为验证方,则此时需要在配置请求报文中携带认证配置参数选项。因此,如果对于点对点的两个设备,在 PPP 链路建立的过程中使用的认证方式为 PAP,那么验证方在其配置请求报文中必须含有认证配置参数选项,且该认证配置参数选项的数据域为 0xC023。PAP 认证的过程如图 4-5 所示。

当通信设备的两端在收到对方返回的配置确认报文时,就从各自的链路建立阶段进入到验证阶段,那么作为被验证方此时需要向验证方发送 PAP 认证的请求报文,该请求报文携带了用户名和密码。当验证方收到该认证请求报文后,会根据报文中的实际内容查找本地的数据库。如果该数据库中有与用户名和密码一致的选项,则会向对方返回一个认证请求响应,告诉对方认证已通过。反之,如果用户名与密码不符,则向对方返回验证不通过的响应报文。如果双方都配置为验证方,则需要双方的两个单向验证过程都完成后,方可进入到网络层协议阶段;否则在一定次的验证失败后,会从当前状态返回链路不可用状态。

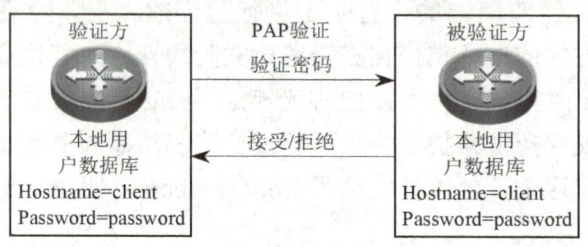

图 4-5　PAP 验证过程

PAP 不是一种安全的身份验证协议。身份验证时在链路上以明文发送,而且由于验证重试的频率和次数由远程结点来控制,因此,不能防止回放攻击和重复的尝试攻击。

挑战握手验证协议使用 3 次握手机制来启动一条链路和周期性的验证远程结点。

与 PAP 认证相比,CHAP 认证更具有安全性。从前面认证数据包的交换过程中不难发现,采用 PAP 认证时,被验证方是采用明文的方式直接将用户名和密码发送给验证方的,而对于 CHAP 认证则不一样。CHAP 为 3 次握手协议,它只在网络上传送用户名而不传送密码,因此安全性比 PAP 高。在验证一开始,CHAP 不像 PAP,是由被验证方发送认证请求报文的,而是由验证方向被验证方发送一段随机的报文,并加上自己的主机名,通常称这个过程为挑战。当被验证方收到验证方的验证请求,从中提取出验证方所发送过来的主机名,然后根据该主机名在被验证方设备的后台数据库中去查找相同的用户名的记录,当查找到后就使用该用户名所对应的密钥,根据这个密钥,报文 ID 和验证方发送的随机报文用 MD5 加密算法生成应答,随后将应答和自己的主机名送回。同样,验证方收到被验证方发送回应后,提取被验证方的用户名,然后去查找本地的数据库,当找到与被验证方一致的用户名后,根据该用户名所对应的密钥,保留报文 ID 和随机报文用 MD5 加密算法生成结果,与刚刚被验证方所返回的应答进行比较,相同则返回 Ack(配置确认),否则返回 Nak(配置否认)。图 4-6 所示为 CHAP 的验证过程。

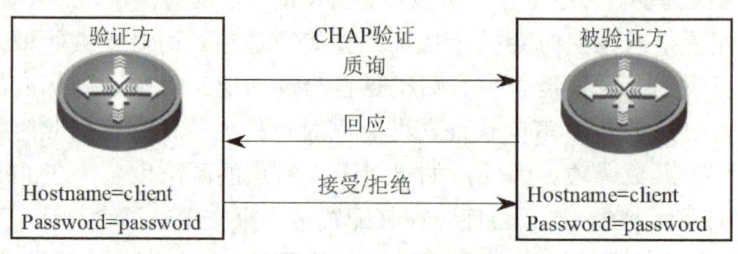

图 4-6　CHAP 验证过程

当对端收到该配置请求报文后,如果支持配置参数选项中的认证方式,则回应一个确认报文;否则回应一个 Config-Nak(配置否认)报文,并附带上自己希望双方采用的认证方式。当对方接收到 Config-Ack 报文后就可以开始进行认证了;而如果收到的是 Config-Nak 报文,则根据自身是否支持 Config-Nak 报文中的认证方式来回应对方。如果支持则回应一个新的 Config-Request(并携带上 Config-Nak 报文中所希望使用的认证协议),否则回应一个 Config-Reject(配置拒绝)报文,那么双方就无法通过认证,从而不可能建立起 PPP 链路。PPP 身份验证过程如图 4-7 所示。

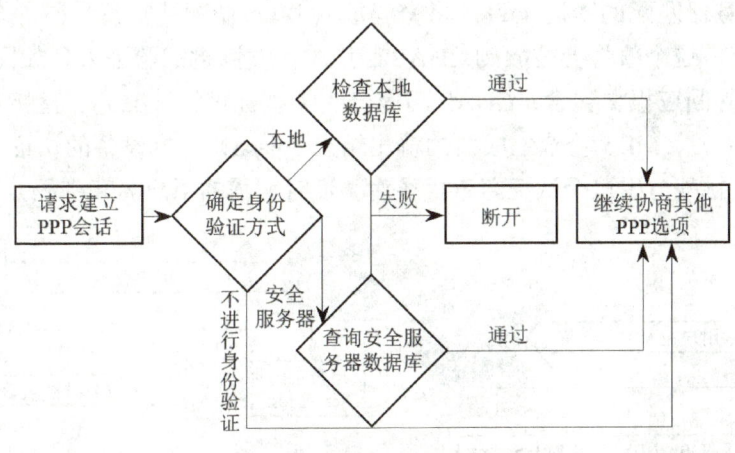

图 4-7　PPP 身份验证过程

身份验证时,需要检索本地数据库或安全服务器,以检查用户所提供的用户名和密码是否匹配 CHAP 或 PAP 验证方式中指定的方式。

如果是 PAP 验证方式,在 PPP 链路建立后,被验证方重复向验证方发送用户名和密码,直到验证通过或链路终止。

如果是 CHAP 验证方式,在 PPP 链路建立后,验证方发送一个挑战消息到被验证方。远程结点使用一个数值来回应挑战。这个数值是由单向哈希函数(MD5)基于密码和挑战消息计算得出的。

下面是两台路由器基于 CHAP 验证的过程。

客户端路由器向服务器路由器发起连接呼叫,LCP 协商选项中使用 CHAP 和 MD5,如图 4-8 所示。

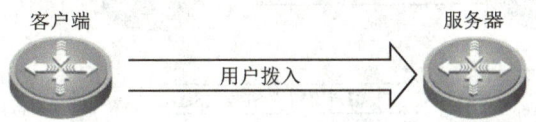

图 4-8　CHAP 身份验证呼叫阶段

服务器路由器向客户端路由器发送挑战报文。报文包含:挑战分组类型标识符(01)、标识该挑战分组的序列号(ID)、随机数、挑战方的认证名。该挑战分组的 ID 和随机数由服务器路由器保存。挑战报文发送到客户端路由器,服务器路由器会维护一个已发出的挑战消息的列表,如图 4-9 所示。

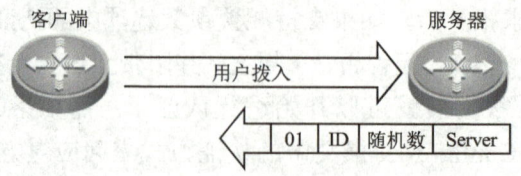

图 4-9 CAHP 身份验证挑战阶段

客户端路由器收到挑战报文后，将序列号和随机数放入 MD5 哈希生成器，查找本地数据库，找到与服务器匹配的密码条目，将密码放入 MD5 哈希生成器。这个结果就是一个单向 MD5 哈希数值，这个值将会被放到 CHAP 回应中，发回挑战验证方，如图 4-10 所示。

**发回验证方的回应报文包含**：CHAP 回应分级类型标识符（02）、直接从挑战报文复制过来的序列号（ID）、MD5 哈希生成器的输出结果（hash）、本设备的认证名（client，这是为挑战方的需要，挑战方用这个认证名查找核对验证时所需的用户名和密码），如图 4-11 所示。

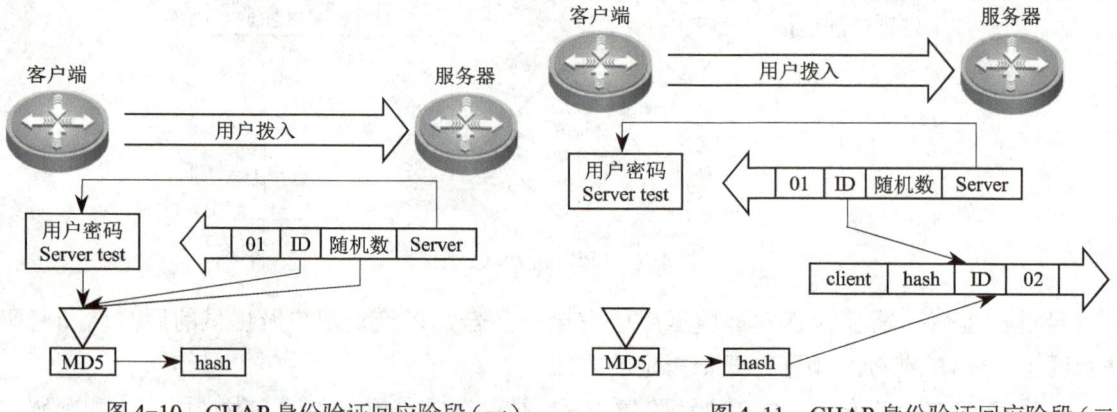

图 4-10 CHAP 身份验证回应阶段（一）　　图 4-11 CHAP 身份验证回应阶段（二）

当服务器路由器收到回应报文后，用序列号找出原始的挑战分组，把序列号放入 MD5 哈希生成器，把原始挑战报文中的随机数也放入 MD5 哈希生成器，使用客户端路由器的认证名从本地数据库或远程认证接入用户服务（RADIUS）服务器查找密码，将密码放入 MD5 哈希生成器，将回应报文中收到的哈希值与自己所计算出来的哈希值相比较。如果自己计算出的结果与所收到的 MD5 哈希值是一致的，那么 CHAP 验证就成功了，如图 4-12 所示。

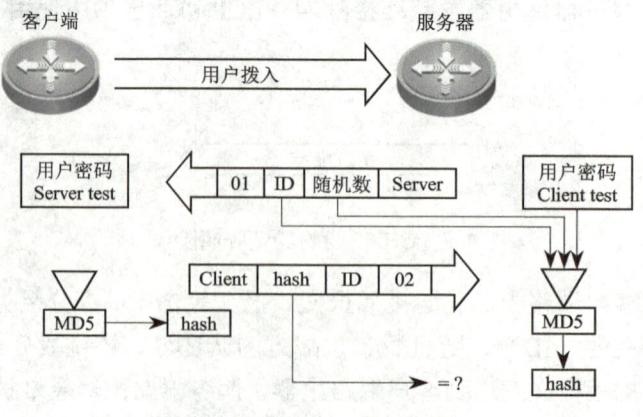

图 4-12 CHAP 身份验证确认阶段

## 项目 4　构建无线智能企业网络

验证成功后，发送一个 CHAP 验证成功报文，其报文包含：CHAP 验证成功消息类型标识符（03）、直接从回应分组中复制过来的序列号（ID）、某种为了让用户读取的简单文本消息（Welcome in），如图 4-13 所示。

如果验证失败，发送一个 CHAP 验证失败报文，其报文包含：CHAP 验证失败消息类型标识符（04）、直接从回应分组中复制过来的序列号（ID）、某种为了让用户读取的简单文本消息（Authentication failure），如图 4-14 所示。

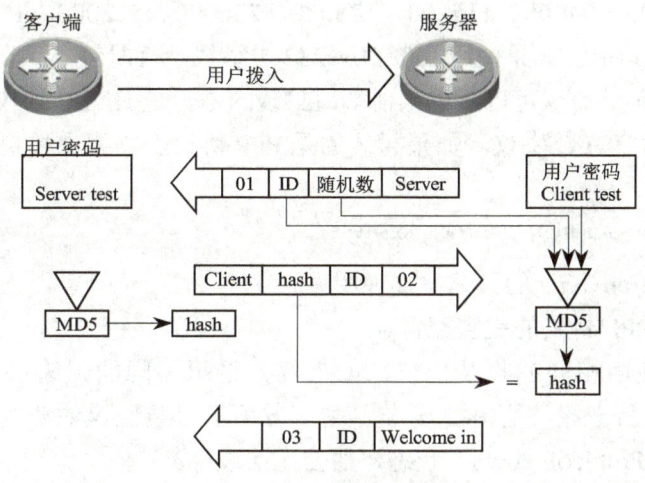

图 4-13　CHAP 身份验证确认阶段（成功）

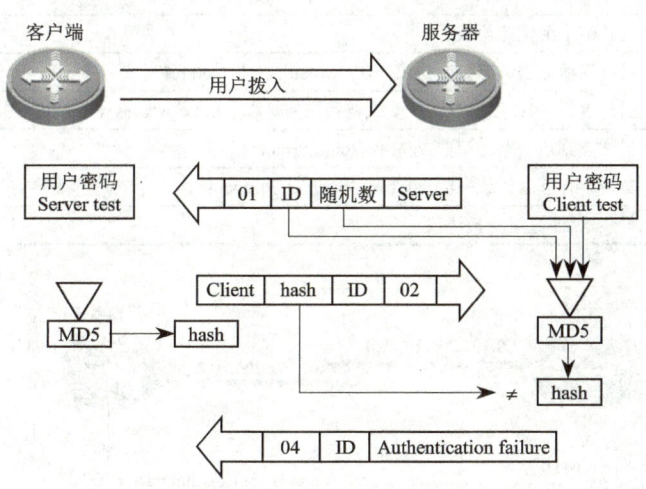

图 4-14　CHAP 身份验证确认阶段（失败）

### 4.5.1.4　配置 PPP

根据图 4-15，配置 PPP 封装。两台路由器之间使用的是串行链路，所以需要在 DCE 路由器上设置时钟频率，为 DTE 路由器提供时钟。

如果假设路由器 A 是 DCE 路由器，路由器 B 为 DTE 路由器，则在路由器 A 的接口模式下配置时钟频率，而路由器 B 则不需要配置时钟频率。

配置时钟频率的命令如下：

**Router(config-if)# clock rate** *bps*

RGNOS 系列路由器支持 EIT/TIA-232、V.35、RS-449 等 DTE 和 DCE 的电缆线，使用 DCE 电缆线可以提供内部时钟供串口连接。DCE 或者 DTE 电缆线可以被自动识别，但如果是 DCE 电缆线，必须配置时钟参数，时钟速率取值范围是：1200、2400、4800、9600、19200、38400、57600、64000、115200、128000、256000、512000、1024000、2048000、4096000、8192000。其中，如果使用 EIT/TIA-232 电缆线，其时钟不可以超过 128000。

使用 show interface 命令可以查看当前端口封装的是否是 HDLC 协议，因为锐捷路由器串行接口默认封装为 HDLC 协议。如果封装的是 PPP 协议，需要在接口模式下使用如下命令配置完成。

**Router(config-if)#encapsulation encapsulation-type**

其中，encapsulation-type 的具体参数说明见表 4-1。

图 4-15 所示为 PPP 封装的完整配置。

通信双方必须使用相同的封装协议，如果双方采用不同的封装协议，如一端是使用 HDLC 协议封装，而另一端使用 PPP 封装，则双方关于封装协议的协商将失败。此时，链路处于协议性关闭（Protocol down）状态，通信无法进行。

表 4-1  encapsulation-type 参数说明

| encapsulation-type | 参 数 说 明 |
| --- | --- |
| frame-relay | 封装帧中继链路协议 |
| Hdlc | 封装高级数据链路控制协议——High Data Link Control |
| Lapb | 封装 X.25 第二层协议，平衡式链路访问规程——Link Access Protocol，Balanced |
| PPP | 封装点到点链路协议——Point-to-Point Protocol |
| Slip | 封装串行互联协议——Serial Line Internet Protocol |
| x25 | 封装 X.25 分组交换协议 |

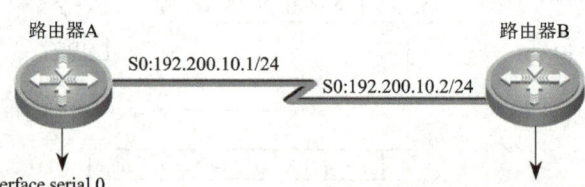

```
RouterA(config)# interface serial 0                RouterB(config)# interface serial 0
RouterA(config-if)#clock rate 64000                RouterB(config-if)# ip adderss 192.168.10.2 255.255.255.0
RouterA(config-if)#ip adderss 192.168.10.1 255.255.255.0   RouterB(config-if)# encapsulation PPP
RouterA(config-if)#encapsulation PPP               RouterB(config-if)# no shutdown
RouterA(config-if)#no shutdown
```

图 4-15  PPP 封装示例

PAP 一方认证的配置共分为以下 3 个步骤：

1）建立本地密码数据库。

2）要求进行 PAP 认证。

3）PAP 认证客户端配置。

**步骤 1** 建立本地密码数据库，验证远程设备是否有资格建立连接。配置验证时，每个路由器必须创建连接对端路由器的用户名和密码。需要在全局模式下配置以下命令来完成。

Router(config)#username*name* {**nopassword** | **password** { *password* | [0|7] *encrypted-password* }}

其中，name 为用户名；password 为用户密码；0|7 为密码的加密类型，0 表示无加密，7 表示简单加密；encrypted-password 为密码文本。

**步骤 2** 要求进行 PAP 认证，这需要在相应接口配置模式下使用如下命令来完成。

Router(config)#ppp authentication{chap|pap|chap pap|pap chap} [callin]

其中，chap 表示在接口上启用 CHAP 认证；PAP 表示在接口上启用 PAP 认证；CHAP PAP 表示同时启用 CHAP 和 PAP 认证，在执行 PAP 认证以前，先进行 CHAP 认证；PAP CHAP 表示同时启用 CHAP 和 PAP 认证，在执行 CHAP 认证以前，先进行 PAP 认证；callin 表示只有对端作为拨入端才允许单向 CHAP 或者 PAP 认证，该参数只用于异步拨号接口。RGNOS 目前的版本不支持同步口做异步接口用，该参数作为兼容性的接口。

**步骤 3** PAP 认证客户端的配置只需要一条命令，即将用户名和密码发送到对端，可由如下命令配置完成。

Router(config)#ppp pap sent-username*username* [**password***encryption-type password*]

其中，usename 表示在 PAP 身份认证中发送的用户名；encryption-type 表示 PAP 身份认证中发送密码的加密类型；password 表示 PAP 身份认证中发送的密码。

CHAP 一方认证的配置共分为以下两个步骤：

1）建立本地密码数据库。
2）要求进行 CHAP 认证。

## 4.5.2　WLAN 技术

在 1997 年，IEEE 发布了 802.11 标准，这也是在无线局域网领域内的第一个国际上被认可的标准。该标准定义了物理层和媒体访问控制（MAC）协议的规范，允许无线局域网及无线设备制造商在一定范围内建立相互操作的网络设备。

在 1999 年 9 月，IEEE 又提出了 802.11b "High Rate" 标准，用于对 802.11 标准进行补充。802.11b 在 802.11 的 1Mbit/s 和 2Mbit/s 速率下又增加了 5.5Mbit/s 和 11Mbit/s 两个新的网络吞吐速率。利用 802.11b，移动用户能够获得同以太网一样的性能、网络吞吐率、可用性。这个基于标准的技术使管理员可以根据环境选择合适的局域网技术来构造自己的网络，满足其商业用户和其他用户的需求。

802.11 标准主要工作在 ISO 协议的最低两层上，并在物理层上进行了一些改动，加入了高速数字传输的特性和连接的稳定性。

### 4.5.2.1　IEEE 802.11 标准

表 4-2 所示为 IEEE 802.11 中部分标准及其说明。

表 4-2　IEEE 802.11 标准

| IEEE 标准 | 说　明 |
| --- | --- |
| 802.11 | 初期的规格采用 DSSS（Direct Sequence Spread Spectrum，直接序列扩频）技术或 FHSS（Frequency Hopping Spread Spectrum，跳频扩频）技术，制定了在 RF 射频频段 2.4GHz 上运用的规范，并提供了 1Mbit/s、2Mbit/s 和许多基础信号传输方式与服务的传输速率规格 |
| 802.11a | 制定 5GHz 波段上的物理层规范 |
| 802.11b | 制定 2.4GHz 波段上更高速率的物理层规范。在 2.4GHz 频段上运用 DSSS 技术，且由于这个衍生标准的产生，将原来无线网络的传输速度提升至 11Mbit/s，并可与以太网相媲美 |
| 802.11d | 当前 802.11 标准中规定的操作仅在几个国家中是合法的，而制定该标准的目的是为了扩充 802.11 无线局域网在其他国家的应用 |
| 802.11e | 该标准主要是为了改进和管理 WLAN 的服务质量（QoS），保证能在 802.11 无线网络上进行话音、音频、视频的传输等 |
| 802.11f | 该标准是为了可以在多个厂商的无线局域网内实现访问互操作，保证网络内访问点之间信息的互换 |
| 802.11g | 该标准是 802.11b 的扩充，目的是制定更高速率的物理层规范 |
| 802.11h | 该标准主要是为了增强 5GHz 频段的 802.11 MAC 规范及 802.11a 高速物理层规范；增强信道能源测度和报告机制，以便改进频谱和传送功率管理 |
| 802.11i | 增强 WLAN 的安全和鉴别机制 |
| 802.11j | 日本所采用的等同于 802.11h 的协议 |
| 802.11k | 无线电广播资源管理。通过部署此功能，服务运营商与企业客户将能更有效地管理无线设备和 AP 设备/网关之间的连接 |
| 802.11n | 此规范将使 802.11a/g 无线局域网的传输速率提升一倍 |

　　IEEE 802.11a 标准规定的频段为 5GHz，用 OFDM（Orthogonal Frequency Division Multiplexing，正交频分复用）技术来调制数据流。OFDM 技术的最大优势是其无与伦比的多途径回声反射，因此，特别适合于室内及移动环境，最大传输速率为 54Mbit/s。

　　IEEE 802.11b 标准工作于 2.4GHz 频段，其带宽最高可达 11Mbit/s，传输速率是 802.11 标准的 5 倍，扩大了无线局域网的应用领域。另外，也可根据实际情况采用 5.5Mbit/s、2Mbit/s 和 1Mbit/s 带宽，实际的工作速度在 5Mbit/s 左右，与普通的 10Base-T 规格有线局域网几乎是处于同一水平。作为公司内部的设施，可以基本满足使用要求。IEEE 802.11b 标准使用的是开放的 2.4GHz 频段，不需要申请就可使用，既可作为对有线网络的补充，也可独立组网，从而使网络用户摆脱网线的束缚，实现真正意义上的移动应用。

　　IEEE 802.11b 无线局域网与我们熟悉的 IEEE 802.3 以太网的原理类似，它们都是采用载波侦听的方式来控制网络中信息的传送的。不同之处是，以太网采用 CSMA/CD（载波侦听多路访问/冲突检测）技术，网络上所有的工作站都侦听网络中有无信息发送，当发现网络空闲时即发出自己的信息，如同抢答一样，只能有一台工作站抢到发言权，而其余工作站需要继续等待。如果一旦有两台以上的工作站同时发出信息，则网络中会发生冲突，冲突后这些冲突信息都会丢失，各工作站则将继续抢夺发言权。而 IEEE 802.11b 无线局域网则引进了 CA（Collision Avoidance，冲突避免）技术，CSMA/CA 协议的工作流程是：一个工作站希望在无线网络中传送数据，如果没有探测到网络中正在传送数据，则附加等待一段时间，再随机选择一个时间片继续探测，如果无线网路中仍旧没有活动，就将数据发送出去。接收端的工作站如果收到发送端送出的完整的数据，则回发一个 ACK 数据包。如果这个 ACK 数据包被发送端收到，则这个数据发送过程完成；如果发送端没有收到 ACK 数据包，则发送的数据没有被完整地收到，或者 ACK 信号的发送失败。

# 项目 4　构建无线智能企业网络

IEEE 802.11g 标准从 2001 年 11 月就开始草拟，其可以提供与 IEEE 802.11a 标准相同的 54Mbit/s 数据传输速率，还可以提供一种重要的优势，即对 802.11b 设备向后兼容。这意味着 802.11b 客户端可以与 802.11g 接入点配合使用，而 802.11g 客户端也可以与 802.11b 接入点配合使用。因为 802.11g 和 802.11b 都是工作在不需许可的 2.4GHz 频段，所以对于那些已经采用了 802.11b 无线基础设施的企业来说，移植到 802.11g 将是一种合理的选择。

需要指出的是，802.11b 产品无法"软件升级"到 802.11g，这是因为 802.11g 无线收发装置采用了一种与 802.11b 不同的芯片组，以提供更高的数据传输速率。但是，就像以太网和快速以太网的关系一样，802.11g 产品可以在同一个网络中与 802.11b 产品结合使用。由于 802.11g 与 802.11b 工作在同一个无需申请的频段，所以它需要共享 3 个相同的频段，这将会限制无线容量和可扩展性。

IEEE 802.11 标准主要对无线局域网的物理层和媒介访问控制层作了规定，保证各厂商的产品在同一物理层上可以互操作，逻辑链路控制层是一致的，MAC 层以下对网络应用是透明的。

在 MAC 层以下，IEEE 802.11 标准规定了 3 种发送及接收技术：扩频（Spread Spectrum）技术、红外（Infrared）技术和窄带（Narrow Band）技术。扩频分为直接序列（Direct Sequence，DS）扩频和跳频（Frequency Hopping，FH）技术。直接序列扩频技术通常又会结合码分多址 CDMA 技术。图 4-16 所示为 IEEE 802.11 标准与 OSI 模型。

IEEE 802 LAN 标准定义了媒体访问控制和物理层（PHY）的操作，如图 4-17 所示。

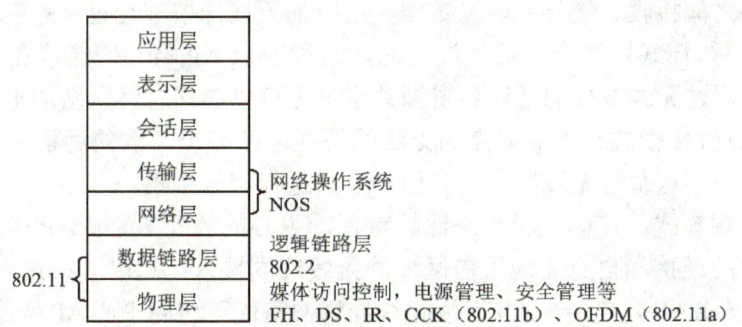

图 4-16　IEEE 802.11 标准与 OSI 模型

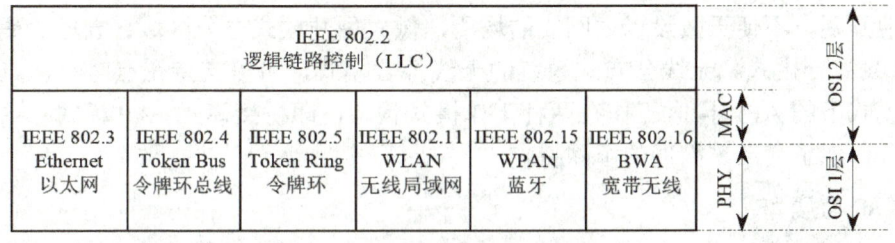

图 4-17　IEEE 802 LAN 标准系列

### 4.5.2.2　访问接入点

访问接入点（无线 AP）的作用是提供无线终端的接入功能，类似于以太网中的集线器。

当网络中增加一个无线 AP 之后，即可成倍地扩展网络覆盖直径。另外，也可使网络中容纳更多的网络设备。通常情况下，一个 AP 最多可以支持多达 30 台计算机的接入，推荐数量为 25 台以下。

无线 AP 基本上都拥有一个以太网接口，用于实现与有线网络的连接，从而使无线终端能够访问有线网络或 Internet 的资源。

无线 AP 主要用于宽带家庭、大楼内部以及园区内部网络，典型距离覆盖几十米至上百米。大多数无线 AP 还带有接入点客户端模式（AP Client），可以和其他 AP 进行无线连接，延展网络的覆盖范围。

单纯性无线 AP 就是一个无线的交换机，仅仅提供一个无线信号发射的功能。单纯性无线 AP 的工作原理是将网络信号通过双绞线传送过来，经过 AP 产品的编译，将电信号转换成无线电信号发送出去。根据不同的功率，可以实现不同程度、不同范围的网络覆盖，一般无线 AP 的最大覆盖距离可达 300m。此外，一些 AP 还具有更高级的功能，以实现网络接入控制，例如 MAC 地址过滤、DHCP 服务器等。

### 1．AP 的组网方式

WLAN 可以根据用户的不同网络环境的需求，实现不同的组网方式。AP 可支持以下 6 种组网方式。

1）AP 模式。AP 模式又被称为基础架构（Infrastructure）模式，由 AP、无线工作站以及分布式系统（DSS）构成，覆盖的区域称为基本服务集（BSS）。其中，AP 用于在无线 STA 和有线网络之间接收、缓存和转发数据，所有的无线通信都经过 AP 完成。

2）点对点桥接模式。两个有线局域网间，通过两台 AP 将它们连接在一起，实现两个有线局域网之间通过无线方式的互连和资源共享，也可以实现有线网络的扩展。

3）点对多点桥接模式。点对多点的无线网桥能够把多个离散的远程网络连成一体，通常以一个网络为中心点发送无线信号，其他接收点进行信号接收。

4）AP 客户端模式。该模式看起来比较特别，中心的 AP 设置成 AP 模式，可以提供中心有线局域网络的连接和自身无线覆盖区域的无线终端接入；远端有线局域网络或单台 PC 所连接的 AP 设置成 AP 客户端模式，远端无线局域网络便可访问中心 AP 所连接的局域网络。

5）无线中继模式。无线中继模式可以实现信号的中继和放大，从而延伸无线网络的覆盖范围。无线分布式系统（WDS）的无线中继模式，提供了全新的无线组网模式，可适用于那些场地开阔、不便于敷设以太网线的场所，像大型开放式办公区域、仓库、码头等。

6）无线混合模式。无线分布式系统的无线混合模式，可以支持在点对点、点对多点、中继应用模式下的 AP，同时工作在两种工作模式状态，即桥接模式 +AP 模式。这种无线混合模式充分体现了灵活、简便的组网特点。

### 2．胖 AP 与瘦 AP

1）胖 AP。在无线交换机应用之前，WLAN 通过胖 AP 连接无线网络，使用安全软件、管理软件和其他数据来管理无线网络。这种胖 AP，或者称为智能 AP 很复杂，安装困难，而且价格昂贵，并且需要的 AP 越多，管理费用就越高，价格也越贵。同时，由于每个 AP 平均能够支持的用户数只有 10～20 个，大型企业如果要部署无线网络，可能需要几百个

AP 才能让无线网络覆盖所有的用户。总之，这种方案对于大部分用户来说，耗费巨大，单个 AP 覆盖范围太小。

2）瘦 AP。瘦 AP 指自身不能单独配置或者使用的无线 AP 产品。这种产品仅仅是一个 WLAN 交换系统的一部分，它需要和其他组件一起工作，例如无线控制器。

胖 AP 与瘦 AP 的主要区别见表 4-3。

表 4-3 胖 AP 与瘦 AP 的区别

| 区别 | 胖 AP | 瘦 AP |
| --- | --- | --- |
| 安全性 | 单点安全，无整网统一安全能力 | 统一的安全防护体系，AP 与无线控制器间通过数字证书进行认证，支持二层、三层安全机制 |
| 配置管理 | 每个 AP 需要单独配置，管理复杂 | AP 需配置管理，统一由无线控制器集中配置 |
| 自动 RF 调节 | 没有 RF 自动调节能力 | 通过自动的射频调整能力，自动调整包括信道、功率等无线参数，实现自动优化无线网络配置 |
| 网络恢复 | 网络无法自恢复，AP 故障会造成无线覆盖漏洞 | 无需人工干扰，网络具有自恢复能力，自动弥补无线漏洞，自动进行无线控制器切换 |
| 容量 | 容量小，每个 AP 独自工作 | 可支持最大 64 个无线控制器堆叠，最大支持 3600 个 AP 无缝漫游 |
| 漫游能力 | 仅支持二层漫游功能，三层无缝漫游必须通过其他技术，如 Mobile IP 技术实现，实现复杂，客户端需要安装相应软件 | 支持二层、三层快速安全漫游，三层漫游通过基于瘦 AP 体系架构里的 CAPWAP 标准中的隧道技术实现 |
| 可扩展性 | 无扩展能力 | 方便扩展，对于新增 AP 无需任何配置管理 |
| 一体化网络 | 室内、室外 AP 产品需要分别单独部署，无统一配置管理能力 | 统一无线控制器、无线网管支持基于集中式无线网络架构的室内、室外 AP、MESH 产品 |
| 高级功能 | 对于基于 Wi-Fi 的高级功能，如安全、语音等支持能力很差 | 专门针对无线增值系统设计，支持丰富的无线高级功能，如安全、语音、位置业务、个性化页面推送、基于用户的业务/完全/服务质量控制等 |
| 网络管理能力 | 管理能力较弱，需要固定硬件支持 | 可视化的网络管理系统，可以实时监控无线网络 RF 状态，支持在网络部署之前模拟真实情况进行无线网络设计的工具 |

#### 4.5.2.3 WLAN 拓扑结构

WLAN 的拓扑结构只有两种，一种是类似于对等网的 Ad-Hoc 模式；另一种则是类似于有线局域网中星形结构的基础结构（Infrastructure）模式。

Ad-Hoc 模式是点对点的对等结构，相当于有线网络中的两台计算机直接通过网卡互连，中间没有集中接入设备（AP），信号是直接在两个通信端点对点传输的，如图 4-18 所示。

在有线网络中，因为每个连接都需要专门的传输介质，所以在多个计算机互连时，一台计算机可能要安装多块网卡。在 WLAN 中，没有物理传输介质，而是以电磁波的形式发散传播的，所以在 WLAN 中的对等连接模式中，各用户无须安装多块 WLAN 网卡，相比有线网络来说，组网方式要简单许多。

Ad-Hoc 对等结构网络通信中没有一个信号交换设备，网络通信效率较低，所以仅适用于数量较少的无线结点互连（通常是在 5 台主机以内）。同时，由于这一模式没有中心管理单元，所以这种网络在可管理性和扩展性方面受到一定的限制，连接性能也不是很好。而且各无线结点之间只能单点通信，不能实现交换连接，就像有线网络中的对等网一样。这种无线网络模式通常只适用于临时的无线应用环境，如小型会议室，SOHO 家庭无线网络等。

此外，为了达到无线连接的最佳性能，所有主机最好都使用同一品牌、同一型号的无线网卡,并且要详细了解相应型号的网卡是否支持 Ad-Hoc 网络连接模式,因为有些无线网卡只支持基础结构模式。当然,绝大多数无线网卡是同时支持这两种网络结构模式的。

Infrastructure 模式与有线网络中的星形交换模式相似,也属于集中式结构,其中无线 AP 相当于有线网络中的交换机或集线器,起着集中连接无线结点和数据交换的作用。通常 AP 都提供了一个有线以太网接口,用于与有线网络设备的连接,例如以太网交换机。Infrastructure 模式网络如图 4-19 所示。

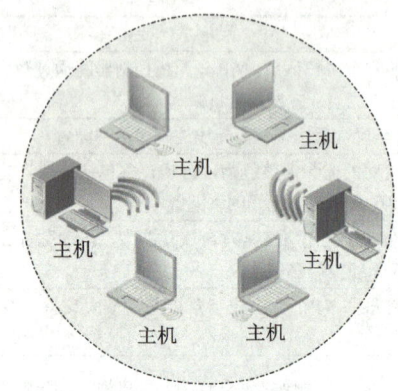

图 4-18  Ad-Hoc 模式

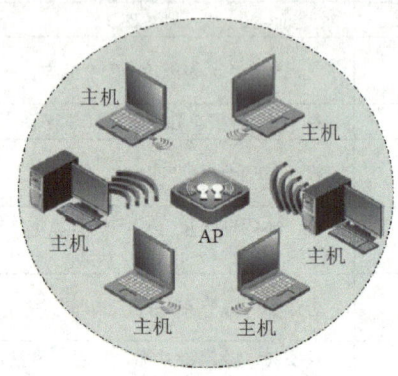

图 4-19  Infrastructure 模式

Infrastructure 模式的优势主要表现在网络易于扩展、便于集中管理、能提供用户身份验证等方面。另外,其数据传输性能也明显高于 Ad-Hoc 模式。在 Infrastructure 模式中,AP 和无线网卡还可针对具体的网络环境调整网络连接速率,如 11Mbit/s 的 IEEE 802.11b 的速率可以调整为 1Mbit/s、2Mbit/s、5.5Mbit/s 和 11Mbit/s;54Mbit/s 的 IEEE 802.11a 和 IEEE 802.11g 则有 54Mbit/s、48Mbit/s、36Mbit/s、24Mbit/s、18Mbit/s、12Mbit/s、11Mbit/s、9Mbit/s、6Mbit/s、5.5Mbit/s、2Mbit/s、1Mbit/s 12 个不同速率动态调整,以发挥其在相应网络环境下的最佳连接性能。

在实际的应用环境中,连接性能往往受到诸多方面因素的影响,所以实际连接速率要远低于理论速率。如上面所介绍的,AP 和无线网卡可针对特定的网络环境动态调整速率,原因就在于此。此外,根据不同场景、不同应用对带宽的要求,可以对连接 AP 的无线结点的数目进行控制。对于带宽要求较高的(如多媒体教学、电话会议和视频点播等),单个 AP 所连接的无线结点数要少些;对于带宽要求较低的,单个 AP 所连接的无线结点数可以适当多些。如果是支持 IEEE 802.11a 或 IEEE 802.11g 的 AP,因为它的速率可达到 54Mbit/s,理论上单个 AP 的连接结点数在 100 个以上,但实际应用中所连接的用户数最好在 20 个以内。同时,要求单个 AP 所连接的无线结点要在其有效的覆盖范围内,这个距离通常为室内 100m 左右,室外则可为 300m 左右。

BSS(Basic Service Set,基本服务集)是一个 AP 提供的覆盖范围所组成的局域网,如图 4-20 所示。

一个 BSS 可以通过 AP 来进行扩展。当超过一个的 BSS 连接到有线 LAN,就称为 ESS(Extended Service Set,扩展服务集)。一个或多个以上的 BSS 即可被定义成一个 ESS。用户可以在 ESS 上漫游及存取 BSS 系统中的任何资源,如图 4-21 所示。

ESSID 可以称为无线网络的名称。在 Infrastructure 模式的网络中,每个 AP 必须配置一个 ESSID,每个客户端必须与 AP 的 ESSID 匹配才能接入到无线网络中。

## 项目 4　构建无线智能企业网络

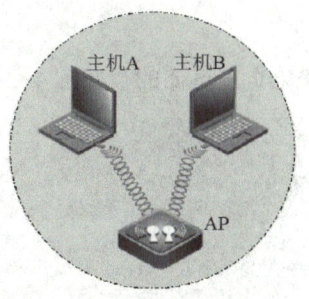

图 4-20　基本服务集

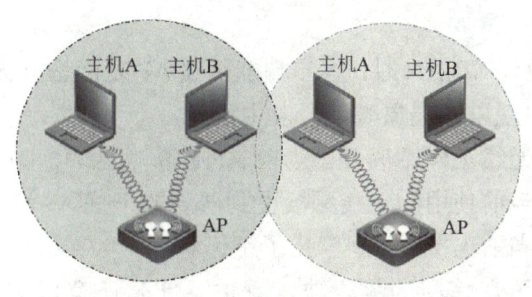

图 4-21　扩展服务集（一）

如果单个 AP 不满足覆盖范围，可以增加任意多的单元来扩展，建议相互邻接的 BSS 单元存在 10%～15% 的重叠，如图 4-22 所示。这样可以允许远程用户进行漫游而不丢失 RF 连接。为了确保最好的性能，位于边缘的单元应该使用不同的信道。

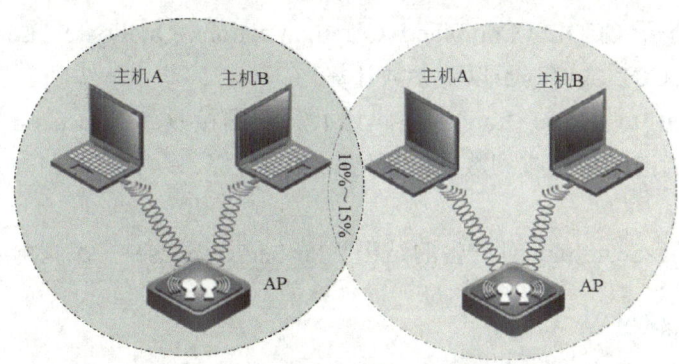

图 4-22　扩展服务集（二）

另外，Infrastructure 模式的 WLAN 不仅可以应用于独立的无线局域网中，如小型办公室无线网络、SOHO 家庭无线网络；也可以以它为基本网络结构单元，组建成庞大的 WLAN 系统，如 ISP 在"热点"位置为各移动办公用户提供的无线上网服务，在宾馆、酒店、机场为用户提供的无线上网区等。

图 4-23 所示为一家宾馆的无线网络方案，宾馆中各楼层的无线用户通过接入该楼层的并与有线网络相连接的 AP 实现与 Internet 的连接。

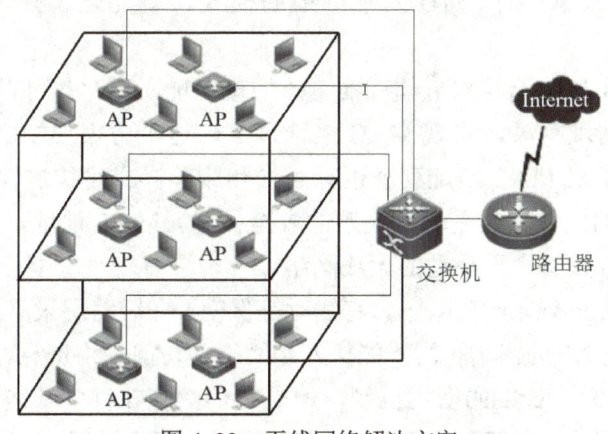

图 4-23　无线网络解决方案

#### 4.5.2.4 漫游

在设计 WLAN 时,客户端能否在 AP 之间进行无缝漫游是非常重要的,如图 4-24 所示。当出现以下现象时,会发生漫游。

1)无线工作站离开了当前 AP 的覆盖区。

2)当前使用的无线频段受到严重的干扰。

3)当前连接的 AP 停止了工作。

4)正在使用的频段非常繁忙,此时还有可选的负载较轻的频段。

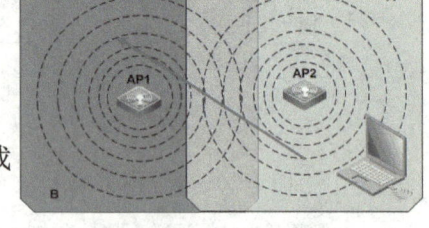

图 4-24　WLAN 漫游

在设计无缝漫游的 WLAN 时,需要考虑以下两个因素。

1)必须为整个路径提供充分的覆盖范围。

2)整个漫游路径中必须能够分配一个可用的 IP 地址。

无线工作站是基于 CCQL(Combined Communications-Quality & Load)条件决定是否发生漫游的改变,CCQL 数值基于以下参数计算。

1)SNR(Signal to Noise Ratio,信噪比)。根据接收到的 Beacon(信标)帧显示平均信号的等级,与当前信道接收到数据的平均噪声的等级。

2)负载。

3)扫描的结果。Searching 时产生的结果,Probe Responses(探测响应)的信噪比。

#### 4.5.2.5 WLAN 安全性

由于无线局域网采用公共的电磁波作为载体,任何人都有条件窃听或干扰信号,因此,对越权存取和窃听的行为也更不容易防备。常见的无线网络安全技术有以下几种。

1)通过对多个无线 AP 设置不同的 SSID(Service Set Identifier,服务集标识符),并要求无线工作站出示正确的 SSID 才能访问 AP,这样就可以允许不同群组的用户接入,并对资源访问的权限进行区别限制。因此,可以认为 SSID 是一个简单的密码,从而提供一定的安全。但如果配置 AP 向外广播其 SSID,那么安全程度还将下降。由于一般情况下,用户自己配置客户端系统,所以很多人都知道该 SSID,很容易共享给非法用户。如果配置无线 AP 的 SSID 为不广播的模式,就能阻止外来人员随意访问该无线局域网。

由于每个无线工作站的无线网卡都有唯一的物理地址,因此,可以在 AP 中手工维护一组允许访问的 MAC 地址列表,实现 MAC 地址过滤。这个方案要求 AP 中的 MAC 地址列表必须随时更新。手工对 MAC 地址列表进行添加和删除操作可扩展性差,而且 MAC 地址在理论上可以伪造,因此,这也是较低级别的安全技术。MAC 地址过滤属于硬件认证,而不是用户认证,因此,只适合于小型的无线网络。

2)WEP(Wired Equivalent Privacy,有线对等保密)在链路层采用 RC4 对称加密技术,用户的加密密钥必须与 AP 的密钥相同才能接入到网络并访问网络资源。WEP 提供了 40 位(有时也称为 64 位)和 128 位长度的密钥机制,但是它仍然存在许多缺陷。例如,一个服务区内的所有用户都共享同一个密钥,如果一个用户的密钥泄露将会影响到整个网络的安全性，而且 40 位的密钥在今天很容易被破解。WEP 中使用静态的密钥，需要手工维护，扩展能力差。为了提高安全性，建议采用 128 位的密钥。

3）WPA（Wi-Fi Protected Access，无线保护接入）是一种继承了 WEP 的基本原理，而又解决了 WEP 缺点的新的安全技术。由于 WPA 加强了生成加密密钥的算法，因此，即便收集到分组信息并对其进行解析，也几乎无法计算出通用密钥。WPA 使用动态密钥，其工作原理为：根据通用密钥，配合表示计算机 MAC 地址和分组信息顺序号的编号，分别为每个分组信息生成不同的密钥。然后与 WEP 一样，将此密钥用于 RC4 加密处理。通过这种处理，所有客户端所交换的数据将由不同的密钥加密而成。无论收集到多少数据，要想破解出原始的通用密钥几乎是不可能的。WPA 还追加了防止数据中途被篡改的功能。由于具备这些功能，此前 WEP 中备受指责的缺点得以全部解决。WPA 是一种比 WEP 更为强大的安全机制。作为 IEEE 802.11i 标准的子集，WPA 包含了认证、加密和数据完整性校验 3 个组成部分，是一个完整的安全性方案。

4）IEEE 802.1x 标准也是用于无线局域网的一种增强网络安全性的解决方案。当无线工作站与 AP 关联后，是否可以使用 AP 的服务要取决于 802.1x 的认证结果。如果认证通过，则 AP 为无线工作站打开这个逻辑端口，否则不允许用户访问网络资源。802.1x 要求无线工作站安装 802.1x 客户端软件，无线 AP 要支持 802.1x 认证代理，同时它还作为 RADIUS 客户端，将用户的认证信息转发给 RADIUS 服务器。802.1x 除了提供端口访问控制能力之外，还提供基于用户的认证及计费，特别适合于公共无线接入的安全解决方案。

## 4.5.3 路由重分发

当路由器使用路由选择协议进行路由通告时，如果该路由是通过其他方式获取的，那么路由器将要执行路由重分发。这里所谓的其他方式可能是另外一个路由选择协议、静态路由或直连目标网络，例如，路由器可能同时运行 OSPF 进程和 RIP 进程。如果设置 OSPF 进程通告来自 RIP 进程的路由，这就称做重分发 RIP。

在整个 IP 互联网络中，如果从配置管理和故障管理的角度来看，一个自治系统内最好能够运行单一的路由选择协议，而不是多种路由选择协议。然而，现代的互联网络又常常强迫人们接受多协议 IP 路由选择域这一现实。当部门、分公司乃至整个公司合并时，必须统一它们原来的自主互联网络。

在大部分案例中，将要被合并的互联网络之间存在很大差异性，这种差异性使单一路由选择协议的迁移成为一项复杂的任务。在某些案例中，公司的策略可能会强制使用多种路由选择协议，而在少数场合还会出现因其他原因而采用多种路由选择协议。

多厂商环境是需要重分发路由的另一个原因。为了配合路由器可能运行的多个路由协议进程，RG-NOS 软件提供了路由信息从一个路由进程重分发到另外一个路由进程的功能。例如，可以将 EIGRP 路由域的路由重分发到 RIP 路由域中，也可以将 RIP 路由域的路由重分发到 EIGRP 域中，路由的相互重分发可以在所有的 IP 路由协议之间运行。

路由重分发后，所有目标网络都将被加入到路由选择表中，且路由决策是根据表中网络现状作出的，但路由选择协议只通告通过其进程获悉的网络。路由选择进程之间不共享有关网络系统的信息时，被称为夜航式路由选择（Ships In Night，SIN）。

当多种路由协议被拼凑在一起时，使用路由重分发是很有必要的，而且重分发也是严谨的互联网络设计的一部分。图4-25是路由重分发的一个例子，一个运行OSPF协议的自治系统与另一个运行RIP协议的自治系统相连，每个自治系统中内部路由器对各自的网络都有完整的了解，但如果不使用路由重分发，它们将不会知道另一个自治系统中的路由。路由器A是边界路由器，它同时运行OSPF进程和RIP进程。

不使用路由重分发时，路由器A执行夜航路由选择：路由器A使用参与OSPF的接口，将OSPF路由选择更新传递给OSPF邻居，使用参与RIP的接口将RIP路由选择更新传递给RIP邻居。路由器A在RIP和OSPF之间不交换路由选择信息，如果OSPF路由选择域中的路由器需要获悉RIP域中的路由，路由器A必须在RIP和OSPF之间重分发路由。

路由器A通过其Fa0/1接口上运行的RIP路由选择协议，从路由器B那里学到了网络192.168.1.0。配置路由重分发后，路由器A将通过其Fa 0/0接口上的OSPF协议将该信息重新分发给路由器B，同样，路由选择信息也将沿相反方向从OSPF向RIP传递。

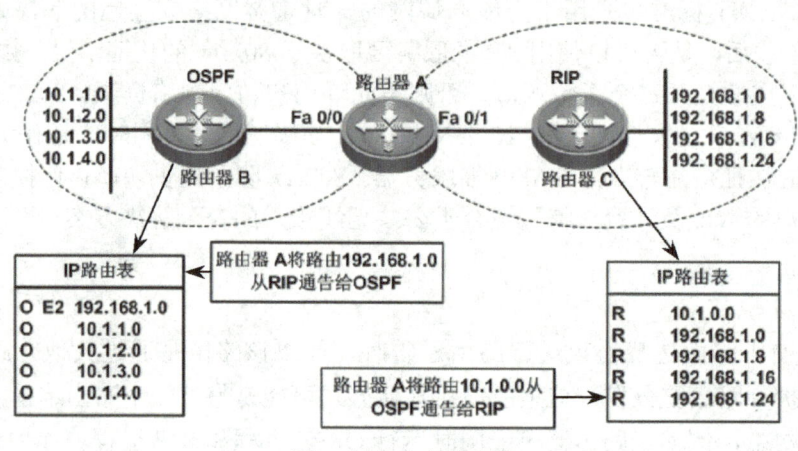

图4-25　路由重分发

重分发来的路由被视为外部路由，而优先选择内部路由。

重分发可能会带来路由环路和次路由出现。为避免这些问题，可使用默认路由、被动接口、分发列表，只配置单方向上的重分发（如RIP重分发到EIGRP），修改度量值，修改管理距离等方式。

#### 4.5.3.1　路由重分发的原则

IP路由选择协议之间的特性相差非常大，对路由重分发影响最大的协议特性是度量和管理距离的差异性，以及每种协议的有类和无类能力。在重分发时，如果忽略了对这些差异的考虑，将导致某些或全部路由交换失败，最坏情况将造成路由环路和黑洞。

**1. 度量**

如果向OSFP重分发RIP路由，RIP的度量是跳数，而OSPF使用的是代价。在这种情况下，接收重分发路由的协议必须能够将自己的度量与这些路由联系起来。

执行路由重分发的路由器必须为接收到的路由指派度量值，如图4-26所示。这里RIP被重分发进入OSPF，同时OSPF也被重分发进入RIP，OSPF不理解RIP的度量值（跳数），RIP

也不理解 OSPF 度量值（代价），因此，在向 OSPF 传递 RIP 路由之前，路由器的重分发进程必须为每一条 RIP 路由分配代价度量值。同样，路由器在向 RIP 传递 OSPF 路由之前，也必须为每一条 OSPF 路由分配跳数度量值。如果分配了不正确的度量，重新分配将会失败。

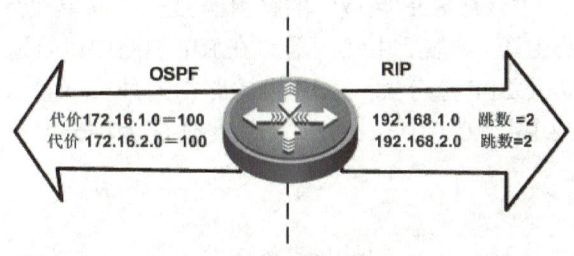

图 4-26 理解度量值

例 4-1 为查看一个路由器的路由表，下面根据此路由表中的路由条目进行分析。

【例 4-1】查看路由表。

```
RA#show ip route
O    172.16.1.1/32 [110/100] via 10.1.1.1, 02:31:24, FastEthernet 0/0
O    172.16.2.1/32 [110/100] via 10.1.1.1, 02:31:24, FastEthernet 0/0
R    192.168.1.0/24 [120/2] via 10.1.2.2, 00:00:04, FastEthernet 0/1
R    192.168.2.0/24 [120/2] via 10.1.2.2, 00:00:04, FastEthernet 0/1
```

这种路由重分发时，必须给重分发而来的路由指定的度量值称为默认度量值或种子度量值，它是在重分发配置期间定义的。指定重分发路由的种子度量值后，该度量值将在自治系统内部正常递增。唯一的例外是 OSPF E2 路由，它将保持初始度量值，而不管在自治系统内部传播多远。

可以使用 default-metric 命令配置重分发路由的种子度量值。

RIP 默认将种子度量值 0 视为无穷大。度量值无穷大向路由器表明，该路由不可达，因此不应该通告它。将路由重分发到 RIP 中时，必须手工指定其种子度量值，否则重分发而来的路由可能不会被通告。

在 OSPF 中，重分发而来的路由默认为外部路由 2 类（E2），度量值为 20。但重分发而来的 BGP 路由除外，其默认 2 类，度量值为 1。表 4-4 列出了一条路由被重分发到各种 IP 路由选择协议时的默认种子度量值。

表 4-4 默认种子度量值

| 将路由重分发到该协议中 | 默认种子度量值 |
| --- | --- |
| RIP | 无穷大 |
| OSPF | BGP 路由为 1，其他路由为 20 |
| IS-IS | 0 |
| BGP | BGP 度量值被设置为 IGP 度量值 |

在 IS-IS 中，重分发而来的路由的默认度量值为 0。但与 RIP 不同的是，IS-IS 并不会将种子度量值 0 视为不可达。

在图 4-27 所示的示例中，在路由器 C 上，将从 RIP 重分发到 OSPF 中的路由的种子度量值设置为 30，该路由被重分发为 E2 路由。因此，在路由器 D 中，到达网络 10.1.1.0、10.1.3.0、10.1.4.0 的度量值为指定的 RIP 种子度量值（30），路由 10.1.6.0、10.1.2.0 则是从直连网络重分发来的，它的度量值为默认种子度量值（20）。在 OSPF 区域中，不需要考虑这些路由原本在 RIP 中的度量值，因为 OSPF 区域中的路由器 D 只会简单地将前往这些网络的数据流转发给边界路由器——路由器 C，然后由路由器 C 在 RIP 网络中以合适的方式转发这些数据。

在路由器 C 上，将从 OSPF 重分发到 RIP 中的路由的种子度量值设置为 1，因此，在路由器 B 中，前往网络 192.168.1.0、192.168.2.0 的度量值成为种子度量值（1）。

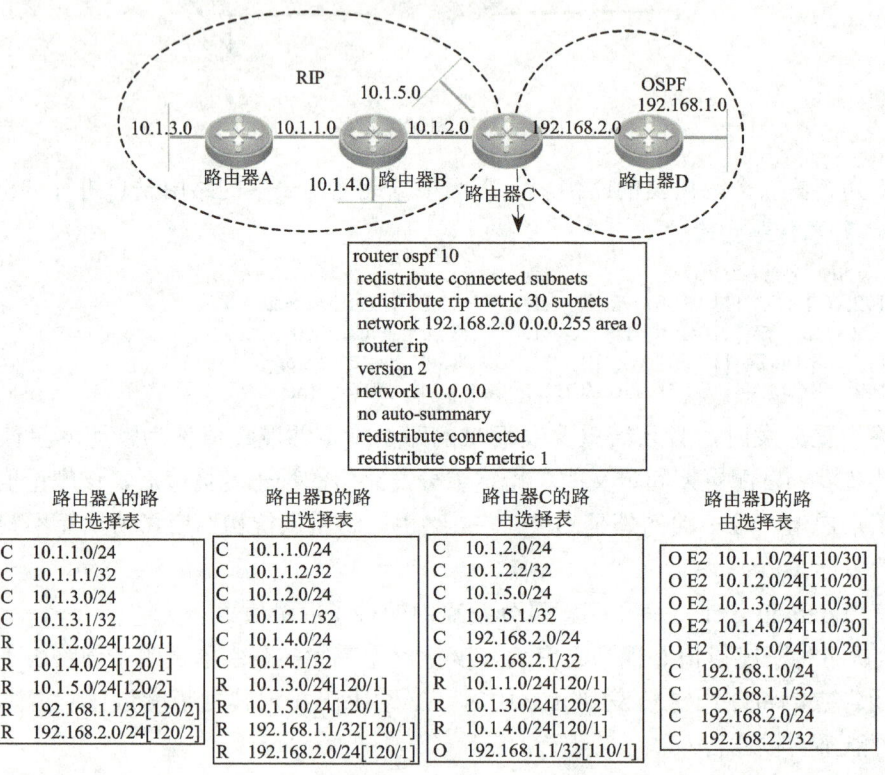

图 4-27　OSPF 和 RIP 之间的路由重分发

### 2．管理距离

度量差异性产生了另一个问题。如果路由器正在运行多个路由选择协议，并从每个协议都学习到一条到达相同目标网络的路由，那么应该选择哪一条路由呢？因为每一个路由选择协议都使用自己的度量方案定义最优路径，如何比较不同的度量值呢，例如代价和跳数。

这个问题的答案是管理距离。正像为路由分配度量就可以确定首选路径一样，因为要确定首选路由源，所以需要向路由源分配管理距离。把管理距离看做可信度的一种量度，管理距离越小，协议的可信度越高。

### 3．从无类路由协议向有类路由协议重分发

有类路由选择协议不能通告携带子网掩码的路由，路由器所接收到的每一条路由，无外有下面两种情况之一：

1）路由器有一个或多个接口连接到主网上。

2）路由器没有接口连接到主网络上。

在第一种情况下，为了正确确定报文目标地址的子网，路由器必须使用自身接口上为主网配置的掩码；在第二种情况下，公告信息中仅包含主网络地址，因为路由器不知道使用哪一个子网掩码。

如图 4-28 所示，路由器的 4 个接口分别连接到 10.1.0.0 的各个子网上，该主网络采用了 VLSM，即两个接口的子网的掩码为 27 位，另两个为 30 位。路由器运行有类路由协议 RIP，那么它将不能从 27 位掩码推出 30 位掩码的子网，并且也不能从 30 位掩码推出 27 位掩码的子网，因此，无法解决掩码冲突问题。

从接口通告的子网仅包括在 10.1.1.0 的子网中，仅仅那些子网掩码与接口掩码相同的子网，才会从此接口通告。那么图 4-28 中网络的最后结果是接口 E0 和 E1 的 RIP 邻居路由器不知道掩码为 27 位的子网，接口 S0 和 S1 的 RIP 邻居路由器也不知道掩码为 30 位的子网。

仅在掩码相同的接口之间通告路由这一特性，在从无类路由选择协议向有类路由选择协议重分发时也会出现。如图 4-29 所示，OSPF 是无类路由协议，支持 VLSM；而 RIP 是有类路由协议。由于路由器 A 的 RIP 进程使用 24 位掩码，因此，10.1.6.0/26 和 10.1.6.0/28 不一致，所以不能通告到 RIP 中。为解决这一问题，在配置路由重分发时，需要使用关键字 subnets。

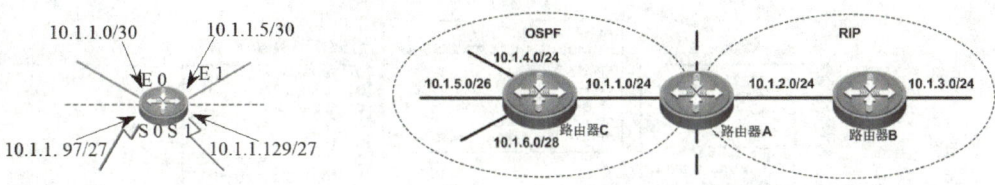

图 4-28　运行有类路由协议　　　　　　图 4-29　OSPF 与 RIP 重分发

### 4.5.3.2　配置路由重分发

重分发支持所有路由选择协议、静态路由和直连路由。路由重分发到一种路由选择协议时，需要在接收重分发路由的路由选择进程下配置 redistribute 命令。

实现重分发之前，需要考虑以下几点：

1）只能在支持相同协议栈的路由协议之间进行重分发。例如，可以在 IPRIP 和 OSPF 之间执行重分发，因为它们都支持 TCP/IP 协议栈。但不能在 IPX RIP 和 OSPF 之间进行重分发，因为 IPX RIP 支持 IPX/SPX 协议栈，而 OSPF 不支持该协议栈。

2）配置重分发的方法随路由选择协议组合而异。有的路由协议之间会自动进行重分发，如 IGRP 和 EIGRP 有相同 AS 号时。有些路由选择协议要求配置重分发期间的度量值，但有些路由选择协议则没有这种要求。

**1. RIP 协议的 redistribute 命令**

可以使用路由配置命令 **redistribute** *protocol* [**metric** *metric-value*] [**match** internal | external | nssa-external *type*] [**route-map** *map-tag*] 将路由重分发到 RIP 中，其参数说明见表 4-5。

图 4-30 所示为一个将路由重分发到 RIP 中的例子。本例中有路由器 A、路由器 B 和路由器 C 3 台路由器，其中路由器 C 和路由器 A 的接口 Fa 0/0 位于 OSPF 进程中，路由器 B 和路由器

A 的接口 Fa 0/1 位于 RIPv2 进程中。需要将 OSPF 路由重分发到 RIP 进程中，并将种子度量值指定为 2，这样路由器 B 从路由器 A 中获得前往网络 172.16.1.0 和 172.16.2.0 的两条路由。

表 4-5　redistribute ospf 命令的参数

| 参　数 | 描　述 |
| --- | --- |
| protocol | 路由重分发的源路由协议，目前 RGNOS 软件支持以下几种路由源：connected、rip、static、ospf、bgp |
| metric metric-value | 设置重分发的路由的度量值（1～16）<br>没有配置将使用 default-metric 命令设置的 metric 值 |
| match internal \| external nssa-external type | 设置重分发路由的条件。只适合重分发的源路由协议为 OSPF。OSPF 路由域中的路由分为内部路由、外部路由和 nssa-external 路由，其中外部路由又分为 type-1 和 type-2 两种，type 值为 1 或 2 |
| route-map map-tag | 应用路由图进行重分发控制 |

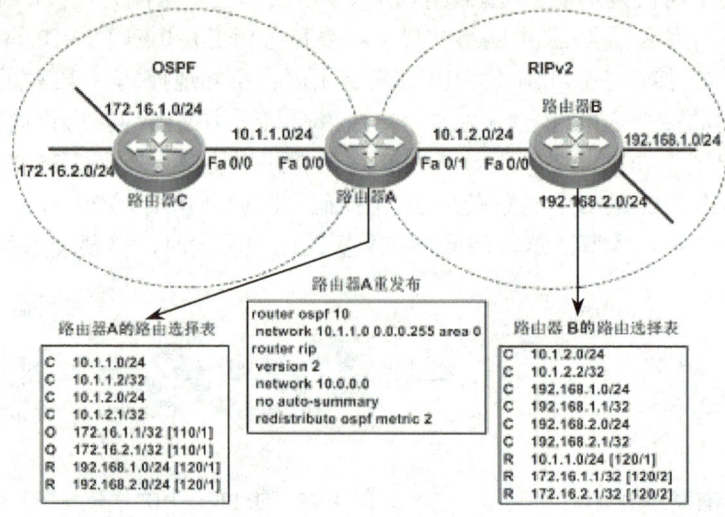

图 4-30　路由被重发布到 RIP 中

### 2. OSPF 协议的 redistribute 命令

可以使用路由配置命令 **redistribute** protocol [ **metric** metric-value ] [ metric-type {1|2} ] [ tag tag-value ] [ route-map map-tag ] 将路由重分发到 OSPF 协议中，其参数说明见表 4-6。

**no redistribute** protocol [ metric ][ metric-type ] [ ag ][ route-map ] 命令是删除重分发。

表 4-6　redistribute rip 命令的参数

| 参　数 | 描　述 |
| --- | --- |
| protocol | 路由重分发的源路由协议 |
| metric metric-value | 设置重分发的路由的度量值，取值范围为 1～16777214<br>没有配置将使用 default-metric 命令设置的 metric 值 |
| metric-type | 设置重分发的路由度量类型，默认值为 2 |
| tag tag-value | 设置重分发的路由的 tag，取值范围为 0～2147483647，默认值为 0 |
| route-map map-tag | 应用路由图进行重分布控制时关联的 route-map 的名字。默认没有关联 route-map |

使用 router ospf 命令进入 OSPF 路由选择进程，然后使用 redistribute 命令指定将重分发到其中的 RIP 路由协议中。

重分发到 OSPF 中时，除了静态路由和直连路由外，其他重分发路由的默认度量值为 20，默认度量值类型为 2，且默认不重分发子网。

图 4-31 所示为一个将路由重分发到 OSPF 中的例子。本例中有路由器 A、路由器 B 和路由器 C 3 台路由器，其中路由器 C 和路由器 A 的接口 Fa 0/0 位于 OSPF 进程中，路由器 B 和路由器 A 的接口 Fa 0/1 位于 RIPv2 进程中。

需要将 RIP 路由重分发到 OSPF 进程中，并将种子度量值指定为 100，这样路由器 C 从路由器 A 中获得前往网络 192.168.1.0 和 192.168.2.0 的两条路由。

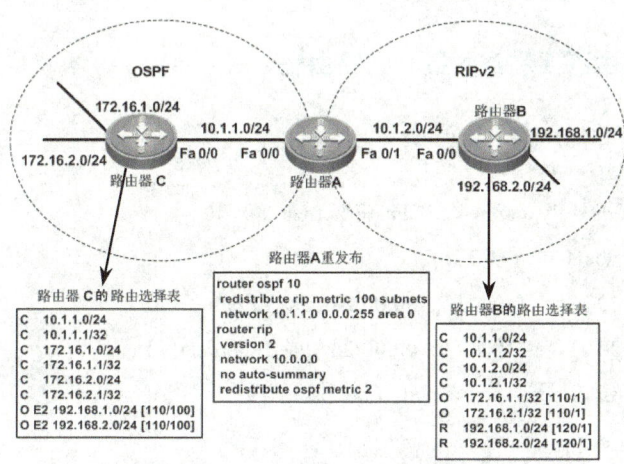

图 4-31 路由被重发布到 OSPF 中

因为 OSFP 是无类路由协议，而 RIP 是有类的路由协议，所以在重发布的时候需要指定关键字 subnets。

### 3．直连路由、静态路由和默认路由

图 4-32 所示的网络中有 4 台路由器，分别为 OSPF 和 RIP 路由进程，需要配置路由重分发。路由器 A、路由器 B 和路由器 C 的接口 Fa 0/0 在 RIPv2 路由进程中，路由器 D 和路由器 C 的接口 Fa 0/1 在 OSPF 路由进程中。路由器 C 是边界路由器，在路由器 C 上有一条默认路由，还有一条去往 100.2.0.0 网络的路由。

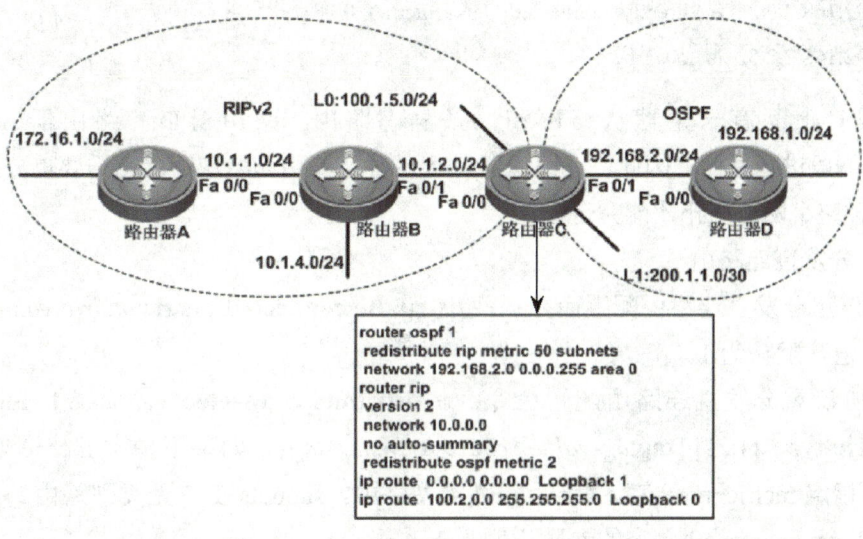

图 4-32 OSPF 与 RIP 重分发

例 4-2 显示了路由器 A 和路由器 D 的路由表。在路由器 A 上没有去往网络 192.168.2.0/24 的路由，在路由器 D 上没有去往网络 10.1.2.0/24 的路由。因为 192.168.2.0/24 和 10.1.2.0/24 两个网段是路由器 C 上的直连路由。这样路由器 A 与 192.168.2.0 网段是无法通信，同样路由器 D 也无法与 10.1.2.0 网段通信。所以重分发的配置中，需要配置重分发直连路由。

【例 4-2】查看路由器 A 和路由器 D 的路由表。

```
RA#show ip route
Gateway of last resort is no set
C    10.1.1.0/24 is directly connected, FastEthernet 0/0
C    10.1.1.1/32 is local host.
R    10.1.2.0/24 [120/1] via 10.1.1.2, 00:00:24, FastEthernet 0/0
R    10.1.4.0/24 [120/1] via 10.1.1.2, 00:00:24, FastEthernet 0/0
C    172.16.1.0/24 is directly connected, Loopback 0
C    172.16.1.1/32 is local host.
R    192.168.1.1/32 [120/3] via 10.1.1.2, 00:00:24, FastEthernet 0/0

RD#show ip route
Gateway of last resort is no set
O E2 10.1.1.0/24 [110/50] via 192.168.2.1, 00:28:46, FastEthernet 0/0
O E2 10.1.4.0/24 [110/50] via 192.168.2.1, 00:28:46, FastEthernet 0/0
O E2 172.16.1.0/24 [110/50] via 192.168.2.1, 00:28:46, FastEthernet 0/0
C    192.168.1.0/24 is directly connected, Loopback 0
C    192.168.1.1/32 is local host.
C    192.168.2.0/24 is directly connected, FastEthernet 0/0
C    192.168.2.2/32 is local host.
```

路由器 C 上还有一条默认路由和一条静态路由，路由器 D 和路由器 A 也无法与 100.2.0.0/25 网段进行通信，因此，在路由器 C 上的静态路由和默认路由也需要重分到 OSPF 和 RIP 中，这样整个网络拓扑才能完全畅通。

（1）重分发直连路由

RIP 协议重分发直连路由配置命令：**redistribute connected**[metric *metric-value*]。如果不指定 metric 值，默认为 1。

OSPF 协议重分发直连路由配置命令：**redistribute connected** [*subnets*] [**metric***metric-value*] [**metric-type** {1|2}] [**tag***tag-value*][**route-map***map-tag*]。如果不指定 metric 值，默认为 20；如果不指定 metric-type 值，默认为 E2 类型路由。subnets 支持无类别路由。

redistribute connected 命令的参数说明见表 4-7。

表 4-7 redistribute connected 命令的参数

| 参 数 | 说 明 |
|---|---|
| metric*metric-value* | 设置重分发的路由的度量值，取值范围为 1 ～ 16777214 |
| metric-type | 设置重分发的路由度量类型，默认值为 2 |
| tag*tag-value* | 设置重分发的路由的 tag，取值范围为 0 ～ 2147483647，默认值为 0 |
| route-map *map-tag* | 应用路由图进行重分布控制时关联的 route-map 的名字。默认没有关联 route-map |

（2）重分发静态路由

RIP 协议重分发静态路由配置命令：**redistribute static**[**metric***metric-value*]。如果不指定 metric 值，默认为 1。

OSPF 协议重分发直连路由配置命令：**redistribute static** [*subnets*] [**metric***metric-value*] [**metric-type** {1|2}] [**tag***tag-value*][**route-map***map-tag*]。如果不指定 metric 值，默认为 20；如果不指定 metric-type 值，默认为 E2 类型路由。subnets 支持无类别路由。

redistribute static 命令的参数说明见表 4-8。

表 4-8 redistribute static 命令的参数

| 参 数 | 说 明 |
|---|---|
| metric*metric-value* | 设置重分发的路由的度量值，取值范围为 1 ～ 16777214 |
| metric-type | 设置重分发的路由度量类型，默认值为 2 |
| tag*tag-value* | 设置重分发的路由的 tag，取值范围为 0 ～ 2147483647，默认值为 0 |
| route-map *map-tag* | 应用路由图进行重分布控制时关联的 route-map 的名字。默认没有关联 route-map |

（3）重分发默认路由

RIP 协议重分发默认路由配置命令如下。该命令设置 RIP 是否产生默认路由，使用命令的 no 选项可以关闭该功能或删除其相关联的 route-map。

**default-information originate** [ **route-map***route-map-name* ]

**no default-information originate** [*route-map*]

OSPF 协议重分发默认路由配置命令如下。该命令设置自治系统边界路由器产生一条默认路由，使用命令的 no 选项可以关闭该功能或删除配置。

**default-information originate** [ **always** ] [ **metric***metric-value* ] [ **metric-type** *type-value* ] [**route-map***map-name*]

**no default-information originate** [always] [metric ] [metric-type ][route-map ]

default-information originate 命令的参数说明见表 4-9。

表 4-9 default-information originate 命令的参数

| 参 数 | 说 明 |
|---|---|
| always | 不管本路由器是否存在默认路由，都公告默认路由 |
| metric*metric-value* | 默认路由的度量值，取值范围为 1 ～ 16777214，默认值是 10 |
| metrice-type*type-value* | 计算外部路由度量的类型，默认值是 2 |
| route-map*map-name* | 关联的 route-map 的名字。默认没有关联 route-map |

OSPF 与 RIP 路由协议的完整重分发配置如图 4-33 所示。

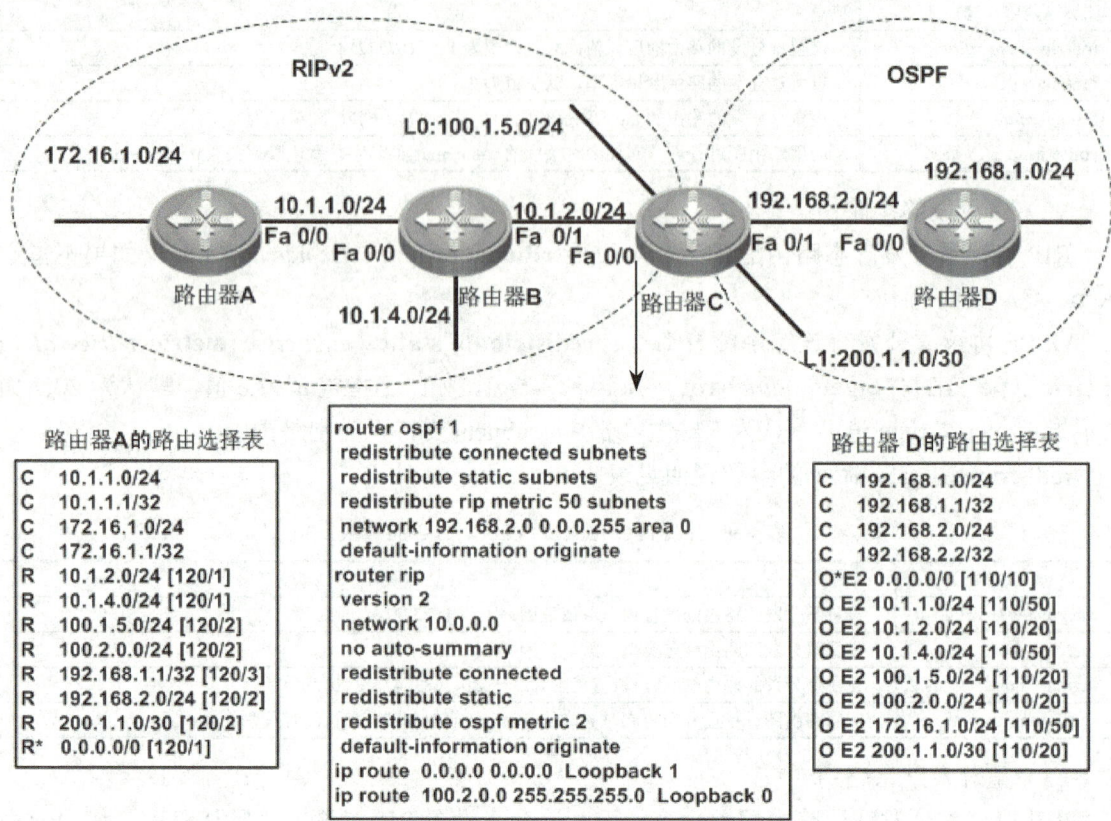

图 4-33 OSPF 与 RIP 重分发配置

### 4. 配置路由重分发

重分发分为两种：双向重分发和单向重分发。双向重分发指在两个路由选择进程之间重分发所有路由；单向重分发指将一条路由传递给一种路由选择协议，同时只将通过该路由选择协议获得的网络传递给其他路由选择协议。

最安全的重分发是只在网络中一台边界路由器上进行单向重分发，但这将可能导致网络的单点故障。

重分发配置的步骤如下：

**步骤1** 进入需要配置重分发的边界路由器，使用 redistribute 命令进行配置。

**步骤2** 确定哪种路由协议为核心路由协议（主干协议），哪种路由协议为边缘路由协议。

**步骤3** 确定是否需要将边缘路由协议中的所有路由传播到核心协议中，是否采用路由分发列表、被动接口、空接口等技术进行控制和过滤路由，是否将核心协议中的路由重分发到边缘路由协议中，这些要根据网络环境的具体情况而定。

**步骤4** 确定在核心路由协议中是否采用汇总路由来简化重分发，从而减少路由表的大小。

**步骤5** 使用验证和测试命令，进行重分发后的测试。

## 项目 4 构建无线智能企业网络

## 4.6 项目实施

### 4.6.1 实施流程

项目实施流程如图 4-34 所示。

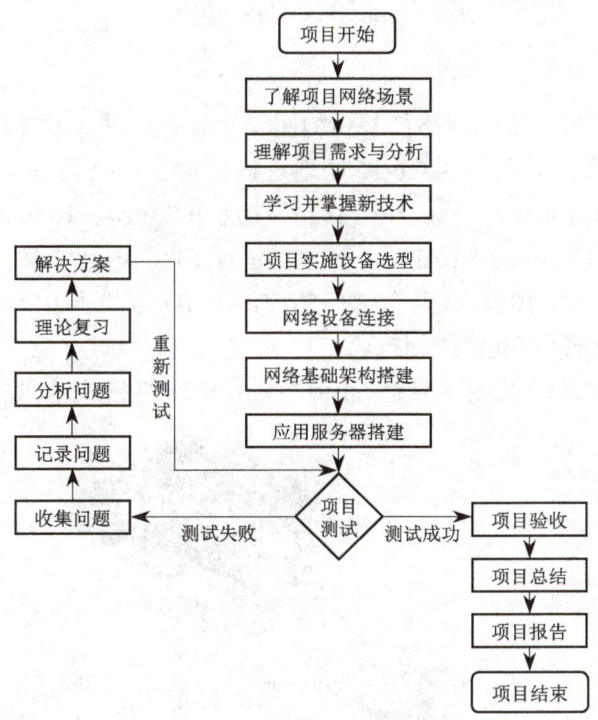

图 4-34 项目实施流程图

### 4.6.2 实施设备

在本项目中，网络设备采用锐捷系列产品，具体情况见表 4-10。

表 4-10 设备清单

| 设备名称 | 设备品牌 | 设备型号 | 设备数量/台 |
| --- | --- | --- | --- |
| 路由器 | 锐捷 | RSR20-04 | 2 |
| 三层交换机 | 锐捷 | RG-S3760E | 2 |
| 二层交换机 | 锐捷 | RG-2328G | 1 |
| 无线 AP | 锐捷 | RG-AP220E | 1 |
| 服务器 | IBM | IBM（双核） | 4 |
| 计算机 | 联想 | 联想 | 4 |

227

本项目使用的操作系统为 Windows Server，具体情况见表 4-11。

表 4-11  软件清单

| 软 件 名 称 | 软 件 品 牌 | 软 件 型 号 | 软 件 数 量 |
|---|---|---|---|
| Windwos Server | 微软 | Windows Server 2003 R2 | 3 |
| Windows XP | 微软 | Windows XP SP3 | 4 |
| Linux | CentOS | CentOS 5.5 | 1 |

### 4.6.3  项目任务一：完成企业网络底层架构的构建

#### 1．网络拓扑设计

根据公司应用的需求，绘制网络拓扑结构图，并对企业进行 IP 和 VLAN 规划。根据 IP 地址规划的原则，本项目采用 10.0.0.0/16 的地址段。由于该公司有 4 个部门和一个服务器群，其网段分别为 10.0.100.0/24、10.0.101.0/24、10.0.102.0/24、10.0.103.0/24、10.0.104.0/24 和 10.0.105.0/24，其相应用的 VLAN 划分为 VLAN 100、VLAN 101、VLAN 102、VLAN 103、VLAN 104 和 VLAN 105，其各个部门的 VLAN ID 与其子 IP 地址第三字节相同。设备之间互连的接口地址采用 30 位子网掩码。

IP 地址和 VLAN 规划完成后，使用 Visio 软件绘制网络拓扑结构图，如图 4-35 所示。

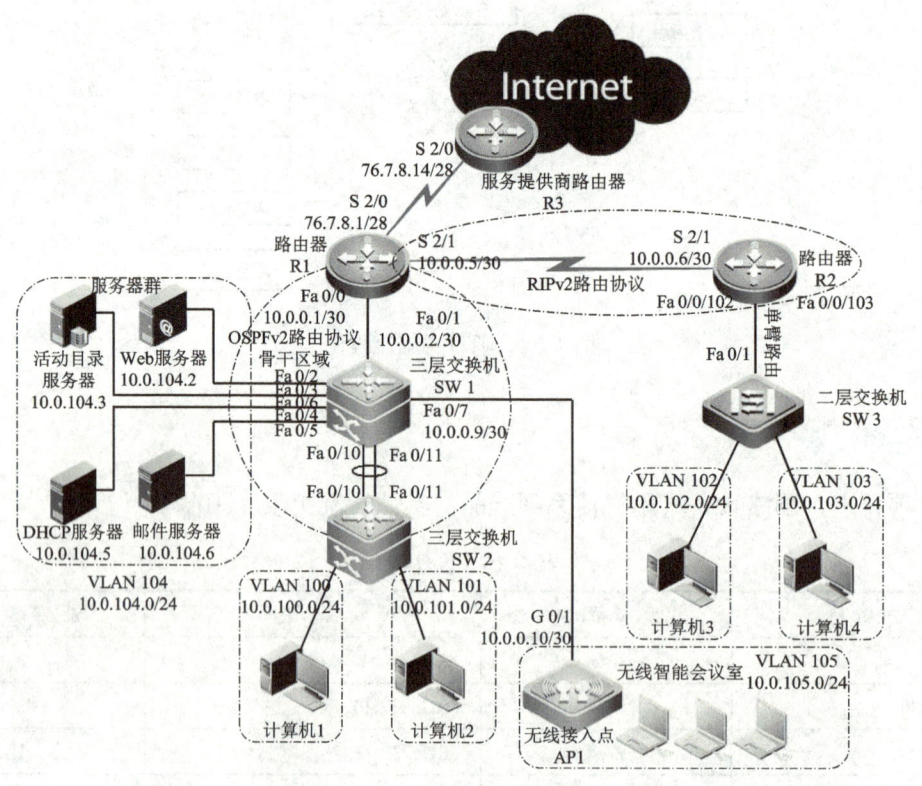

图 4-35  网络拓扑结构

根据网络拓扑结构，使用以太网线或串口线将设备连接起来，对网络设备进行加电，查看设备是否工作正常。

## 项目 4　构建无线智能企业网络

### 2．网络接入层设备配置

利用交换机附带的 Console 线缆将交换机的 Console 端口与主机的串口连接起来，启动交换机，就可以利用主机上的终端软件进行连接管理。然后即可进入交换机的用户状态进行配置，具体配置如下：

|  |  |
|---|---|
| Switch(config)#hostname SW2 | # 为交换机命名 |
| SW2(config)#vlan 100 | # 创建 VLAN 100 |
| SW2(config-vlan)#name gongchengbu | # 为 VLAN 100 命名 |
| SW2(config)#vlan 101 | # 创建 VLAN 101 |
| SW2(config-vlan)#name shichangbu | # 为 VLAN 101 命名 |
| SW2(config)#interface FastEthernet 0/10 | # 进入接口模式 |
| SW2(config-if-FastEthernet 0/10)#portgroup 1 | # 将接口配置成 AP 的成员端口 |
| SW2(config)#interface FastEthernet 0/11 | # 进入接口模式 |
| SW2(config-if-FastEthernet 0/11)#portgroup 1 | # 将接口配置成 AP 的成员端口 |
| SW2(config)#interface Aggregateport 1 | # 进入聚合接口模式 |
| SW2(config-if- aggregateport 1)#switchport mode trunk | # 将聚合接口配置为干道模式 |
| SW2(config)#interface range FastEthernet 0/1-9 | # 进入接口范围模式 |
| SW2(config-if-range)#switchport mode access | # 将接口配置为接入模式 |
| SW2(config-if-range)#switchport access vlan 100 | # 将接口划分到 VLAN 100 |
| SW2(config-if-range)#switchport port-security | # 启用端口安全 |
| SW2(config-if-range)#switchport port-security maximum 1 | # 配置接口接入主机的数量 |
| SW2(config-if-range)#switchport port-security violation shutdown | # 配置违规时的处理方式 |
| SW2(config)#interface range FastEthernet 0/12-20 | # 进入接口范围模式 |
| SW2(config-if-range)#switchport mode access | # 将接口配置为接入模式 |
| SW2(config-if-range)#switchport access vlan 101 | # 将接口划分到 VLAN 101 |
| SW2(config-if-range)#switchport port-security | # 启用端口安全 |
| SW2(config-if-range)#switchport port-security maximum 1 | # 配置接口接入主机的数量 |
| SW2(config-if-range)#switchport port-security violation shutdown | # 配置违规时的处理方式 |
| Switch(config)#hostname SW3 | # 为交换机命名 |
| SW3(config)#vlan 102 | # 创建 VLAN 102 |
| SW3(config-vlan)#name yunweibu | # 为 VLAN 102 命名 |

```
SW3(config)#vlan 103                                    # 创建 VLAN 103
SW3(config-vlan)#name guanlibu                          # 为 VLAN 103 命名

SW3(config)#interface FastEthernet 0/1                  # 进入接口模式
SW3(config-if-FastEthernet 0/1)#switchport mode trunk
SW3(config)#interface range FastEthernet 0/1-10         # 进入接口范围模式
SW3(config-if-range)#switchport mode access             # 将接口配置为接入模式
SW3(config-if-range)#switchport access vlan 102         # 将接口划分到 VLAN 10
SW3(config-if-range)#switchport port-security           # 启用端口安全
SW3(config-if-range)#switchport port-security maximum 1
                                                        # 配置接口接入主机的数量
SW3(config-if-range)#switchport port-security violation shutdown
                                                        # 配置违规时的处理方式
SW3(config)#interface range FastEthernet 0/11-20        # 进入接口范围模式
SW3(config-if-range)#switchport mode access             # 将接口配置为接入模式
SW3(config-if-range)#switchport access vlan 103         # 将接口划分到 VLAN 11
SW3(config-if-range)#switchport port-security           # 启用端口安全
SW3(config-if-range)#switchport port-security maximum 1
                                                        # 配置接口接入主机的数量
SW3(config-if-range)#switchport port-security violation shutdown
                                                        # 配置违规时的处理方式
```

### 3．网络核心层设备配置

使用超级终端登录至三层交换机，并进行如下配置：

```
Switch(config)#hostname SW1                             # 为交换机命名

SW1(config)#vlan 100                                    # 创建 VLAN 100
SW1(config-vlan)#name gongchengbu                       # 为 VLAN 100 命名
SW1(config)#vlan 101                                    # 创建 VLAN 101
SW1(config-vlan)#name shichangbu                        # 为 VLAN 101 命名
SW1(config)#vlan 104                                    # 创建 VLAN 104
SW1(config-vlan)#name fuwuqiqun                         # 为 VLAN 104 命名

SW1(config)#interface FastEthernet 0/10                 # 进入接口模式
SW1(config-if-FastEthernet 0/10)#portgroup 1            # 将接口配置成 AP 的成员端口
SW1(config)#interface FastEthernet 0/11                 # 进入接口模式
SW1(config-if-FastEthernet 0/11)#portgroup 1            # 将接口配置成 AP 的成员端口
SW1(config)#interface Aggregateport 1                   # 进入聚合接口模式
SW1(config-if- aggregateport 1)#switchport mode trunk
```

|  |  |
|---|---|
|  | #配置接口为干道模式 |
| SW1(config)#interface range FastEthernet 0/2-6 | #进入接口范围模式 |
| SW1(config-if-range)#switchport mode access | #将接口配置为接入模式 |
| SW1(config-if-range)#switchport access vlan 104 | #将接入划分到 VLAN 104 |
| SW1(config)#interface FastEthernet 0/1 | #进入接口模式 |
| SW1(config-if-FastEthernet 0/1)#no switchport | #启用三层功能 |
| SW1(config-if-FastEthernet 0/1)#ip address 10.0.0.2 255.255.255.252 |  |
|  | #配置接口 IP 地址 |
| SW1(config-if-FastEthernet 0/1)#no shutdown | #启动接口 |
| SW1(config)#interface FastEthernet 0/7 | #进入接口模式 |
| SW1(config-if-FastEthernet 0/1)#no switchport | #启用三层功能 |
| SW1(config-if-FastEthernet 0/1)#ip address 10.0.0.9 255.255.255.252 |  |
|  | #配置接口 IP 地址 |
| SW1(config-if-FastEthernet 0/1)#no shutdown | #启动接口 |
| SW1(config)#interface vlan 100 | #进入 VLAN 接口 |
| SW1(config-if-vlan 100)#ip add 10.0.100.1 255.255.255.0 | #配置接口 IP 地址 |
| SW1(config-if-vlan 100)#no shutdown | #启用接口 |
| SW1(config)#interface vlan 101 | #进入 VLAN 接口 |
| SW1(config-if-vlan 101)#ip add 10.0.101.1 255.255.255.0 |  |
|  | #配置接口 IP 地址 |
| SW1(config-if-vlan 101)#no shutdown | #启用接口 |
| SW1(config)#interface vlan 104 | #进入 VLAN 接口 |
| SW1(config-if-vlan 104)#ip add 10.0.104.1 255.255.255.0 |  |
|  | #配置接口 IP 地址 |
| SW1(config-if-vlan 104)#no shutdown | #启用接口 |
| SW1(config)#router ospf 10 | #启用 OSPF 路由进程 |
| SW1(config-router)#route-id 1.1.1.1 | #指定路由器 ID |
| SW1(config-router)#network 10.0.0.0 0.0.0.3 area 0 | #宣布路由 |
| SW1(config-router)#network 10.0.0.8 0.0.0.3 area 0 | #宣布路由 |
| SW1(config-router)#network 10.0.100.0 0.0.0.255 area 0 | #宣布路由 |
| SW1(config-router)#network 10.0.101.0 0.0.0.255 area 0 | #宣布路由 |
| SW1(config-router)#network 10.0.104.0 0.0.0.255 area 0 | #宣布路由 |
| SW1(config)#interface FastEthernet 0/1 | #进入接口模式 |
| SW1(config-if- FastEthernet 0/1)#ip ospf authentication message-digest |  |
|  | #启用接口的 MD5 验证 |

SW1(config-if- FastEthernet 0/1)#ip ospf message-digest-key 1 md5 abc
　　　　　　　　　　　　　　　　　　　　　# 配置 MD5 验证的密钥 ID 和密钥

### 4．网络出口设备配置

使用超级终端登录至路由器，并进行如下配置：

Router(config)#hostname R1　　　　　　　　　# 为路由器命名

R1(config)#username R2 password 123456　　　# 创建验证数据库
R1(config)#interface FastEthernet 0/0　　　　 # 进入接口模式
R1(config-if-FastEthernet 0/0)#ip address 10.0.0.1 255.255.255.252
　　　　　　　　　　　　　　　　　　　　　# 配置接口 IP 地址
R1(config-if-FastEthernet 0/0)#no shutdown　　# 启用接口

R1(config)#interface Serial 2/0　　　　　　　　# 进入接口模式
R1(config-if-Serial 2/0)#ip address 76.7.8.1 255.255.255.240
　　　　　　　　　　　　　　　　　　　　　# 配置接口 IP 地址
R1(config-if-Serial 2/0)#no shutdown　　　　　# 启用接口
R1(config)#interface Serial 2/1　　　　　　　　# 进入接口模式
R1(config-if-Serial 2/1)#ip address 10.0.0.5 255.255.255.252
　　　　　　　　　　　　　　　　　　　　　# 配置接口 IP 地址
R1(config-if-Serial 2/1)#encapsulation ppp　　 # 封装 PPP 协议
R1(config-if-Serial 2/1)#ppp authentication chap # 启用 CHAP 验证
R1(config-if-Serial 2/1)#no shutdown　　　　　# 启用接口


R1(config)#interface FastEthernet 0/1　　　　 # 进入接口模式
R1(config-if-FastEthernet 0/1)#ip nat inside　 # 定义接口为内部接口
R1(config)#interface Serial 2/0　　　　　　　　# 进入接口模式
R1(config-if-Serial 2/0)#ip nat outside　　　　# 定义接口为外部接口
R1(config)#interface Serial 2/1　　　　　　　　# 进入接口模式
R1(config-if-Serial 2/1)#ip nat inside　　　　　# 定义接口为外部接口

R1(config)#time-range work-time　　　　　　　# 创建时间访问列表
R1(config-time-range)#periodic weekdays 09:00 to 18:00
　　　　　　　　　　　　　　　　　　　　　# 定义周期时间
R1(config)#access-list 10 permit 10.0.100.0 0.0.0.255 time-range work-time
　　　　　　　　　　　　　　　　　　　　　# 创建访问控制列表，并应用时间限制
R1(config)#access-list 10 permit 10.0.101.0 0.0.0.255 time-range work-time
　　　　　　　　　　　　　　　　　　　　　# 创建访问控制列表，并应用时间限制

```
R1(config)#access-list 10 permit 10.0.102.0 0.0.0.255 time-range work-time
                          # 创建访问控制列表，并应用时间限制
R1(config)#access-list 10 permit 10.0.103.0 0.0.0.255 time-range work-time
                          # 创建访问控制列表，并应用时间限制
R1(config)#ip nat pool internet 76.7.8.1 76.7.8.5 network 255.255.255.240
                                          # 配置 NAT 地址池
R1(config)#ip nat inside source list 10 pool internet overload
                          # 配置动态 NAT，允许内网访问互联网
R1(config)#ip nat inside source static tcp 10.0.104.2 80 76.7.8.6. 80
                          # 配置静态 NAT，将内部 Web 服务器发布到互联网
R1(config)#ip nat inside source static tcp 10.0.104.6 110 76.7.8.6. 10
                          # 配置静态 NAT，将内部 MAIL 服务器发布到互联网
R1(config)#ip nat inside source static tcp 10.0.104.6 25 76.7.8.6. 25
                          # 配置静态 NAT，将内部 MAIL 服务器发布到互联网
R1(config)#router ospf 10                  # 启用 OSPF 路由进程
R1(config-router)#route-id 2.2.2.2         # 指定路由器 ID
R1(config-router)#network 10.0.0.0 0.0.0.3 area 0    # 宣布路由
R1(config-router)# redistribute rip metric-type 1 metric 50 subnets
                                           # 配置路由重发布
R1(config-router)#default-information originate      # 重分发默认路由
R1(config)#interface FastEthernet 0/0                # 进入接口模式
R1(config-if- FastEthernet 0/0)#ip ospf authentication message-digest
                                           # 启用接口的 MD5 验证
R1(config-if- FastEthernet 0/0)#ip ospf message-digest-key 1 md5 abc
                                           # 配置 MD5 验证的密钥 ID 和密钥
R1(config)#interface FastEthernet 0/7                # 进入接口模式
R1(config-if- FastEthernet 0/7)#ip ospf authentication message-digest
                                           # 启用接口的 MD5 验证
R1(config-if- FastEthernet 0/7)#ip ospf message-digest-key 1 md5 abc
                                           # 配置 MD5 验证的密钥 ID 和密钥

R1(config)#router rip                                # 启用 RIP 路由进程
R1(config-router)#version 2                          # 定义 RIP 版本号
R1(config-router)#network 10.0.0.0                   # 宣布路由
R1(config-router)#no auto-summary                    # 关闭自动汇总
R1(config-router)#redistribute ospf 10 metric4       # 配置路由重发布
R1(config-router)#default-information originate      # 重分发默认路由
R1(config)#ip route 0.0.0.0 0.0.0.0 Serial 2/0       # 配置默认路由
R1(config)#key chain www                             # 配置密钥链
```

```
R1(config-keychain)#key 1                                    # 配置密钥 ID
R1(config-keychain-key)#key-string 123                       # 配置密钥值
R1(config)#interface Serial 2/1                              # 进入接口模式
R1(config-if-Serial 2/1)#ip rip authentication mode md5
                                                             # 配置验证方式为 MD5
R1(config-if-Serial 2/1)#ip rip authentication key-chain www
                                                             # 在接口应用密钥链


Router(config)#hostname R2                                   # 为路由器命名
R2(config)#username R1 password 123456                       # 创建验证数据库
R2(config)#interface FastEthernet 0/0                        # 进入接口模式
R2(config-if-FastEthernet 0/0)#no shutdown                   # 启用接口
R2(config)#interface FastEthernet 0/0.102                    # 进入子接口模式
R2(config-subif)#encapsulation dot1q 102                     # 封装 VLAN 标签
R2(config-subif)#ip address 10.0.102.1 255.255.255.0         # 配置 IP 地址
R2(config-subif)#no shutdown                                 # 启用子接口
R2(config)#interface FastEthernet 0/0.103                    # 进入子接口模式
R2(config-subif)#encapsulation dot1q 103                     # 封装 VLAN 标签
R2(config-subif)#ip address 10.0.103.1 255.255.255.0         # 配置 IP 地址
R2(config-subif)#no shutdown                                 # 启用子接口
R2(config)#router rip                                        # 启用 RIP 路由进程
R2(config-router)#version 2                                  # 定义 RIP 版本号
R2(config-router)#network 10.0.0.0                           # 宣布路由
R2(config-router)#no auto-summary                            # 关闭自动汇总

R2(config)#interface Serial 2/1                              # 进入接口模式
R2(config-if-Serial 2/1)#ip address 10.0.0.6 255.255.255.252
                                                             # 配置接口 IP 地址
R2(config-if-Serial 2/1)#encapsulation ppp                   # 封装 PPP 协议
R2(config-if-Serial 2/1)#no shutdown                         # 启用接口

R2(config)#key chain www                                     # 配置密钥链
R2(config-keychain)#key 1                                    # 配置密钥 ID
R2(config-keychain-key)#key-string 123                       # 配置密钥值
R2(config)#interface Serial 2/1                              # 进入接口模式
R2(config-if-Serial 2/1)#ip rip authentication mode md5
                                                             # 配置验证方式为 MD5
R2(config-if-Serial 2/1)#ip rip authentication key-chain www
                                                             # 在接口应用密钥链
```

## 项目 4　构建无线智能企业网络

### 5．无线 AP 配置

| | |
|---|---|
| Ruijie(config)#hostname AP1 | # 为 AP 命名 |
| AP1(config)#vlan 105 | # 创建 VLAN 105 |
| AP1(config-vlan)#name wuxian | # 为 VLAN 命名 |
| AP1(config)#service dhcp | # 启用 DHCP 服务 |
| AP1(config)#ip helper-address 10.0.104.5 | # 配置 DHCP 中继 |
| AP1(config)#dot11 wlan 10 | # 创建 WLAN ID |
| AP1(config-wlan)#vlan 105 | # 绑定 VLAN |
| AP1(config-wlan)#broadcast-ssid | # 广播 SSID |
| AP1(config-wlan)#ssid xinshiji | #SSID 名称 |
| AP1(config)#interface GigabitEthernet 0/1 | # 进入接口模式 |
| AP1(config-if- GigabitEthernet 0/1)#ip address 10.0.0.10 255.255.255.252 | # 为接口配置 IP 地址 |
| AP1(config-if- GigabitEthernet 0/1)#speed 100 | # 设置端口速率 |
| AP1(config-if- GigabitEthernet 0/1)#no shutdown | # 启用接口 |
| AP1(config)#interface Dot11radio 1/0 | # 进入 Radio 接口 |
| AP1(config-if-Dot11radio 1/0)#encapsulation dot1Q 105 | # 封装 VLAN |
| AP1(config-if-Dot11radio 1/0)#mac-mode fat | # 设置为胖 AP 模式 |
| AP1(config-if-Dot11radio 1/0)#radio-type 802.11b | # 定义为 802.11b |
| AP1(config-if-Dot11radio 1/0)#channel 1 | # 定义信道 |
| AP1(config-if-Dot11radio 1/0)#wlan-id 10 | # 绑定 WLAN ID |
| AP1(config)#interface Dot11radio 2/0 | # 进入 Radio 接口 |
| AP1(config-if-Dot11radio 2/0)#encapsulation dot1Q 105 | # 封装 VLAN |
| AP1(config-if-Dot11radio 2/0)#mac-mode fat | # 设置为胖 AP 模式 |
| AP1(config-if-Dot11radio 2/0)#radio-type 802.11a | # 定义为 802.11a |
| AP1(config-if-Dot11radio 2/0)#channel 149 | # 定义信道 |
| AP1(config-if-Dot11radio 2/0)#wlan-id 10 | # 绑定 WLAN ID |
| AP1(config)#interface BVI 105 | # 进入 BVI 接口 |
| AP1(config-if-BVI 105)#ip address 10.0.105.1 255.255.255.0 | # 配置接口 IP 地址 |
| AP1(config)#wlansec 1 | # 启用安全模式 |
| AP1(wlansec)#security static-wep-key encryption 40 ascii 1 12345 | # 采用 WEP 验证模式 |
| AP1(config)#router ospf 10 | # 启用路由进程 |

```
AP1(config-router)#route-id 3.3.3.3                          # 指定路由器 ID
AP1(config-router)#network 10.0.0.8 0.0.0.3 area 0           # 宣布路由
AP1(config-router)#network 10.0.105.0 0.0.0.255 area 0       # 宣布路由
AP1(config)#interface GigabitEthernet 0/1                    # 进入接口模式
AP1(config-if- GigabitEthernet 0/1)#ip ospf authentication message-digest
                                                             # 启用接口的 MD5 验证
AP1(config-if- GigabitEthernet 0/1)#ip ospf message-digest-key 1 md5 abc
                                                             # 配置 MD5 验证的密钥 ID 和密钥
```

### 6. 运营商路由器配置

使用超级终端登录至路由器，并进行如下配置。

```
Router(config)#hostname R3                                   # 为路由器命名

R3(config)#interface Serial 2/0                              # 进入接口模式
R3(config-if-Serial 2/0)#ip address 76.7.8.14 255.255.255.240
                                                             # 配置接口 IP 地址
R3(config-if-Serial 2/0)#no shutdown                         # 启用接口
R3(config)#ip route 0.0.0.0 0.0.0.0 Serial 2/0               # 配置默认路由
```

## 4.6.4 项目任务二：安装与配置活动目录服务器

本项目的活动目录服务器安装的操作系统是 Windows Server 2003 R2 版本，请参照 1.6.4 小节介绍的项目 1 的活动目录服务器操作系统安装步骤进行安装，由于篇幅有限，这里不做重复介绍。

活动目录服务器的操作系统安装完成后，需要正确配置服务器 IP 地址。在网络规划时，活动目录服务器的 IP 地址是 10.0.104.3/24。

1）选择"开始"→"控制面板"→"网络连接"→"本地连接"→"属性"→"常规"→"Internet 协议（TCP/IP）"命令，打开"Internet 协议（TCP/IP）属性"对话框，输入 IP 地址、子网掩码、网关地址和 DNS 服务器地址，单击"确定"按钮。

2）活动目录服务器的操作系统安装完成后，安装活动目录服务。选择"开始"→"运行"命令，打开"运行"对话框，输入"dcpromo"，单击"确定"按钮，弹出 ActiveDirectory 安装向导。在"域控制器类型"对话框中选择"新域的域控制器"单选按钮，单击"下一步"按钮。在"创建一个新域"对话框中选择"在新林中的域"单选按钮，单击"下一步"按钮。在"新的域名"对话框中输入 DNS 全名"xinshiji.com.cn"，单击"下一步"按钮。在"NetBIOS 域名"对话框中采用默认配置，单击"下一步"按钮。在"数据库和日志文件文件夹"对话框中采用默认配置，单击"下一步"按钮。在"共享的系统卷"对话框中采用默认配置，单击"下一步"按钮。在"DNS 注册诊断"对话框中选择"在这台计算机上安装并配置 DNS 服务器，并将这台 DNS 服务器设为这台计算机的首选 DNS 服务器。"单选按钮，单击"下一步"按钮。在"权限"对话框中采用默认配置，单击"下一步"

按钮。在"目录服务还原模式的管理同密码"对话框中输入还原密码,单击"下一步"按钮,开始安装活动目录。安装完成后,需要重新启动计算机。

活动目录服务器安装完成后,要对 DNS 服务器进行配置,请参照 1.6.5 小节中介绍的操作步骤,创建相应的主机记录和 MX 记录,这里不做重复介绍,配置完成的 DNS 服务器如图 4-36 所示。

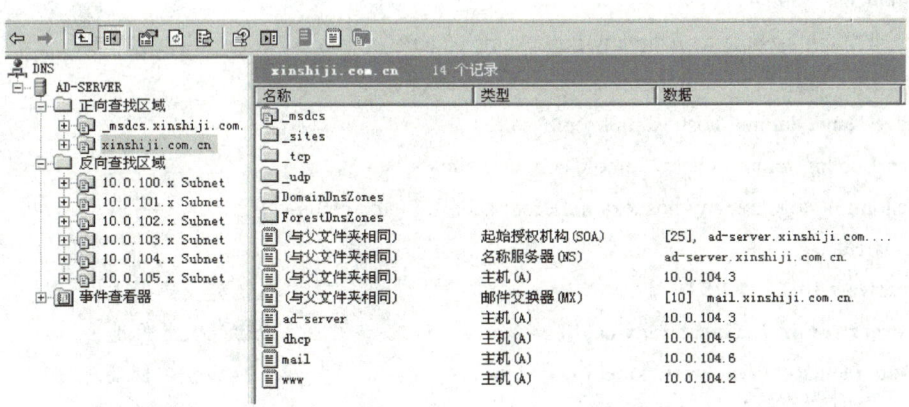

图 4-36 配置完成的 DNS 服务器

## 4.6.5 项目任务三:安装与配置 Web 服务器

Web 服务器的操作系统是 CentOS 5.5 版本,请参照 2.6.7 小节介绍的项目 2 的 FTP 服务器操作系统安装步骤进行安装,这里不做重复介绍。

需要注意的是,本项目的计算机名称是 www.xinshiji.com.cn,其 IP 地址为 10.0.104.2/24。操作系统完成后,请参照 2.6.7 小节介绍的项目 2 的 FTP 服务器加入 Windows 域的方法,将本项目的 Web 服务器加入到 xinshiji.com.cn 域中,这里不做重复介绍。

配置 Web 服务器时,首先使用如下命令查看本地计算机是否安装了 Apaceh 软件。

```
[root@www~]# rpm -qa |grep httpd           # 检查是否安装 Apache 软件
httpd-2.2.3-43.el5.centos
httpd-manual-2.2.3-43.el5.centos
system-config-httpd-1.3.3.3-1.el5
```

打开主配置文件,修改配置文件参数。

```
[root@www ~]# vi /etc/httpd/conf/httpd.conf    # 打开主配置文件
#
NameVirtualHost 10.0.104.2:80                  # 定义地址和端口
#
# NOTE: NameVirtualHost cannot be used without a port specifier
# (e.g. :80) if mod_ssl is being used, due to the nature of the
# SSL protocol.
#
```

```
# VirtualHost example:
# Almost any Apache directive may go into a VirtualHost container
# The first VirtualHost section is used for requests without a known
# server name
#
#<VirtualHost *:80>
#    ServerAdmin webmaster@dummy-host.example.com
#    DocumentRoot /www/docs/dummy-host.example.com
#    ServerName dummy-host.example.com
#    ErrorLog logs/dummy-host.example.com-error_log
#    CustomLog logs/dummy-host.example.com-access_log common
#</VirtualHost>
<VirtualHost 10.0.104.2:80>                                    # 定义虚拟主机
    ServerAdmin webmaster@xinshiji.com.cn                      # 定义邮件地址
    DocumentRoot /var/www/xinshiji.com.cn                      # 设置主目录地址
    ServerName www.xinshiji.com.cn                             # 定义网站名称
    ErrorLog logs/xinshiji.com.cn.com-error_log                # 定义错误日志
    CustomLog logs/xinshiji.com.cn.com-access_log common       # 定义登录日志
</VirtualHost>
```

使用如下命令创建网站的主目录，并创建主页。

```
[root@dns ~]# touch /var/www/xinshiji.com.cn                   # 创建主目录
[root@dns ~]# vi /var/www/xinshiji.com.cn/index.html           # 创建网站首页
```

配置完成后，使用如下命令启动 HTTP 服务。

```
[root@dns ~]# service httpd start                              # 重启 HTTP 服务
```

### 4.6.6　项目任务四：安装与配置 DHCP 服务器

DHCP 服务器的操作系统是 CentOS 5.5 版本，请参照 2.6.7 小节介绍的项目 2 的 FTP 服务器操作系统安装步骤进行安装，这里不做重复介绍。

需要注意的是，本项目计算机的名称是 dhcp.xinshiji.com.cn，其 IP 地址为 10.0.104.2/24。操作系统完成后，请参照 2.6.7 小节介绍的项目 2 的 FTP 服务器加入 Windows 域的方法，将本项目的 DHCP 服务器加入到 xinshiji.com.cn 域中，这里不做重复介绍。

配置 DHCP 服务器时，首先检查本地计算机是否安装了 DHCP 软件。

```
[root@dhcp ~]# rpm -qa |grep dhcp                              #检查是否安装了 DHCP
dhcp-devel-3.0.5-23.el5
dhcpv6-client-1.0.10-18.el5
dhcp-3.0.5-23.el5
```

创建 DHCP 主配置文件。

```
[root@dhcp ~]# cp /usr/share/doc/dhcp-3.0.5/dhcpd.conf.sample /etc/dhcpd.conf
                                                              # 创建 DHCP 主配置文件
```

打开配置文件,对其进行修订,具体如下:

```
[root@dhcp ~]# vi /etc/dhcpd.conf                             # 打开 DHCP 主配置文件
ddns-update-style interim;
ignore client-updates;
shared-network VLAN 104 {
subnet 10.0.104.0 netmask 255.255.255.0 {

        option routers                  10.0.104.1;
        option subnet-mask              255.255.255.0;

        option nis-domain               "xinshiji.com.cn";
        option domain-name              "xinshiji.com.cn";
        option domain-name-servers      10.0.104.3;

        option time-offset              -18000; # Eastern Standard Time
        range dynamic-bootp 10.0.104.2 10.0.104.3;
        default-lease-time 21600;
        max-lease-time 43200;
}
}
shared-network VLAN 103 {
subnet 10.0.103.0 netmask 255.255.255.0 {

        option routers                  10.0.103.1;
        option subnet-mask              255.255.255.0;

        option nis-domain               "xinshiji.com.cn";
        option domain-name              "xinshiji.com.cn";
        option domain-name-servers      10.0.104.3;

        option time-offset              -18000; # Eastern Standard Time
        range dynamic-bootp 10.0.103.2 10.0.103.254;
        default-lease-time 21600;
        max-lease-time 43200;
}
}
```

```
shared-network VLAN 102 {
subnet 10.0.102.0 netmask 255.255.255.0 {

        option routers                  10.0.102.1;
        option subnet-mask              255.255.255.0;

        option nis-domain               "xinshiji.com.cn";
        option domain-name              "xinshiji.com.cn";
        option domain-name-servers      10.0.104.3;

        option time-offset              -18000; # Eastern Standard Time
        range dynamic-bootp 10.0.102.2 10.0.102.254;
        default-lease-time 21600;
        max-lease-time 43200;
}
}
shared-network VLAN 101 {
subnet 10.0.101.0 netmask 255.255.255.0 {

        option routers                  10.0.102.1;
        option subnet-mask              255.255.255.0;

        option nis-domain               "xinshiji.com.cn";
        option domain-name              "xinshiji.com.cn";
        option domain-name-servers      10.0.104.3;

        option time-offset              -18000; # Eastern Standard Time
        range dynamic-bootp 10.0.101.2 10.0.101.254;
        default-lease-time 21600;
        max-lease-time 43200;
}
}
shared-network VLAN 100 {
subnet 10.0.100.0 netmask 255.255.255.0 {

        option routers                  10.0.100.1;
        option subnet-mask              255.255.255.0;

        option nis-domain               "xinshiji.com.cn";
```

```
                option domain-name              "xinshiji.com.cn";
                option domain-name-servers      10.0.104.3;

                option time-offset              -18000; # Eastern Standard Time
                range dynamic-bootp 10.0.100.2 10.0.100.254;
                default-lease-time 21600;
                max-lease-time 43200;
        }
}
shared-network VLAN 106 {
subnet 10.0.106.0 netmask 255.255.255.0 {

                option routers                  10.0.106.1;
                option subnet-mask              255.255.255.0;

                option nis-domain               "xinshiji.com.cn";
                option domain-name              "xinshiji.com.cn";
                option domain-name-servers      10.0.104.3;

                option time-offset              -18000; # Eastern Standard Time
                range dynamic-bootp 10.0.106.2 10.0.106.254;
                default-lease-time 21600;
                max-lease-time 43200;
        }
}
```

重新启动 DHCP 服务器。

`[root@dhcp ~]# service dhcpd restart`                              # 重新启动 DHCP 服务器

## 4.6.7 项目任务五：安装与配置 MAIL 服务器

在本项目中，MAIL 服务器安装的操作系统是 Windows Server 2003 R2 版本。请参照 1.6.4 小节介绍的项目 1 的活动目录服务器的操作系统安装步骤进行安装，由于篇幅有限，这里不做重复介绍。

MAIL 服务器的操作系统安装完成后，需要正确配置服务器的 IP 地址。在网络规划时，MAIL 服务器的 IP 地址是 10.0.104.6/24。

1）选择"开始"→"控制面板"→"网络连接"→"本地连接"→"属性"→"常规"→"Internet 协议（TCP/IP）"命令，打开"Internet 协议（TCP/IP）属性"对话框，输入 IP 地址、子网掩码、网关地址和 DNS 服务器地址。

2）MAIL 服务器配置完成后，需要将 MAIL 服务器加入到 Windows 域中。使用鼠标右键单击"我的电脑"图标,在弹出的快捷菜单中选择"属性"命令,打开"系统属性"对话框。在"计算机名"选项卡中单击"更改"按钮,选择"域"单选按钮,在其下方的文本框中输入域名"xinshiji.com.cn",将"计算机名"修改为"mail",单击"确定"按钮。在"计算机名"更改对话框中输入管理员名称和密码,单击"确定"按钮,重新启动计算机。

3)选择"开始"→"控制面板"→"添加/删除程序"→"添加/删除 Windows 组件"命令,在"Windows 组件向导"对话框中选择"电子邮件服务"复选框,单击"下一步"按钮,如图 4-37 所示。

4)在"应用程序服务器"对话框中选择"Internet 信息服务"复选框,单击"详细信息"→"确定"按钮,如图 4-38 所示。

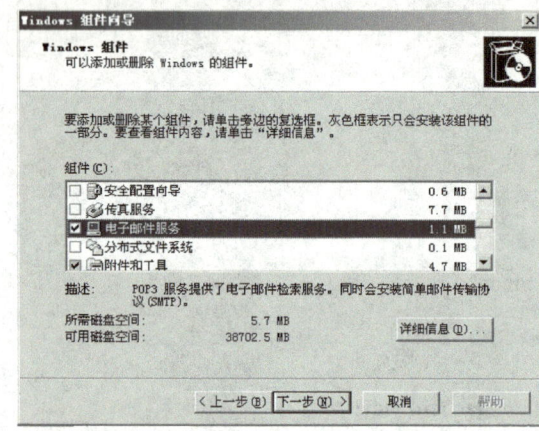

图 4-37　选择 windows 组件　　　　　图 4-38　应用程序服务器

5)选择"SMTP Service"复选框,单击"确定"按钮,进行组件安装,如图 4-39 所示。

6)安装完成后,选择"开始"→"控制面板"→"服务"命令,打开服务管理器,使用鼠标右键单击"Microsoft POP3 Service"服务,在弹出的快捷菜单中选择"属性"命令,如图 4-40 所示。

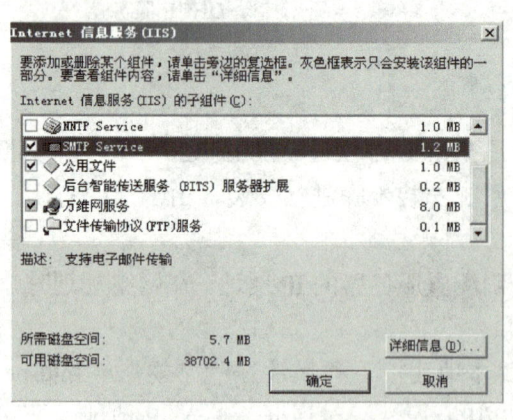
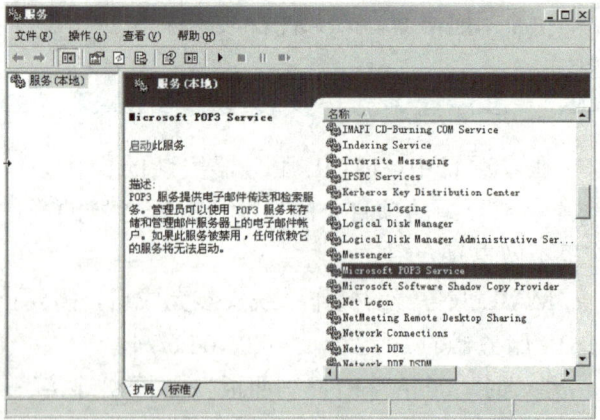

图 4-39　选择 SMTP 服务　　　　　图 4-40　设置 windows 服务

7)在"Microsoft POP3 Service 的属性"对话框中选择"常规"选项卡,在"启动类型"下拉列表框中选择"自动"选项,单击"启动"→"应用"→"确定"按钮,如图 4-41 所示。

8)服务配置完成后,选择"开始"→"程序"→"管理工具"→"POP3 服务"命令,打开 POP3 服务管理器。选择"MAIL"结点,单击"新域"按钮,如图 4-42 所示。

9)在"添加域"对话框中输入域名,单击"确定"按钮,如图 4-43 所示。

10)在 POP3 服务管理器中选择"xinshiji.com.cn"域,在右侧窗格中单击"添加邮箱"按钮,在打开的"添加邮箱"对话框中输入邮箱名称,邮箱名与用户名相同,如图 4-44 所示。

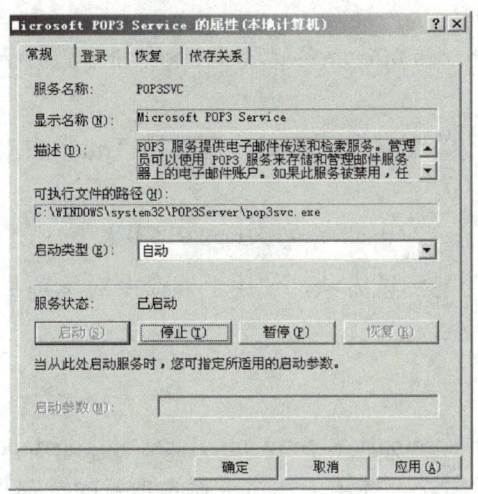

图 4-41 启动 windows 服务

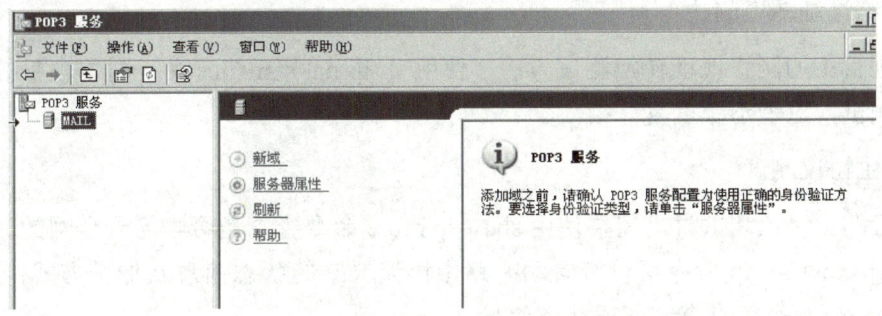

图 4-42 POP3 服务管理器

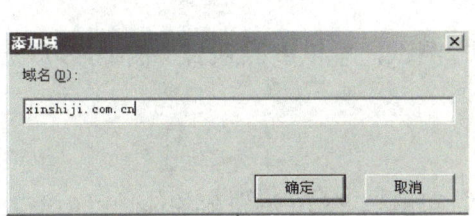

图 4-43 添加域名

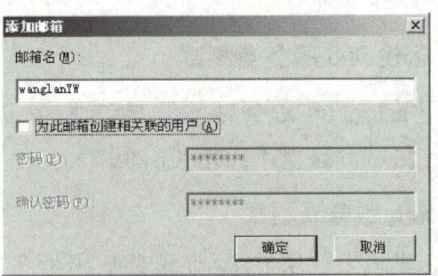

图 4-44 添加邮箱名

## 4.7 项目测试

### 4.7.1 项目任务六:企业网络底层架构测试

**1. VLAN 功能测试**

使用 show vlan 命令查看 VLAN 状态信息。

Switch#show vlan {id *vlan-id*}

使用 Switch#show interfaces *interface-id* switchport 命令直接查看接口的完整信息,检查配置是否正确。

使用如下命令检查刚才的配置是否正确。配置成 Trunk 的接口会出现在所有的 VLAN 之中。

Switch#show interfaces *interface-id* trunk  # 检查 Trunk 配置状态

依据项目 1 的 VLAN 功能测试方法,使用上述命令对本项目的 VLAN 功能进行测试,这里不做重复介绍。

**2. 链路聚合测试**

使用 show aggregatePort summary 和 show interfaces aggregateport 命令查看聚合接口状态。依据项目 1 的链路聚合测试方法,使用上述命令对本项目的链路聚合进行测试,这里不做重复描述。

**3. 网络地址转换测试**

依据项目 1 的网络地址转换测试方法,使用 sh ip nat statistics 命令对本项目的网络地址转换进行测试,这里不做重复介绍。

**4. 路由协议测试**

在进行路由协议测试时,需要使用 show ip route 命令查看是否学习到全网的路由信息。另外,使用 show ip rip 命令可以查看动态路由协议 RIP 的状态信息及加密方式;使用 show ip ospf neighbor 命令可以查看邻居状态信息。

### 4.7.2 项目任务七:应用服务器测试

**1. 备份 DNS 服务器测试**

使用 nslookup 命令对备份 DNS 服务器进行测试,可以参照项目 1 的 DNS 服务器测试方法进行测试,这里不做重复介绍。

**2. Web 服务器测试**

在客户机上使用 IE 浏览器对 Web 服务器进行测试。在 IE 浏览器的地址栏中输入 "http://www.xinshiji.com.cn",按回车键浏览网站,如图 4-45 所示。

项目 4　构建无线智能企业网络

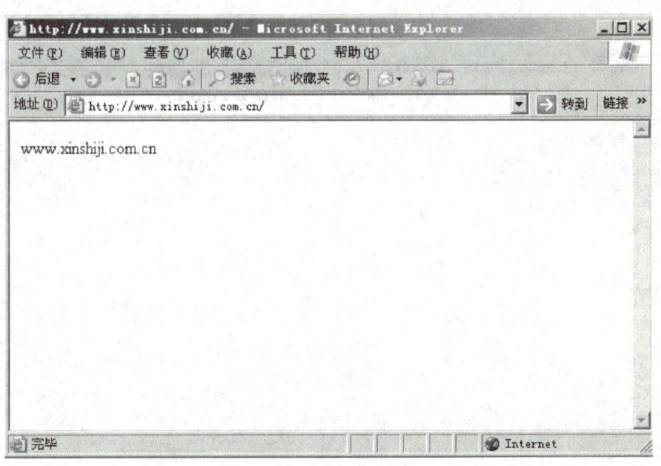

图 4-45　访问网站主页

### 3．邮件服务器测试

1）选择"开始"→"Outlook Express"命令，打开 Internet 连接向导，在"您的姓名"对话框中输入用户名称，单击"下一步"按钮，如图 4-46 所示。

2）在"Internet 电子邮件地址"对话框中输入电子邮件地址，单击"下一步"按钮，如图 4-47 所示。

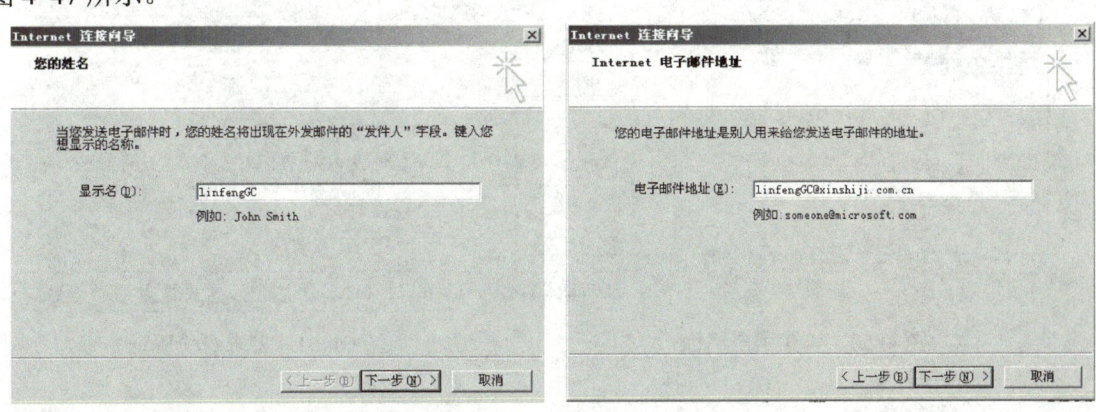

图 4-46　输入用户名称　　　　　　　　图 4-47　输入电子邮件地址

3）在"电子邮件服务器名"对话框中输入 SMTP 和 POP3 的地址，单击"下一步"按钮，如图 4-48 所示。

4）在"Internet 邮件登录"对话框中输入账户名称和密码，单击"下一步"按钮，如图 4-49 所示。

5）Outlook Express 配置完成后，选择 Outlook Express 菜单栏中的"工具"→"账户"命令，打开"Internet 账户"对话框。选择"邮件"选项卡，单击"属性"按钮，如图 4-50 所示。

6）在"10.0.104.6 属性"对话框中选择"服务器"选项卡，选择"我的服务器要求身份验证"复选框，单击"确定"按钮，如图 4-51 所示。

7）打开 Outlook Express，给用户林峰发送邮件，如图 4-52 所示。

8）查看用户林峰是否接收到邮件，如图 4-53 所示。

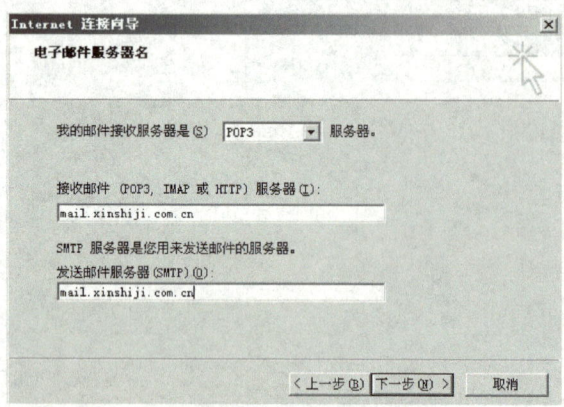
图 4-48　设置 SMTP 和 POP3 服务器

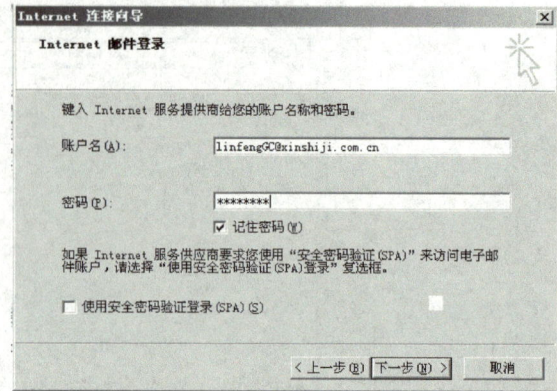
图 4-49　输入账户名称和密码

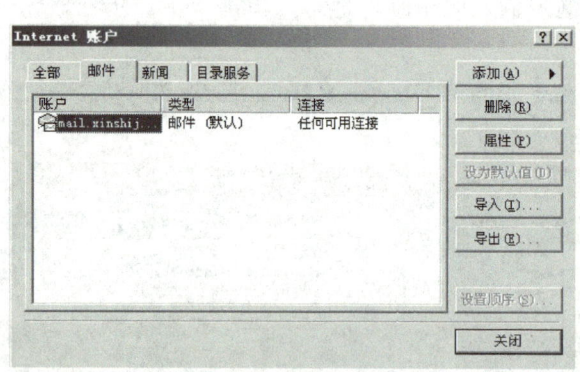
图 4-50　设置用户属性

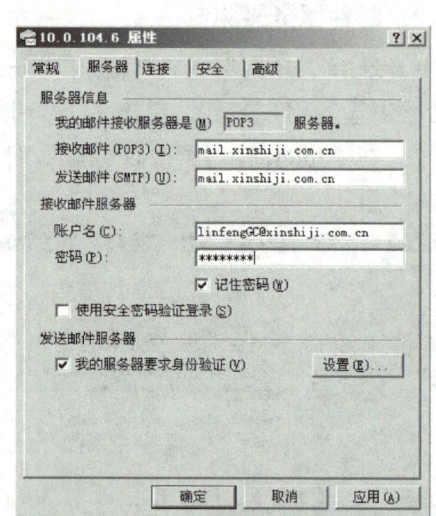
图 4-51　要求身份验证

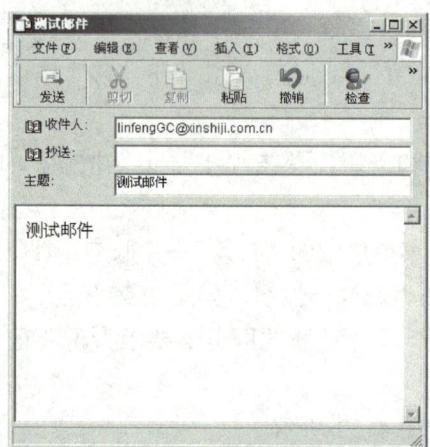
图 4-52　发送邮件

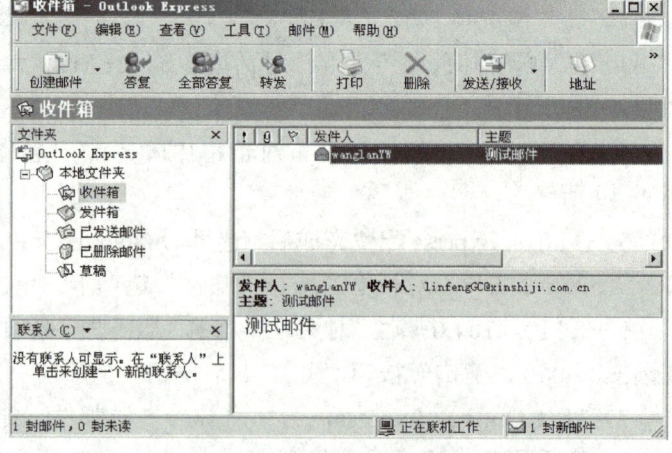
图 4-53　查看用户林峰是否接收到邮件

## 4.8 项目验收

通过前面的学习和实施，该项目进入最后验收阶段。项目需要验收，验收合格之后方可竣工。本项目的验收文件需要学生以作业的形式提交给授课老师，授课老师验收合格后，项目才能竣工。学生需要提供的文档如下，文档的模板在电子资源包中，学生需要依据模板来制作验收文件。

1. 项目实施报告。
2. 项目测试报告。
3. 项目验收报告。

## 4.9 项目总结

项目完成后，需要学生提交项目总结报告。项目总结报告模板在电子资源包中，学生需要依据模板来填写项目总结报告。

## 4.10 项目练习

根据图 4-54 所示的网络拓扑结构，完成如下的网络需求。

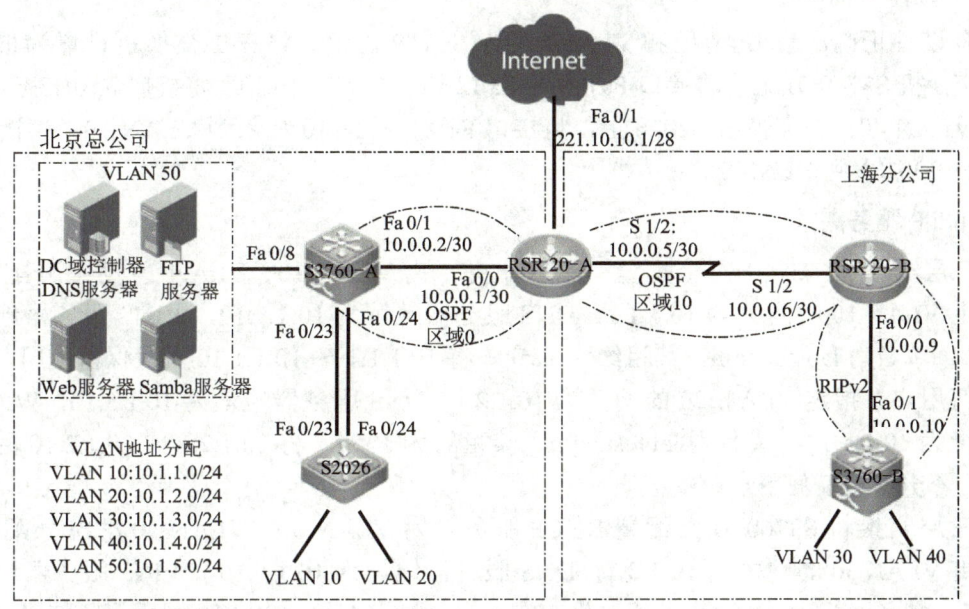

图 4-54 项目练习拓扑结构

**1. DC/DNS 服务器**

安装 Windows Server 2003 操作系统，地址为 10.1.5.10/24，配置为域控制器，FQDN

为 adserver.labtest.com；配置 DNS 服务器，能够正确配置正向解析和反向解析，还能够解析 Web、FTP、Samba 服务器；创建用户 user 1、user 2、user 3 和 user 4。

### 2．FTP 服务器

安装 Windows Server 2003 操作系统，地址为 10.1.5.11/24，使用 IIS 6.0 配置 FTP 服务器，FQDN 为 ftpserver.labtest.com；允许 user 1、user 2、user 3 和 user 4 用户上传、下载文件，并限制上传的最大空间为 50MB；允许匿名登录，匿名用户只能下载文件。

### 3．Web 服务器

安装 Linux Fedora 5 操作系统，IP 地址为 10.1.5.12，FQDN 为 webserver.labtest.com；使用 Apache 2.0 配置 Web 服务器，创建一个虚拟主机，并建立访问主页，主页的目标路径为 /var/www/labtest.com。

### 4．Samba 服务器

安装 Linux Fedora 5 操作系统，IP 地址为 10.1.5.13。创建 4 个用户：user 1、user 2、user 3 和 user 4；创建组：test，将用户 user4 加入到 test 组中。

在根下创建两个目录 /share 和 /share1，自动启动 Samba 服务，安全级别为 user，只允许 10.1.1.0、10.1.3.0、10.1.2.0、10.1.4.0 和 10.1.5.0 的网段访问服务器。

创建共享目录 [myshare] 和 [myshare1]，[myshare] 目录路径为 /share，是公共目录，并且允许进行写操作；[myshare1] 目录路径为 /share1，不是公共目录，只有用户组 test 中的用户才可以访问，并且有写的权限，拒绝 10.1.1.0 网段访问，允许 10.1.2.0 网段访问。

### 5．网络架构需求

所有设备正确配置 IP 地址和 VLAN，配置 RSTP 协议，将三层交换机设置为根交换机。在交换机 S3760-B 上，将接口 Fa 0/5 ～ Fa 12 加入到 VLAN 30；将接口 Fa 0/13 ～ Fa 20 加入到 VLAN 40；在交换机 S2026 上，将接口 Fa 0/1 ～ Fa 10 加入到 VLAN 10；将接口 Fa 0/11 ～ Fa 20 加入到 VLAN 20。

### 6．DHCP 服务需求

在三层交换机 S3760-A 上配置 DHCP 服务，为 VLAN 10、VLAN 20 动态分配 IP 地址。指定 VLAN 10 的网关为 10.1.1.1，DNS 服务器地址为 10.1.5.10，WINS 服务器地址为 10.1.5.10，域名为 labtest.com，其租约为 125h。将 10.1.1.1 ～ 10.1.1.10 网段保留使用，不分配给任何用户。指定 VLAN 20 的网关为 10.1.2.1，DNS 服务器地址为 10.1.5.10，WINS 服务器地址为 10.1.5.10，域名为 labtest.com，其租约为 125h。将 10.1.2.1 ～ 10.1.2.10 网段保留使用，不分配给任何用户。

在三层交换机 S3760-B 上配置 DHCP 服务，为 VLAN 30、VLAN 40 动态分配 IP 地址。指定 VLAN 30 的网关为 10.1.3.1，DNS 服务器地址为 10.1.5.10，WINS 服务器地址为 10.1.5.10，域名为 labtest.com，其租约为 125h。将 10.1.3.1 ～ 10.1.3.10 网段保留使用，不分配给任何用户。指定 VLAN 40 的网关为 10.1.4.1，DNS 服务器地址为 10.1.5.10，WINS 服务器地址为 10.1.5.10，域名为 labtest.com，其租约为 125h。将 10.1.4.1 ～ 10.1.4.10 网段保留使用，不分配给任何用户。

## 7. 三层路由需求

配置 OSPF 路由协议、RIP 路由协议和静态路由，配置路由重发布，OSPF 学习到外部路由类型为 E1，使全网互通；每台路由器都需要手工配置 RID。

## 8. 网络出口需求

VLAN 10 通过地址池（221.10.10.3～221.10.10.4/28）访问互联网；VLAN 20 通过地址池（221.10.10.5～221.10.10.6/28）访问互联网；VLAN 30 通过地址池（221.10.10.7～221.10.10.8/28）访问互联网；VLAN 40 通过地址池（221.10.10.9～221.10.10.10/28）访问互联网。将 FTP 和 Web 服务发布到互联网，其公网 IP 地址为 221.10.10.11。

## 9. 网络安全需求

1）配置 PPP 协议，配置先 PAP 后 CHAP 验证，此路由器为服务器，密码为 123456。

2）配置 ACL，实现 VLAN 10、VLAN 20、VLAN 30 和 VLAN 40 的用户只有上班时间（周一至周五的 9:00～18:00）才可以访问互联网。

3）不允许 VLAN 10 与 VLAN 40 互相访问，其他不受限制。

4）在接入层交换机上配置端口安全功能，每个接入接口的最大连接数为 2，如果违规则关闭接口。

## 4.11 项目报告

项目完成后，需要学生使用 Microsoft PowerPoint 制作演示文稿，要求演示时间为 30min，演示文稿的模板在电子资源包中，具体内容要求如下：

1. 项目概述。
2. 网络项目设计思路。
3. 网络项目设备选型。
4. 网络项目实施。
5. 网络项目测试。
6. 网络存在的问题。
7. 优化的解决方案。

项目报告的考核要求如下：

1. 演示文稿的制作。
2. 演示的技巧。
3. 项目报告的总体思路。
4. 项目报告内容的准确性。

# 参 考 文 献

[1] 史蒂文斯. TCP/IP 详解 [M]. 范建华，等译. 北京：机械工业出版社，2000.
[2] 高峡. 网络设备互联学习指南 [M]. 北京：北京希望电子出版社，2009.
[3] 张选波. 设备调试与网络优化 [M]. 北京：北京希望电子出版社，2009.
[4] 多伊尔，卡罗尔. TCP/IP 路由技术：第一卷 [M]. 2版. 葛建立，吴剑章，译. 北京：人民邮电出版社，2007.